中国地质调查成果 CGS 2015-039

中国地质调查"珠江三角洲经济区重大环境地质问题与对策研究(1212010914046)"项目资助

珠江三角洲经济区
重大环境地质问题与对策研究

ZHUJIANG SANJIAOZHOU JINGJIQU ZHONGDA
HUANJING DIZHI WENTI YU DUICE YANJIU

主　编　黄长生
副主编　董好刚

中国地质大学出版社
ZHONGGUO DIZHI DAXUE CHUBANSHE

图书在版编目(CIP)数据

珠江三角洲经济区重大环境地质问题与对策研究/黄长生主编. —武汉:中国地质大学出版社,2015.12

ISBN 978-7-5625-3736-6

Ⅰ. ①珠…
Ⅱ. ①黄…
Ⅲ. ①珠江三角洲-地质环境-研究
Ⅳ. ①X141

中国版本图书馆 CIP 数据核字(2015)第 245632 号

珠江三角洲经济区重大环境地质问题与对策研究	黄长生 主　编
	董好刚 副主编

责任编辑:王　荣	责任校对:周　旭
出版发行:中国地质大学出版社(武汉市洪山区鲁磨路388号)	邮编:430074
电　　话:(027)67883511　　　传　　真:(027)67883580	E-mail:cbb@cug.edu.cn
经　　销:全国新华书店	Http://www.cugp.cug.edu.cn
开本:880毫米×1230毫米　1/16	字数:436千字　印张:13.5　插页:1
版次:2015年12月第1版	印次:2015年12月第1次印刷
印刷:武汉中远印务有限公司	印数:1—1000册
ISBN 978-7-5625-3736-6	定价:248.00元

如有印装质量问题请与印刷厂联系调换

《珠江三角洲经济区重大环境地质问题与对策研究》
编委会

主　编：黄长生

副主编：董好刚

编　委：周建伟　陈　雯　曾　敏　刘凤梅
　　　　张宏鑫　邵　磊　王　东　叶小拼

单　位：武汉地质调查中心

前　言

环境地质问题是区域国土规划和功能区划的最基本要素,尤其是城市群规划和建设需要地质环境技术的支撑。

珠江三角洲经济区是我国经济最发达的地区之一,在全国经济社会发展和改革开放大局中具有突出的带动作用和举足轻重的战略地位。城镇化进程和经济社会发展的速度进一步加快,所面临的资源、环境压力不断增大。开展环境地质调查,梳理区内重大环境地质问题,评价地质环境开发利用条件,预测大规模开发建设条件下地质环境的变化意义十分重大。

珠江三角洲经济区的环境地质问题,前人做过大量的基础性、前瞻性工作。通过这些工作查清了一些重大环境地质问题的现状,对该区经济社会发展提供了有力支撑。然而我们也看到,这种大规模调查大部分完成于20世纪90年代以前,新时期经济区开展的地质调查缺少系统性,对重大环境地质问题缺乏系统性梳理,对环境地质问题采取的对策建议缺乏顶层设计,尤其是随着新一轮珠江三角洲经济区的开放规划存在着地质环境资料的支撑的滞后性。

本书在系统阐述研究区地质环境背景条件的基础上,分陆域和海陆交互带,对珠江三角洲经济区的重大环境地质问题进行了系统梳理。对陆域梳理出六大问题,按照其影响程度及其重要性依次为水污染与水资源短缺、土壤污染、岩溶地面塌陷、软土地面沉降、活动断裂与地震、崩滑流地质灾害;海陆交互带重大环境地质问题为海平面升降与海岸带侵蚀、河口港湾淤积、岸带生态功能退化等。从地形地貌,断裂活动、断块差异升降运动等新构造运动,海平面变化,第四系松散沉积物,人类工程活动五个方面,分析了珠江三角洲地区地质环境问题的控制性因素,并对这些控制性因素的内在统一性进行了分析,提出了针对这些重大环境地质问题的对策和建议。

建立适用于珠江三角洲经济区的地质环境承载力体系及体系研究内容的评价方法与数学模型,建立了珠江三角洲经济区农业功能地质环境承载力评价、工业功能地质环境承载力评价、城市功能地质环境承载力评价和生态功能地质环境承载力评价理论与方法。以广州市南沙新区作为地质环境承载力评价与功能区划研究试点区,按照农业功能、工业功能、城市功能、生态功能等不同功能,开展南沙区地质环境承载力评价试点工作,编制了不同功能地质环境承载力评价分区图。与南沙新区现有规划和发展布局进行对照,提出既符合城市发展规划又满足地质环境条件约束和支撑的南沙新区发展规划和产业布局空间分布建议,并编制了南沙新区发展规划和产业布局空间建议图。

本书是依托中国地质调查局"珠江三角洲经济区重大环境地质问题与对策研究"项目工作完成。武汉地质调查中心与广东省国土资源厅于2009年6月在广州市联合主办了"珠江三角洲地区改革发展地质环境保障工程需求调研会"。会议研讨了珠江三角洲地区改革发展所需解决的重大环境地质问题,构建地质环境保障工程协调联动机制,成立了协调联动专家组。2009年至2011年,调查人员在珠江三角洲地区开展了系统的前人成果资料收集,并进行了较全面的野外调查研究。本书是对协调联动专家组集体讨论成果的总结,是集体智慧的结晶。

参加本书编写的人员:黄长生、董好刚、张宏鑫、陈雯、曾敏、刘凤梅、邵磊、周建伟、王东、叶小拼。初稿完成后,由黄长生、董好刚负责统稿。出版审查后,由黄长生负责最终修改和定稿。

最后,对所有涉及的单位和个人表示衷心的感谢!

编者
2015年9月

目 录

第一章 自然地理与经济社会概况 (1)
  第一节 自然地理 (1)
  第二节 水文气象 (2)
    一、气象特征 (2)
    二、水文特征 (4)
  第三节 社会经济 (7)
    一、经济区发展沿革 (7)
    二、经济区社会经济发展态势 (8)
    三、经济区城市发展规划 (9)

第二章 研究区地质环境背景 (12)
  第一节 地形地貌 (12)
    一、侵蚀构造地貌 (12)
    二、构造侵蚀地貌 (14)
    三、剥蚀-侵蚀台地地貌 (14)
    四、海蚀阶地 (15)
    五、堆积地貌 (15)
  第二节 地层岩石 (17)
    一、地层 (17)
    二、岩石 (19)
  第三节 地质构造 (24)
    一、褶皱构造 (24)
    二、断裂构造 (25)
  第四节 水文地质条件 (29)
    一、区域水文地质特征 (29)
    二、地下水类型分区 (29)
  第五节 岩土工程地质特征 (32)
    一、岩土体工程地质类型 (32)
    二、岩体工程地质特征 (34)
    三、土体工程地质特征 (36)

第三章 陆域重大环境地质问题 (39)
  第一节 水污染与水资源短缺 (39)

一、水资源短缺 ･･ (39)
　　二、水环境污染 ･･ (41)
　第二节　土壤污染 ･･ (56)
　　一、土壤重金属污染 ･･ (57)
　　二、土壤有机物污染 ･･ (59)
　　三、典型特例——东莞市垃圾填埋场对水土污染的影响 ･･････････････････････････････････ (60)
　　四、土壤污染问题的主要原因分析 ･･ (65)
　第三节　岩溶地面塌陷 ･･ (68)
　　一、珠江三角洲经济区地面塌陷的分布特征 ･･ (69)
　　二、地面塌陷的危害及基本特征 ･･ (71)
　　三、地面塌陷的孕灾环境 ･･ (75)
　　四、致灾因子分析 ･･ (76)
　　五、地面塌陷的形成机理分析 ･･ (80)
　　六、结论 ･･ (81)
　第四节　断裂活动性与地震危险性 ･･ (81)
　　一、珠江三角洲断裂活动性和地震危险性的基本认识 ････････････････････････････････････ (82)
　　二、珠江三角洲断裂构造的活动性与历史地震 ･･ (83)
　　三、典型断裂活动性研究及其他主要断裂活动性特征 ････････････････････････････････････ (88)
　　四、珠江三角洲断裂活动性及地震危险性问题初步评价 ････････････････････････････････････ (98)
　第五节　软土地面沉降 ･･ (99)
　　一、软土分布特征 ･･ (99)
　　二、软土沉降的危害 ･･ (102)
　　三、软土沉降的成因类型与形成机理 ･･ (105)
　　四、珠江三角洲经济区软土沉降的易发性评价 ･･ (108)
　第六节　崩滑流地质灾害 ･･ (110)
　　一、崩塌和滑坡 ･･ (110)
　　二、泥石流 ･･ (113)

第四章　海陆交互带重大环境地质问题 ･･ (115)
　第一节　海平面升降及岸线变迁 ･･ (115)
　　一、海平面升降 ･･ (115)
　　二、岸线变迁 ･･ (117)
　第二节　海岸侵蚀与河口淤积 ･･ (121)
　　一、海岸侵蚀 ･･ (121)
　　二、河口淤积 ･･ (122)
　第三节　海岸带生态功能退化 ･･ (122)
　　一、大规模填海造地导致生态功能退化 ･･ (122)
　　二、过度开采地下水导致咸潮入侵 ･･ (125)

第五章　地质环境承载力和功能区划方法研究 ･･ (126)
　第一节　经济区地质环境承载力体系 ･･ (126)
　　一、地壳稳定性评价 ･･ (126)

二、经济区土壤肥力评价 ……………………………………………………………………（129）
　　三、经济区土壤环境质量评价 …………………………………………………………（134）
　　四、地下水防污性能评价 ………………………………………………………………（136）
　　五、地面建筑地质环境适宜性评价 ……………………………………………………（142）
　　六、经济区地质灾害易发性评价 ………………………………………………………（146）
　　七、特殊地质环境问题影响 ……………………………………………………………（147）
　第二节　不同功能地质环境承载力评价方法 ……………………………………………（151）
　　一、不同功能地质环境承载力评价原则和思路 ………………………………………（151）
　　二、城市功能地质环境承载力评价 ……………………………………………………（152）
　　三、工业功能地质环境承载力评价 ……………………………………………………（153）
　　四、农业功能地质环境承载力评价 ……………………………………………………（154）
　　五、生态功能地质环境承载力评价 ……………………………………………………（155）
　第三节　经济区功能区划 …………………………………………………………………（156）

第六章　南沙新区地质环境承载力评价与区划 ……………………………………（157）
　第一节　试点区概况 ………………………………………………………………………（157）
　　一、自然地理 ……………………………………………………………………………（157）
　　二、地质背景 ……………………………………………………………………………（157）
　　三、主要地质环境问题 …………………………………………………………………（158）
　第二节　试点区地质环境承载力体系 ……………………………………………………（159）
　　一、南沙新区地壳稳定性评价结果 ……………………………………………………（159）
　　二、南沙新区土壤肥力评价结果 ………………………………………………………（159）
　　三、南沙新区土壤环境质量评价结果 …………………………………………………（160）
　　四、南沙新区地下水防污性能评价结果 ………………………………………………（161）
　　五、南沙新区地面建筑地质环境适宜性评价结果 ……………………………………（164）
　　六、南沙新区地质灾害易发性评价 ……………………………………………………（164）
　　七、南沙新区特殊地质环境问题影响评价 ……………………………………………（165）
　第三节　南沙新区不同功能地质环境承载力评价 ………………………………………（167）
　　一、南沙新区的城市功能地质环境承载力评价 ………………………………………（168）
　　二、南沙新区的工业功能地质环境承载力评价 ………………………………………（170）
　　三、南沙新区的农业功能地质环境承载力评价 ………………………………………（172）
　　四、南沙新区的生态功能地质环境承载力评价 ………………………………………（173）
　第四节　南沙新区功能区划 ………………………………………………………………（175）

第七章　对策与建议 ……………………………………………………………………（181）
　第一节　珠江三角洲环境问题的控制性要素 ……………………………………………（181）
　　一、地形地貌 ……………………………………………………………………………（181）
　　二、新构造运动 …………………………………………………………………………（181）
　　三、海平面变化 …………………………………………………………………………（184）
　　四、第四系沉积物 ………………………………………………………………………（184）
　　五、人类工程活动 ………………………………………………………………………（184）
　　六、控制性因素的内在统一性 …………………………………………………………（185）

  第二节 地质灾害防治 ……………………………………………………………………（186）
    一、地质灾害的防治原则 …………………………………………………………（186）
    二、地质灾害防治措施 ……………………………………………………………（186）
  第三节 地质环境保护 ……………………………………………………………………（191）
    一、水环境保护 ……………………………………………………………………（191）
    二、重大工程建设场地的生态地质环境保护 ……………………………………（194）
    三、矿山开发生态环境保护 ………………………………………………………（197）
    四、海岸带开发保护 ………………………………………………………………（199）
    五、地质环境保护的整体性和系统性 ……………………………………………（200）

第八章 结论与展望 ………………………………………………………………………（201）
  第一节 结 论 ……………………………………………………………………………（201）
  第二节 展 望 ……………………………………………………………………………（203）

主要参考文献 ……………………………………………………………………………………（204）

第一章 自然地理与经济社会概况

第一节 自然地理

珠江三角洲经济区位于广东省中南部(东经111°59′42″—115°25′18″,北纬21°17′36″—23°55′54″),濒临南海,毗邻港澳,行政辖域上包括广州、深圳、珠海等9个地级市,陆地总面积41 698 km²,占全省和全国的23.2%、0.44%。区内港口众多,水上交通便利;京广、京九、广九、广茂、广梅汕铁路贯穿交会于区内,广深准高速铁路也已通车;高速公路以广州为中心,向四周辐射;广州白云机场、深圳机场、珠海机场均可与国内外通航(图1-1)。

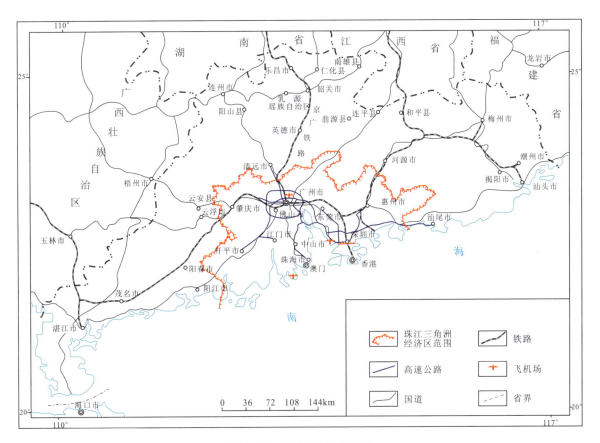

图1-1 珠三角交通位置图

珠江三角洲(可简称珠三角)地处北回归线以南,属高温多雨的亚热带、热带季风气候。该区年平均气温22.3℃,≥10℃的积温为7500～8500℃,年太阳辐射量为4500～5400J/m³,年降水量为1341.0～2382.8mm。该地区中心为三角洲平原,东、西、北部低山丘陵环绕。由于地处亚热带季风气候区,境内春季凉爽、多阴雨,夏季高温湿热、暴雨集中而多洪水,夏秋季多台风,冬季则少严寒且降雨稀少,多年平均降雨量具有从低山丘陵向三角洲平原递减的规律。

境内河流众多,绝大部分属珠江水系,其中东江、西江、北江具有集水面积大、径流量大、汛期长、含沙量小的特点。珠江水系下游形成受咸潮影响的河网,并经崖门、虎跳门、鸡啼门、磨刀门、横门、蕉门、洪奇门、虎门汇入南海,多年平均径流量合计$6700×10^8 m^3/a$。潭江是最大的非珠江水系的河流,主要流经江门市境,经崖门汇入南海。

该区处于华南褶皱带的南缘,地层发育完整,构造活动频繁,形成北东、北西和东西走向构造线,受其影响,海岸形成许多断块构造,使峡湾相间,岸外岛屿罗列。岸带内,陆上和水下地貌类型均相当复杂,包括山地、丘陵、台地、平原等多种类型。该区潮汐类型复杂,主要有不正规半日潮、正规全日潮等。沿岸的溶解氧的含量随水深而增加且冬高夏低。浅海pH值的范围为7.88～8.14。

珠江三角洲海岸带长达1059.1km,占广东省海岸线总长的31.40%,拥有海岛305个,海岛岸线1060.5km。珠江三角洲海岸带东起广东省惠州市黄埠镇,经深圳、东莞、广州、中山、珠海,西至广东省江门市北陡镇,历经大亚湾、大鹏湾、深圳湾、前海湾、虎门、伶仃洋、珠江口、磨刀门、崖门、广海湾、镇海湾等海湾河口;大小岛屿分散在珠江三角洲的前缘,如珠海的淇澳、横琴、三灶、南水、高栏、荷包、大杧、桂山、大万山、小万山、东澳、白沥、竹洲、外伶仃、北尖、担杆、二洲、直湾,深圳的内伶仃、大铲,台山的大襟,中山的横门,南沙的龙穴,以及香港的香港、大濠、青衣、南丫、蒲台,澳门的氹仔、九澳等岛屿。

第二节　水文气象

一、气象特征

珠江三角洲地处低纬,北回归线从北部通过,属亚热带季风气候区,夏季盛行西南季风和东南信风,干湿冷暖较分明。冬季处于冷高压的前缘,盛吹北风和东北风,雨水稀少,常见冬旱。春季2—3月份,由于暖湿气流与北方南下的冷空气交会于华南地区,往往形成大范围的低温阴雨天气,雨日虽多,但雨量很小;4月上旬开始,西太平洋副热带高压西伸北抬,对本区影响日益加强,西南季风活跃,开始进入雨季,前汛期(4—6月)主要是西南低空急流暴雨和锋面雨,雨量约为年雨量的40%～50%。后汛期(7—10月)的降雨以热带气旋雨为主,雨量为年雨量的35%～45%。区内各地多年平均雨量1665～2130mm,具有从东、西、北山丘和南海海域向三角洲平原中心地带(广州、佛山、顺德、东莞)呈递减的规律(表1-1)。由于纬度低,太阳高度角较大,白昼时间长,全年日照时数1700～2100h,太阳辐射能量丰富,全年太阳辐射4541～5400MJ/m²,气候温暖,全年气温高、湿度大,年平均在21℃以上,相对湿度80%左右。区内极端最高气温为38.7℃(广州),极端最低气温为−1.9℃(增城)。霜冻期短,日数一般少于5天,多属轻霜。区内的主要灾害天气是热带气旋,年平均1.3次,最多5次,强台风的比例约占50%。热带气旋天气的主要特点是狂风暴雨,有时热带气旋暴雨强度较大,月降水量多超过500mm。暴雨主要在4—9月的汛期,日雨量大于50mm的平均日数一般5～10天,暴雨中心可达10天以上,区内的台山市镇海日暴雨量达851mm。

表 1-1 珠江三角洲经济区主要气象台(站)资料统计表

站名	项目	月 份												年总量	极端最高	极端最低
		1	2	3	4	5	6	7	8	9	10	11	12			
高要	降水量	53.1	43.8	69.6	196.4	285.4	271.9	211.4	272.0	152.6	86.7	46.4	37.2	1726.5		
	蒸发量	79.7	67.9	88.3	105.0	146.0	144.0	191.5	181.8	166.2	149.8	110.1	89.5	1527.8		
高鹤	降水量	49.3	56.0	67.2	177.3	286.6	289.1	188.6	245.2	181.1	112.6	40.0	43.0	1735.4		
	蒸发量	92.1	76.6	97.1	112.6	160.3	151.3	200.2	185.2	177.6	160.3	127.5	102.1	1642.9		
三水	降水量	55.5	52.4	74.8	178.4	292.5	307.0	183.6	218.8	125.5	95.4	42.5	41.2	1667.6		
	蒸发量	102.7	83.3	105.4	123.8	164.3	165.1	224.6	213.1	192.6	175.8	144.1	116.0	1810.8		
四会	降水量	59.0	52.0	99.7	209.9	289.1	345.2	189.6	279.5	139.7	81.2	43.8	38.7	1827	2396	1431
	蒸发量	73.2	59.4	82.5	94.4	132.6	130.8	181.8	162.4	150.4	129.3	106.5	66.5	1370	1488	1246
恩平	降水量	52.0	59.0	67.3	215.0	471.8	504.0	336.7	348.1	279.6	102.0	67.7	38.7			
	蒸发量	98.1	79.5	115.2	111.4	152.1	143.6	179.0	147.7	144.9	147.5	136.2	11.22			
开平	降水量	45.6	20.9	41.3	172.8	387.9	287.1	259.8	277.1	168.6	102.4	71.1	69.9			
	蒸发量	97.8	79.0	117.9	111.9	147.2	150.0	188.1	162.5	145.9	152.3	135.9	113.2			
惠东	降水量	40.4	42.9	60.6	153.1	244.9	361.5	273.7	339.5	198.9	121.0	24.7	37.0	1898.2	2530.0	1345.1
	蒸发量	110.5	106.2	131.3	155.3	180.4	172.4	216.1	189.3	181.3	173.4	142.6	122.3	1881.2		
惠阳	降水量	32.4	50.4	70.2	157.6	245.2	340.3	244.7	243.3	192.3	68.7	28.6	25.5	1699.0	2319.1	721.1
	蒸发量	155.9	112.5	112.1	117.9	154.5	161.0	231.9	209.5	205.3	217.9	195.1	186.6	2060.2		
深圳	降水量	28.4	45.2	57.4	133.2	241.6	337.9	318.5	347.1	262.7	97.6	32.3	25.0	1926.7	38.9	−1.9
	蒸发量	116.3	97.8	120.3	140.1	167.7	162.0	190.5	171.0	162.1	168.7	147.7	126.4	1770.6		
东莞	降水量	31.3	43.0	60.8	189.3	275.4	308.6	236.0	279.7	219.2	86.8	30.1	29.3	1789.9	2326.0	972.2
	蒸发量	106.1	91.6	114.2	132.5	165.5	164.8	208.4	186.1	171.1	168.7	138.5	114.2	1759.7		
番禺	降水量	37.0	39.3	59.6	176.2	251.1	236.7	216.0	244.9	204.9	88.0	35.9	27.7	1617.9	2652.8	1030.1
	蒸发量	101.9	84.9	98.4	115.3	148.9	149.9	193.2	179.2	164.1	158.2	134.5	114.4	1643.3		
顺德	降水量	34.1	47.2	63.2	173.8	260.4	271.3	191.4	284.5	185.4	75.5	36.0	26.2	1648.8	2538.6	1049.5
	蒸发量	90.7	80.3	92.4	113.9	154.0	157.1	195.3	181.5	164.3	152.3	121.5	99.5	1602.8		
中山	降水量	35.0	47.0	61.7	157.2	270.2	295.4	215.2	272.2	219.3	88.4	36.8	25.3	1724.6	2419.1	1000.7
	蒸发量	81.6	69.9	86.7	112.4	140.6	146.3	181.6	159.3	143.4	132.8	110.5	88.1	1453.6		
斗门	降水量	40.0	38.2	58.5	193.7	415.1	421.8	278.6	391.9	237.2	135.2	23.4	38.2	2271.6	3379.6	1308.7
	蒸发量	96.8	78.2	92.7	113.7	154.5	148.6	176.8	152.9	147.1	149.5	127.9	108.0	1547.9		
新会	降水量	32.1	43.9	59.9	159.4	253.4	300.5	214.3	272.5	261.6	88.1	34.8	21.4	1741.9	2829.3	1130.2
	蒸发量	101.2	80.6	95.6	112.8	150.2	149.2	191.1	172.6	162.2	161.8	141.3	114.0	1633.6		
珠海	降水量	31.7	37.6	51.6	142.6	327.1	385.2	263.4	323.4	230.4	128.2	24.8	29.0	1975.1	2873.9	1200.9
	蒸发量	143.7	97.8	100.1	109.6	169.2	162.5	238.4	214.3	198.1	199.9	183.3	175.9	1991.7		

续表 1-1

站名	项目	月份												年总量	极端最高	极端最低
		1	2	3	4	5	6	7	8	9	10	11	12			
台山	降水量	31.9	46.4	58.7	166.5	295.8	327.3	250.4	313.0	250.4	85.6	39.3	20.7	1886.0	2662.5	1043.9
	蒸发量	96.8	78.2	92.7	113.9	154.5	148.6	176.8	152.9	147.1	149.5	127.9	108.0	1547.9		
上川	降水量	28.5	42.5	67.5	146.5	314.5	366.7	263.7	344.7	314.8	178.7	34.1	27.4	2129.5	3657.7	1028.1
	蒸发量	126.3	98.3	104.3	123.4	168.3	166.7	203.5	184.9	183.3	202.4	181.8	145.9	1889.1		
广州	降水量	40.0	61.0	91.0	166.0	266.0	278.0	239.0	238.0	153.0	63.0	40.0	30.0	1665.0		
	蒸发量	106.5	83.6	94.0	110.3	149.1	151.1	186.8	174.7	173.0	179.0	149.5	120.0	1677.6		
从化	降水量	42.0	62.0	108.0	234.0	415.0	437.0	228.0	257.0	140.0	65.0	36.0	32.0	2057.0		
	蒸发量	103.7	92.3	105.5	126.5	157.5	165.5	216.0	198.0	186.1	174.8	150.8	122.0	1799.3		
增城	降水量	39.0	52.0	86.0	199.0	355.0	389.0	251.0	282.0	157.0	70.0	28.0	34.0	1942.0		
	蒸发量	104.7	89.6	100.2	113.6	133.4	134.3	172.4	157.3	150.4	149.6	132.0	113.8	1551.3		
博罗	降水量	31.9	53.9	73.4	184.7	286.9	288.3	244.4	264.7	165.7	91.6	34.5	21.1	1741.9		
	蒸发量	104.0	99.0	121.0	133.9	151.1	166.8	210.1	195.1	177.8	169.8	133.3	117.9	1779.6		
惠州	降水量	28.5	48.4	88.5	163.4	252.8	341.9	292.4	273.4	159.8	65.6	34.0	22.8	1771.5		
	蒸发量	110.8	99.6	112.1	122.9	138.7	144.8	180.0	167.2	163.5	171.1	145.7	126.4	1682.3		
花都	降水量	39.0	54.0	91.0	196.0	310.0	297.0	175.0	247.0	131.0	69.0	40.0	29.0	1678.0		
	蒸发量	111.3	94.0	104.5	117.9	153.1	165.8	212.5	191.9	180.7	171.9	148.3	123.7	1775.6		

注：①降水量、蒸发量为多年平均值，数据统计至 1980 年；②表中数据单位为 mm。

二、水文特征

（一）陆地水文

区内的河流众多。除珠江流域的河系外，还有粤东、粤西沿海诸小河系，但主要是珠江流域的河系。

珠江为一复合流域，由西江、北江、东江和珠江三角洲网河和流溪河等次级水系组成。

西江是珠江流域的主干流，发源于云南省沾益马雄山，流域的绝大部分在云南、贵州、广西等省区境内，进入本区只是高要县西部边界的金鸡林场至三水思贤滘河段，往下为珠江三角洲网河区，区内主要支流为新兴江。

北江发源于江西省信丰县石碣大茅坑，区内仅为三水区北部边界的大坑至思贤滘河段，往下为珠江三角洲网河区，区内的主要支流为绥江。

东江发源于江西省寻乌县桠髻钵，区内仅为博罗县东北边界的蓝田至东莞市石龙河段，往下为珠江三角洲网河区，主要支流有公庄水、西枝江、石马河、沙河、增江等。

珠江三角洲网河：广州市白鹅潭至东莞市沙角河段，称珠江。西江、北江思贤滘以下河流、水道称为珠江三角洲网河区。集水面积 26 820 km²。河网水道纵横交错，形似网状，有重要水道 26 条，总长 1600 km，水流受潮影响，流向不定。网河区内的河流分别由崖门、虎跳门、鸡啼门、磨刀门、横门、蕉门、洪奇沥、虎门八大口门注入南海。

流溪河是珠江的一级支流,发源于从化圭峰山,河口在广州市白鹅潭。

沿海诸小河主要有那扶河、斗山河、深圳河等,属山地短促暴流性独流。多自北向南注入南海,具有暴涨暴落和下游感潮特征。

由于区内的河流,其绝大部分为珠江流域的水系,因位于下游和出海口,而具有集水面积大、坡降小、径流量大、汛期长、含沙量大的特点。东江、北江、西江的多年年平均径流量分别为 $253\times10^8 m^3$、$520\times10^8 m^3$、$2300\times10^8 m^3$,年平均流量分别为 $802 m^3/s$、$1650 m^3/s$、$2790 m^3/s$,含沙量分别为 $0.13 kg/m^3$、$0.21 kg/m^3$、$0.32 kg/m^3$,其他水文特征和其他河流的水文特征见表1-2、表1-3及表1-4。珠江的八大口门的多年平均径流量以磨刀门为最大,然后依次为虎门、蕉门、洪奇沥、虎跳门、鸡啼门和崖门,总径流量 $3360\times10^8 m^3/a$。

表1-2 珠江流域主要水系多年平均降水量及径流统计表

水系	集水面积 (km²)	河长 (km)	多年平均			
			年降雨量	年径流深	年降水量	年径流量
			(mm)		(×10⁸m³)	
西江	353 120	2075	1390.5	651.3	4910	2300
北江	46 710	468	1761.9	1091.8	823	510
东江	27 040	520	1753.0	950.4	474	257
珠江三角洲网河	26 820	288(1600)	1790.5	995.5	563	313
珠江流域	453 690	2214	1476.8	740.6	6700	3360

注:据《人民珠江》,1987年增刊;(1600)为网河区水道长度(m)。

表1-3 珠江各月入海水量(×10⁸m³)

集水面积	1月	2月	3月	4月	5月	6月	7月	8月	9月	10月	11月	12月	全年
453 690(km²)	83.1	76.5	98.3	219	414	572	534	493	333	197	141	95.1	3360

(二)海洋水文

1. 潮汐

珠江三角洲南临南海,边岸海域、珠江河口和沿海诸小河河口的潮型为不正规半日潮,每日两涨两落,相邻两高潮位或低潮位均不相等,落潮历时长于涨潮历时,落潮流速大于涨潮流速,平均潮差介于 $0.86\sim3.36 m$ 之间,属弱潮型河口和边岸。由于岸线曲折,沿岸线和河口附近的潮差较大,而向外海和内河上游逐渐减小。珠江八大口门的潮汐特征各不相同,潮差东西大、中间小(表1-4)。东侧的虎门附近,潮差最大,其次为西侧的崖门 $2.65 m$(黄冲),磨刀门最小,平均落潮差 $0.86 m$(灯笼山)。从珠江口河口湾的情况来看,具有由外到内潮差逐渐增大和东岸比西岸大的特点。东岸多年平均落差为 $1.70 m$ 左右(太平),西岸只有 $1.09 m$(横门)。

表1-4 区内主要河流(水文站)水文要素特征表

| 河名 | 水文站 | 集雨面积(km^2) | 年均降水量(mm) | 水位(珠江基面) | | | 流量 | | 年径流深(mm) | 年径流量($\times 10^8 m^3$) | 年均径流模量(L/s·km^2) | 年均径流系数(%) | 平均含沙量(kg/m^3) | 平均输沙量(kg/s) | 年输沙总量($\times 10^4$ t) | 年侵蚀模数(t/km^2) |
				平均(m)	最高	最低	平均	最大(m^3/s)	最小							
东江	岭下	20 557	1752	14.1	23.21	12.15	585.3	10 900	25.6	901.9	183.9	28.58	51.5				
	惠州	25 118	1772	8.15	17.57	5.91	850	5860	86	1070	268.5	33.86	60.4				
	博罗	25 325	1742	6.53	15.68	4.58	726	12 800	23.1	913.6	238.6	28.93	52.4	0.13	93.7	269	117
西枝江	下案	1756	1793	20.5	29.13	19.13	81	4850	2.65	1486	25.56	47.09	82.9				
安墩水	九洲	385	1774	37.8	42.05	37.35	12.41	1830	0.136	1016	3.887	32.19	57.2				
淡水河	下陂	345	1844	21.8	27.58	21.34	10.5	862	0.032	1012	3.319	32.06	54.9				
增江	麒麟咀	2866		5.01	10.38	4.21	128.9	2062	11.3	1423	40.77	45.05	69.02	0.125	17.8	56.1	196
北江	三水			2	7.45	−0.23	1220	7750	−213		386.5			0.184	245	773	
	石角	38 363								1117	429			0.13	171	538	140
西江	高要	351 535								645.7	2270			0.32			
	马口			1.94	7.37	−0.27	7470	27 700	−1920		2358			0.302	2310	7290	
新兴江	腰古	1776								997.9	17.7				2250	7100	202
绥江	石狗	6362								1095	69.7			0.16	34.7	109	172
泗合水	双桥	131		10.5	13.4	10.2	3.32	140	0.1	797.2	1.05	25.26	47.67				
流溪河	牛心岭	1551					48.76	894.9	4.5	1097	15.93	34.75	55.99				
潭江	潢步头	1336		2.41	7.66	1.44	6.75	1371	4.81	1621	21.29	51.36	65.27	0.109	7.29	23	168
大隆洞	爪排潭	78.2		35.5	40.02	35.12	4.94	736	0.18	1960	1.56	62.1	68.24				

调查区近岸和河湾内的多年平均海面高度各处不一,澳门和灯笼山附近的海面分别为最高和最低,在海图深度基准面上2.02m和1.19m,其余各处海平面高度介于其间。

2. 海流

珠江口外主要受两大海流系统所控制,一个是黑潮暖流,另一个是沿岸及季风漂流。它们随季节的变化而变化。

沿海近岸地区的流场很复杂,它受潮流、径流、沿岸流、风海流,南海北部陆架水团及地形边界条件等多种因素影响,在时空分布上均有较大差异。伶仃洋及黄茅海以潮流为主,伶仃洋西滩及磨刀门口以径流为主。季风漂流则随季节的变化有显著变化,冬季向西南流,夏季向东北流。近岸海域的余流一般在水深小于5m的水域,主要受径流控制;5~10m水深,径流和潮流的互相作用较强;10~20m的水深,沿岸流和风海流的影响加深;20m以深水域,显然为南海暖流波及范围。表层余流,在伶仃洋、磨刀门及崖门湾(黄茅海),其主流无论在洪、枯季均向湾外流动。但局部受地形的影响下泄径流与上溯潮流产生不均匀混合,引起密度不均,出现小区域的顺时针方向旋转环流。在淇澳岛和内伶仃岛附近颇明显。在河口湾口及前三角洲地段,起主导作用是的沿岸流、风海流及科氏力作用下形成的西南向余流,流幅10km,是搬运各口门细粒物质的主要营力。余流流速在湾内一般为0.37~0.74km/h,出湾口为1.30~1.85km/h。在深槽道和陆架内缘为0.74~2.41km/h,平均为1.0km/h。余流的垂直分布,因季节而异,在河口湾内(包括伶仃洋、崖门湾内),洪水季节从表层到底层余流方向大致相同,向海运行;枯水季节表层向海流动,底层向陆上溯,流速一般仅0.185km/h。

3. 波浪

由于海岸曲折，岛屿分布不均，各段海域的波浪特征和波能强度相差较大，一般规律是湾内小、湾外大；岛屿屏蔽区小，面海侧大。湾外及岛屿面海侧，在水深10m的情况下，波浪频率高，以涌浪为主（占67.4%），风浪次之（占32.6%），无浪率很小（仅占0.8%）。浪向以南东向为主（占52%），其余浪向均不超过12%。波高和波周期变化幅度小，波高在3级（0.8~1.2m）的波浪频率占47%，4级浪（波高1.3~1.9m）的频率也有28%，全年平均波高1.2m，平均周期5.1s，各月平均波高和平均周期分别在0.89~1.43m和4.6~6s范围。按艾里波浅水波长公式计算，10m深处的平均波长为50.1m，波基面深度为2.5m左右。近海台风引起巨浪，最大有效波高为7.1m，波浪周期10s，可产生强大的风暴及风暴潮增水，使沿岸正常的沉积体遭到很大破坏。河口湾内的波浪性质和能量较口外有很大的不同，涌浪和混合浪的频率很小，全年最多风向为南东，频率达39%，最大风速为30m/s，最多浪向为南及南南东，二者频率合计55%，年平均波高0.2m。台风是产生河口湾内水域大浪的唯一因素，据两次台风测的最大浪高分别为1.0m及1.6m，可见河口湾内的波浪强度较微弱。

第三节 社会经济

一、经济区发展沿革

1994年7月，广东省省委提出将珠江三角洲地区建设成为广东首先实现现代化的一个大经济区，并以经济区为龙头带动广东经济全面发展的设想。同年10月，中共广东省省委七届三次全会决定制定建设珠江三角洲经济区现代化的整体发展战略。1995年，省政府有关部门分别出台《珠江三角洲经济区现代化建设规划纲要》（初稿）和《珠江三角洲经济区城市群规划》。从此，珠三角经济发展战略正式付诸实施。

珠江三角洲经济区位于广东省中南部，面临南中国海，处于珠江流域下游和出口处，毗邻港澳。土地面积41 698km²，占全省23.4%；2000年末总人口2307万人，第五次人口普查为4077万人，分别为全省总人口的30%和47%。可见，该区以全省1/4的土地承载了全省1/3的人口，人口十分稠密。

珠江三角洲经济区经济发展经历两个时期。

第一次产业发展的机遇从20世纪80年代开始，香港制造业大批内迁，珠江三角洲地区借助港资的推动，发展劳动密集型制造业，实现了初步工业化。"广货"风靡全国，出现东莞的服装、顺德的家电（"容声"电冰箱），三水的"一杯水"（健力宝），中山的"一个桶"（"威力"洗衣机），江门的"一条线"（指新会的锦纶、涤纶等化纤产品）。这个时期，珠江三角洲的产业以轻型的纺织、食品、家用电器为主，城市化基本上是通过"村村办工业"来实现的。

第二个阶段是从20世纪90年代中期开始，随着台湾的电脑生产基地内迁，珠江三角洲的深圳、东莞、惠州抓住这个契机，利用低成本优势吸引海外直接投资，建立外向型资讯产业加工制造业基地，通过全球采购和OEM（Original Equipment Manufacture，贴牌生产）带动了产业飞速发展。其中，东莞是全国引进台资最多的城市，其次就是深圳。珠江西岸的佛山、中山等市的产业得到进一步的发展，并产生了一批名牌家电产品，如顺德的"两家一花"，中山的"一镇一品"。在这个阶段城市通过专业化的生产形成集聚规模效应，提升城市化水平。

二、经济区社会经济发展态势

改革开放以来,珠三角凭借原有的基础、毗邻港澳、华侨众多之优势和改革开放的政策,社会经济突飞猛进地发展,取得了令世人瞩目的成就。作为广东经济社会发展的龙头和主体,基本实现了以工业化为主导、信息化初露端倪的经济起飞,呈现出经济持续高速增长、基础设施日臻完善、经济国际化、城市化进程与经济发展比翼齐飞等发展特征,已成为中国区域经济中最具生机活力的重要增长极之一。

(一)国民经济持续高速增长

伴随改革开放春风,珠三角实行特殊政策和灵活措施,充分发挥毗邻港澳的独特区位优势、信息优势以及华侨众多的人文优势,敢闯实干,开拓创新,区域经济发展取得显著成就。1980—2000年,珠三角经济年均增长达到16.9%,大大高于同期9.6%的全国平均增速和13.8%的广东省平均增速。成为广东省乃至我国经济增长最快、持续时间最长的地区之一。

据《广东统计年鉴》,珠江三角洲经济区2000年国内生产总值和财政收入分别达到7378亿元和599亿元,占全省比重分别由1980年的40.7%和59.9%,大幅上升到69.6%和65.8%;人均GDP达27 863元,按现行汇率计算超过3300美元,分别为全国和全省水平的3.85倍和2.16倍,跨过世界中等收入国家平均线(1998年为2990美元);城乡居民储蓄存款余额占全国的10.3%,达到6639.64亿元,成为全国较为富裕的地区之一。

(二)基础设施日臻完善

全区2000年公路通车里程达29 029km,比建立经济区初期(1995年)增加8706km,公路密度达0.7km/km^2,拥有广州、深圳、珠海3个大型机场;一个以广州为枢纽的铁路、公路、水运、航空等多种运输方式相互结合、沟通国内外的交通运输网已经初步形成。

(三)经济国际化水平高

20世纪80年代初,以深圳、珠海等设立经济特区为契机,港澳大量中小型企业因当地生产要素成本过高纷纷"挥师"北移至珠三角投资办厂,正式拉开珠三角经济国际化的序幕。从"前店后厂"模式到"你中有我,我中有你"的紧密合作,从起初"来者不拒"中小型外商投资绝对主导到现在200多家海外跨国公司的扎堆,从初期"引进来"到20世纪90年代中后期"走出去",珠三角抢抓千载难逢的历史机遇,以港澳作为连接和融会世界经济的桥梁和枢纽,外向型经济得到迅猛发展,并成为推动区域经济增长的主要动力。2000年珠三角出口对工业增长的贡献率已超过五成,达52%,进出口总额和出口总额分别达到1592亿美元和847亿美元,实际利用外资累计121.76亿美元,均居全国各大经济区域的首位,较好地起到了中国对外开放的窗口和示范作用。

(四)城市化进程与经济发展比翼齐飞

改革开放20多年来,珠三角经历了一个历史性的经济社会大跨越,工业化、城市化进程相互促进、协调发展,以广州、深圳为核心的城市群快速崛起,城市化整体水平得到互动发展。2000年,珠三角人均GDP介于世界下中等收入和上中等收入国家地区之间;按第五次人口普查统计,该区市镇人口总数为2943万,城市化水平已达72.2%,接近世界上中等收入国家地区的平均水平,与世界发达国家如美国(76.1%)、日本(78.1%)相比距离逐渐拉近。

三、经济区城市发展规划

(一)城市群建设模式

根据《珠江三角洲率先基本实现现代化专题规划》,珠江三角洲经济区将依据其自然资源特点和未来社会经济的发展态势,在空间布局上实施:内外圈层分工("内优外拓")、点轴集聚发展、三大都市区协调建设、四种用地模式分类制导。

1. 三大都市区

根据《珠江三角洲城市化专题规划》,未来经济区城市的发展主要依经济规律,打破行政界限,加强城市间的分工协作,提高城市群的整体功能。积极发展大城市,中、小城市向职能专业化方向发展。沿珠江口两岸形成:两条发展主轴分别向香港、澳门延伸,一条是广深港发展轴,另一条是广珠澳门发展轴;两个中心(广州、深圳)、三个都市区(中部都市区、珠江口东岸都市区、珠江口西岸都市区)为基础的环珠江口大都市圈。

(1)中部都市区:空间上是以广州为中心,包括佛山、三水、花都、顺德及肇庆的端州区、鼎湖区、四会市、高要市等。该区重点发展科技、金融商贸、信息咨询与开发、周末度假相结合的旅游业等第三产业,同时发展以汽车制造、电子、机械、饮料及石油化工为主的第二产业。

(2)东岸都市区:东岸都市区北接广州,南连香港,同时受两个特大城市影响。城市群的分布,南部较北部密集,西部较东部密集,市镇相对密集区,呈以深圳(香港)为中心,沿交通干线向北、向东轴带状延伸的空间特征。该区主要发展以对外商贸为主的第三产业,工业开发与研究相结合的科研事业及以通信器材、电子仪器、能源化工等工业。

(3)西岸都市区:西岸都市区指珠江口以西银洲湖以东的地区,行政范围主要包括珠海市、中山市、江门市的部分地区。该区重点发展依托于港口运输的大工业,如能源、重化工、机械工业及高技术的医药微生物工程,国外和国内并重的旅游业和以物资转运为主的港口贸易等第三产业。

2. 两个圈层和两条发展主轴

(1)内圈层和外圈层。经济区的社会经济活动和城镇由于高度集中于环珠江口地区,客观上形成发展水平及特点都存在差异的内、外两个圈层,即环珠江口地区的内圈层和其余部分构成的外圈层。

内圈层为现状经济发展水平较高,城镇密集,人口密度大,第二、第三(金融、对外贸易、房地产等)产业发达,大中型工业和乡镇企业集中,科学研究和科技开发的力量强的区域,面积大致为 $1.2 \times 10^4 \text{km}^2$。该区的主要问题是:人均耕地密集少,人地资源矛盾突出,环境质量较差。

外圈层是目前经济发展水平相对较低,城市个数少,经济实力、交通设施仍然不及内圈层的区域。该区人口较稀疏、居民分散、人均耕地资源多,以湖泊、沙滩、海岛、森林等自然风光为特色的旅游资源丰富。

(2)两条发展主轴。根据经济区城市群的功能结构和自然环境的特点,内圈层区域以中心城市(广州)为中心沿珠江口两岸形成两条发展主轴,分别向深圳—香港、珠海—澳门延伸,即广深港、广珠澳发展轴。

广深港发展轴:从广州经东莞至深圳、香港的交通走廊地带,该地带城镇密集、沿岸港口众多、电子、微电子等高新技术产业和机械加工、石油化工等工业发达,是珠江口东岸的重要发展轴。

广珠澳发展轴：由广州经顺德、中山、江门至珠海、澳门一线，途经珠江三角洲腹地，加工工业、电子工业及轻工食品工业特别发达。旅游资源丰富且随着广珠高速公路、铁路的建成，将形成国际旅游热线，是构成珠江口西岸重要的发展轴。

3. 城市用地模式

根据经济区城市的空间布局，在城市用地上划分为都市区、城镇密集区、开敞区和生态敏感区4种用地类型，通过4种用地模式分类制导，以促进三角洲城市群整体协调发展，防治城市建设无序蔓延，形成良好的城市环境和生活空间。

(1)都市区：为已经形成或将要形成的规模大、聚集度高、中心地位和作用突出的城市化区域。主要承担金融、贸易、科技、信息以及形成综合交通运输枢纽，发展高新技术产业和大型基础工业，增强辐射功能。

(2)市镇密集区：是众多小城市及城镇组合分布地区，合理诱导工业在此适当集聚，承担工业中心及相应的各种城市功能。该区紧邻都市地区，作为都市区的补充和后备用地。

(3)开敞区：是以农业为主的包括镇、村、农田、水网、丘陵等用地的地区，也包括部分适中规模的新城居住聚居地，地貌以自然环境、绿色植物和自然村落为主，主要是经济区的农业发展基地。

(4)生态敏感区：是对区域整体生态环境起决定性作用的大型生态要素和生态实体，如国家级自然保护区、森林山体、水源地、大型水库、海岸带以及自然景观旅游区等，是区域中生存质量的共同保证。严格控制此区域的开发强度，防治城镇建设对此区域土地的蚕蚀。

(二)基础设施规划

根据《珠江三角洲基础设施专题规划》，到"十五"期末，建立比较完善的交通运输市场体系；初步形成多种运输方式协调配套的集装箱运输系统、大宗散货运输系统；进一步建设广州、深圳地铁等城市交通系统，起步建设连接珠江三角洲主要城市、与港澳衔接的快速轨道交通系统；以信息化、网络化为基础，加快智能型交通的发展，积极推进现代物流系统的形成。基本形成以公路为基础，以铁路为骨干，水运、航空运输协调发展，对外运输通道和港站主枢纽相互衔接，结构趋于合理，运输能力显著增强，运输质量明显提高的综合运输体系。

到2010年，珠江三角洲经济区将建成布局完善、分工合理、协调发展、沟通全省、连接港澳的综合运输网，形成畅通、安全、舒适、便捷的现代化综合运输体系，基本实现客运快速化，货运物流化，管理智能化。全区公路里程达到 3.5×10^4 km，公路密度 85km/100km^2，铁路里程达到 774km，港口和机场适应经济发展的需要。

珠江三角洲基础设施建设规划要点：一是继续加快高速公路建设，完善高速公路网络；建设以广州为中心、衔接港澳的珠江三角洲城际快速轨道交通系统；建立以枢纽港为中心的珠江三角洲港口体系；建设以广州白云国际机场为中心，深圳、珠海等机场为干线机场的航空港体系。二是加快电源和电网建设，集中力量建设一批电厂和建成500kV连接沙角、江门、惠州等地的双回路输变电工程。三是建设液化天然气(LNG)主干线及相关工程。四是推进基础设施信息化建设，加强交通运输的信息化建设，推进民航运输的空中雷达管制系统建设。五是建设人水协调的防洪、防风暴潮、排涝减灾工程体系，建立持续优化的水资源配置体系。六是建设珠江三角洲主要城市优质供水网。

(三)城市规模

据《珠江三角洲城市化专题规划》，经济区将在现有广州、深圳两大中心城市的基础上，形成佛山、珠海、东莞、惠州、中山、江门、肇庆—高要等多个区域性中心城市,带动区域整体发展,并承担起本区域外向拓展的作用;大力培育次中心城镇的发展,使之成为承上(中心城市)启下(广大乡镇),优化城乡结构和生产力布局的中坚力量。通过多核、多中心的联动效应,推进城市群的网络化发展,形成特大城市—大城市—中等城市—小城市(中心镇)及卫星城镇(其他城镇)协调发展的城镇体系。2010年珠三角城市规模结构为:

>500万人口的城市2个:广州、深圳;

200~500万人的城市2个:佛山、东莞;

100~200万人的城市2个:珠海、江门;

50~100万人的城市3个:中山、肇庆—高要、惠州;

20~50万人口的城市4个:增城、开平、台山、惠阳;

10~20万人口的城市4个:四会、鹤山、恩平、从化。

第二章　研究区地质环境背景

第一节　地形地貌

在地理意义上,以珠江三角洲平原为主体,其西、北、东三面环山、南面临南海。其西、北、东被古兜山、天露山(海拔1251m)、罗浮山(海拔1281m)等断续的山地和丘陵环绕。由于西、北、东江夹带的泥沙在湾内不断地堆积,逐渐形成了现今的珠江三角洲平原。其北部散布有不少的台地、残丘,南部除台地外,还散布有山地、丘陵。珠江三角洲河口地段河道众多,水系纷繁,构成了平原上稠密的水网,为网河区。

海岸,珠江口以东为沉降山地原岩冲蚀海岸,珠江三角洲为汉道平原堆积海岸,珠江崖门口以西为粉砂淤泥质平原海岸。大陆岸线长达1059km。近岸岛屿众多,星罗棋布,共有477个,几乎全为基岩岛屿,面积516.04km²,岸线长1103.4km。

本区的地形地貌类型可按成因形态和山地高度进行划分(表2-1)。

一、侵蚀构造地貌

(一)中低山

区内标高最高一级地形,不连续地分布在东、北、西部边界地带。东有沿惠东县南侧分布的莲花山脉;北有沿从化东北侧分布的天堂顶—三角顶—桂峰山、东天蜡烛山,以及博罗县西侧的罗浮山脉;西有位于开平西侧的天露山等。罗浮山飞云顶(1281m)是区内最高山峰。

山体主要为花岗岩和混合岩构成,山脊走向受控于地质构造和区域断裂并与组成岩体长轴走向一致,形态受岩性控制,如花岗岩和混合岩,在地质历史长河中却易风化,风化壳厚度较大,由其构成低中山山体往往比较庞大,山脊较宽,呈猪背状,山坡坡度25°～40°。山谷深险,谷坡陡峭,为"V"形山谷。谷中多悬坎,水流湍急,多跌水和瀑布,谷中常有较多洪积或崩积的滚石和漂石,沿山麓多有洪积扇分布。由于风化壳厚度大,涵蓄水分的条件好。

(二)低山

在区内分布广泛,但不连续,除岛屿外在陆地的东、北、西和南部,乃至中部都有分布。以东、北、西部面积最大,南部和西部的面积较小,有的与低中山毗连,依偎其傍;有的屹立于群丘之中,为其"主心骨";有的孤立于平原上或大海之滨,显得格外高峻、挺拔和壮观。由于区内的低中山在高度上仅比低山略高,因此在地貌特征上低山与中低山无多大的区别,总体上与中低山一样山体庞大,山势雄伟,山峰挺拔,山坡陡峭,山谷深险。山谷为"V"形,坡降大,多悬坎,水流湍急,多跌水和瀑布,谷床上有较多洪积和崩积的滚石和巨石。山坡坡度一般25°~40°,局部地段稍陡或近于直立(峡谷)。沿山麓和较平缓的山坡常有较多的坡洪积物堆积,临海坡面多有石蛋散布。与中低山在地貌特征上不同之处,仅是因为一些地段山体不是由花岗岩和混合岩类构成,而是沉积碎屑岩和火山碎屑岩,甚至为碳酸盐岩夹碎屑岩、红层等组成,使山体、山峰、山脊形态上有一些差别。由碎屑岩等组成的低山显得更加挺拔、高峻,坡陡,山脊狭窄,多为鳍状或锯齿状,山峰较尖突。低山地区人类活动较少,风化土层较厚,水分涵蓄条件较好,植被发育,覆盖率大于80%,局部地段有岛状次生原始森林存在。

表2-1 珠江三角洲地区地貌类型一览表

成因类型		形态类型	类型代号	海拔(m)	高差(m)	面积(km²)	占总面积比率(%)
侵蚀-构造地形		中低山	I_1	>1000	>500	938	2.22
		低山	I_2	500~1000	250~500	6516	15.63
构造-侵蚀地形	丘陵	高丘陵	II_1	250~500	200~300	9637	23.10
		低丘陵及残丘	II_2	50~250	30~200	3887	9.32
		火山丘陵	II_3			13	0.03
剥蚀-侵蚀地形	台地	一级台地	III_1	<15	<5	55	0.13
		二级台地	III_2	20~25	<10	2376	5.70
		三级台地	III_3	30~45	<20	1466	3.52
		四级台地	III_4	60~80	<30	720	17.30
		火山台地	III_5	30~60	<25	11	0.03
海成地形	海蚀	海蚀阶地	IV				
	海积	海滩	V_0			226	0.54
		海积平原	V_1^1			902	2.06
		海积二级阶地	V_1^2			33	0.09
		潟湖平原	V_2			135	0.32
		砂堤	V_3				
陆成地形	海陆混合堆积	三角洲平原				7752	18.59
	冲(洪)积	湖(沼)积平原	V_4			509	1.22
		河漫滩和心滩	V_5^0			34	0.08
		河流冲积平原	V_5^1			5849	14.02
		河流二级阶地	V_5^2			388	0.83
		河流三级阶地	V_5^3			177	0.42
		河流四级阶地	V_5^4			6	0.01
		山前倾斜平原	V_5^5			29	0.06
	风海积	砂堤、砂地	VI			38	0.08

二、构造侵蚀地貌

(一)高丘陵

较广泛地分布于陆地和岛屿。多环绕和毗连低山分布,或突兀于低残丘、台地之上,或独立于平原和海面上。高丘的形成以侵蚀作用为主,但是断裂等构造形迹的形态和展布方向也隐现其中。区内的高丘由岩石构成,主要为沉积碎屑岩、火山碎屑岩和红层碎屑岩,次为花岗岩和混合岩。丘陵坡度为7°～30°,以15°～30°为主,局部地段大于35°。沟谷较发育,地形起伏较大。由碎屑岩构成的高丘,丘坡有陡坎,坡线多呈阶梯状,上陡、下较缓,丘顶较窄,脊线较弯曲。沟谷多呈"V"形,平面蜿蜒曲折,沟中悬坎较多,水流较湍急,多跌水。花岗岩、混合岩构成的高丘,丘坡较缓,坡线顺滑,上缓下陡,丘顶圆缓,脊线不很明显,沟谷多呈"U"形,平面上直线状为主,沟谷两侧的丘坡、冲沟、坍塌较发育。

(二)低丘陵及残丘

分布虽广但较零散,单片面积大小不等,小的只有几平方米。多分布在山地、高丘近平原的边缘,或独立于平原之上,或缀于海岛。为水流长期侵蚀而成,现今因侵蚀度变弱,地形切割不大,地面起伏不大。丘体平面形态呈不规则状,丘坡较平缓,坡度5°～25°,以10°～15°居多,上缓下陡,多为阶梯状。丘顶平缓,形如馒面。丘体岩石多为花岗岩、混合岩、沉积碎屑岩、红层,局部由碳酸盐岩构成,岩石风化厚度较大。低丘残丘分布区,农业发达,几乎整个坡面都为人们依山就势改作坡地和梯田。由于农耕的翻动、采石等活动,在暴雨冲刷作用下,水土流失严重,多为面蚀,冲沟和坍塌现象也常见。丘间沟谷宽浅,常有坡洪积物堆积。

(三)火山丘陵

主体为西樵山,面积约15km^2,主峰大科峰,标高344m,是南海市境内最高峰。主要由粗面岩、粗面质火山碎屑岩夹沉凝灰岩构成。火山丘陵形如古钟,丘坡陡峭,突兀于平原之上。

纵观上述山地、丘陵地形,其山顶普遍有等高性,构成阶梯状平台,代表多级地貌类型、多级夷平面和多层地貌组合,据野外观察和山顶高度的统计,标高有900～1000m、700～800m、500～650m、400～450m、300～350m、200～250m和100～150m七级夷平面。

三、剥蚀-侵蚀台地地貌

主要分布于西部和中部,东部及岛屿上也有零星分布。主要由花岗岩、混合岩和砂页岩等构成。系长期遭受侵蚀夷平的基准面,后因地壳间歇性抬升,复经侵蚀切割而成。按丘顶的高度,可将台地分为四级,另有火山台地。

(1)一级台地:标高小于15m,相对高差小于5m,风化壳厚度10～20m,按湿润热带岩石风化速率(0.5m/万年)推算,形成于40—10万年前(Qp_2—Qp_3^1)。

(2)二级台地:标高20～25m,相对高差小于10m,风化壳厚度30m左右,形成于25—6万年前(Qp_2—Qp_3^1)。

(3)三级台地:标高30～45m,相对高差小于20m,风化壳厚度30～40m,形成于80—60万年前(Qp_1—Qp_2^1)。

(4) 四级台地：标高 60~80m，相对高差小于 30m，风化壳厚度 40~50m，形成于 100—80 万年前（N_2—Qp_1）。

(5) 火山台地：仅见于博罗县杨村—蓝田一带，由玄武岩构成，时代为古近纪，呈北东向展布，标高 20~60m，高差小于 2.5m，丘陵化程度中等，地面呈舒缓波状起伏，向西北倾斜，呈阶梯状下降。

台地地面总体呈舒缓波状起伏，由一些高度大致相等、稀疏突兀、顶平的丘台组成，随台地级数变大，地面起伏加大，丘陵化越明显，至四级台地，其形态与低丘陵差别不大。

四、海蚀阶地

海蚀阶地见于南部海域边岸和岛屿的基岩山崖和岬角，分布极为零星，单体面积很小，多数在 1:25 万的地图上难于表示。海蚀阶地的形成，与剥蚀-侵蚀台地的形成原因相仿，亦是由于地壳间歇性抬升（或海水间歇性下降），在海水的浪蚀和磨蚀作用下夷平的海蚀基准面，逐级上升而成。

海蚀阶地在不同的地段发育的级数和每级的高度都有不同。一般来说，同一级海蚀阶地表现为东部高、级数多，西部低、级数少。东部的平海半岛，见有 4 级海蚀阶地，一级标高 11~20m，二级标高 30~50m，三级标高 80~100m，四级标高 120~130m。西部所见的 3 级海蚀阶地，阶面标高一级为小于 10m，二级为 15~25m，三级为 30~45m。各级海蚀阶地的阶面多呈弯月形，宽 200~300m，局部达 900m，长 3~11.5km，阶面微波状起伏，向海倾斜。其上礁石叠立，局部见厚 0.5m 的砂质黏土及贝壳、海蚀壁龛。但是，在一些地段标高大于 10m 的海蚀洞穴，为暴浪所造成，不足以作为海蚀阶地的佐证。

五、堆积地貌

（一）海积地貌

1. 潮间浅滩

潮间浅滩沿本区南部海域和岛屿边岸分布，按组成物质或生态特征划分有以下几类。

(1) 沙滩：主要分布于深圳湾以东和一些岛屿的边缘。主要由石英砂组成，有粗砂、中砂、细砂和粉砂，并含有较多的生物碎屑。由于沿岸的潮差小，浪波作用较强，沙滩宽度小，坡度较陡（1:50~1:200）。

(2) 泥滩：主要分布于深圳湾以西，特别在近河区的湾顶部位，如广海湾、镇海湾、范和港，以及一些岛屿向西的湾顶。其宽度较大，坡度较缓（1:500~1:1000），沉积物多为黏土或粉砂，含较多的有机质。

(3) 红树林滩：主要分布于深圳湾北畔边岸，长 10 余千米，1000 余亩（1 亩=666.67m^2）。由粉砂淤泥组成，滩地上生长红树林。由于红树林根系发育，盘根错节，人进入滩地困难，但受潮流作用，潮沟发育。红树林有护岸效益，林下水域是鱼、虾贝、蟹的理想生境，也是水鸟栖息的天堂。

(4) 基岩砾石滩：主要分布于东部一些临海山丘、台地、岛屿的岬角部位，宽度不大，多由近圆或次圆状的块石、巨砾、碎石组成。

2. 海积平原

海积平原主要见台山市海晏至镇海、伶仃洋东岸、黄茅海西岸，以及东部海域边岸海湾的湾顶和岛屿边缘海湾,依岸呈条带状分布,不连续,宽度不等,西宽、东窄、岛屿窄。沉积物主要为灰黑或深灰色粉砂质淤泥黏土,含海生贝壳碎屑和丰富的有机质。

3. 海积阶地

海积阶地见于东江三角洲后缘的石排一带,面积约 $30km^2$。地表由晚更新世中后期的西南镇组（Qp_3x）海相的灰—深灰色淤泥质黏土、黏土质粉砂、细砂等组成,地面平坦,微向三角洲倾斜,高出三角洲约 3m。

4. 潟湖平原

本区海岸曲折多湾,尤其是东部海岸,具有大湾套小湾的特点。较多的小海湾均发育湾口砂堤,拦堵海湾,形成潟湖。之后由于淤积或海岸上升,海水退出而形成干潟湖平原。规模很小,宽仅几千米。如大鹏湾顶小梅沙,就是位于这种小型砂坝潟湖平原的前缘。沉积物为含有细砾的砂,它主要来源于湾口的砂堤砂和周围山地的陆源碎屑物。为全新世中晚期的沉积物。

5. 砂堤

砂堤是向岸浪将海水中的砂粒推至潮上带,干燥后被向岸风向陆吹送堆积而成。长期如此,砂堤越变越高、越宽、越长。多分布于潟湖平原的外缘,有的因海岸和三角洲的扩展已远离海水边岸,有的地段有两三列砂堤平行分布,不连续,一般长 2~3km,宽 100~200m,高出海面 5~8m,地面波状起伏,横剖面一般呈抛物线形,向海坡 30°左右,背海坡 45°左右,宽度较大的横剖面呈阶梯状。有些海湾,砂堤沿湾口发育,构成砂嘴或砂坝。较宽的砂堤上,可见风成砂丘。惠东县港口分布两条中细砂组成的砂堤,一个位于东北部的连岛砂堤,另一个位于其西侧,从平海半岛向港口延伸,两砂堤围成了平海潟湖。在巽寮港见新月形沙嘴。

（二）河谷平原地貌

河谷平原沿东、北、西江及其支流,流溪河及沿海独流小河两岸或一岸呈不规则、断续的条带状分布,高出现代河面 1~22m,地形平坦,以 1°~6°微向河床倾斜。由第四纪中更新世以来的砂砾、砂、砂质黏土、黏土和淤泥等组成。发育有一、二、三、四级河流阶地,阶面分别高出河面 1~6m、6~12m、12~22m、50m 左右。河谷平原（或冲积平原）相当于一级河流阶地,分布面积最大,由大湾镇组（$Qh^{2-3}dw$）组成;二级阶地,由小市组（$Qp_3^2—Qh_1^1xs$）组成,以从化、花都和三水等地分布面积为大;三级阶地,多为基座阶地,由黄岗组（Qp_3^1hg）和狮岭组（Qp_3^1sl）组成,以西部马冈—牛江—良西—江南一带最发育;四级阶地,为基座阶地,由白坭组（Qp_2bn）组成,仅在三水市河口以北的台地上有零星小面积分布。

在上述河流的洪水位以下的边岸或河床上,常有河漫滩和心滩,多为泥砂质滩。

（三）山前冲洪积倾斜平原

山前冲洪积倾斜平原主要分布于西部的高要、肇庆境内,于栏柯山和北岭山之南麓,呈条带状,宽数十米至 1km,地面波状起伏,向南倾斜 1°~6°。由北岭组（$Qh^{2-3}bl$）灰色、棕灰色卵砾石黏土组成。与南面的三角洲平原和湖积平原呈缓坡过渡,与北面山丘呈陡坡接触。

（四）湖（沼）积平原

湖（沼）积平原主要分布于西江、东江三角洲后缘一带,如大湾—黄岗、沙头—白土,以及桥头—

陈江、寮步—石排南和福田河西南等地,此外,在四会、花都等地也有零星小面积的分布。总体上较平坦,但其上河流密布,如蛛网,小湖泊众多,尚有较多的突兀的残丘分布,是典型的湖沼、水洼地带,其地面标高 10~15m,高出河面 0.5~2m。微向河床倾斜,自然排水不畅,易被洪水淹没,终年有积水。由全新统睦岗组(Qhm)湖沼相灰色淤泥、砂质黏土,混现代冲积物组成。土地肥沃,多已开垦为良田。

(五)海河混合堆积的三角洲平原

珠江三角洲是本区平原主体,是最大的堆积地形。其东、西、北三面都有山丘围绕,南面滨海,构成一个马蹄形的港湾。三角洲外围的平原,以多汊道及积水洼地为特色。三角洲以放射状网河汊道发育和众多山丘突起为特征。三角洲放射状网河汊道是河流进入受水盆地因射流作用而形成。众多的山丘是过去的海岛,在岛丘上发现有多处海蚀遗迹。三角洲平原由 4 种地貌类型组成:①高平原,当地称高围田及高沙田,地面高程 0.5~0.9m,位于三角洲的中、北部,是年代较老、围垦较早的地段;②低平原,当地称中沙田、低沙田,地面标高-0.2~0.7m,是近期围垦的地段;③积水洼地,当地称堑田,分布于三角洲的西北部,地面标高-0.4~0.7m,亦有低达-1.7m 的(三水大堑涡);④基水地,由鱼塘、桑基、蔗基组成,集中分布于顺德、中山境内。低平原面积约占三角洲面积的 76%,积水洼地约占 6%,基水地占 18%。

网河十分发育是三角洲平原另一地貌特征。西江、北江三角洲有水道近 100 条,总长 1600 余千米;主要水道 5 条,总长 138km。平均河网密度 0.13km/km^2。联围筑闸是珠江三角洲自古以来的重要水利工程,现有江海堤围 502 条,总长 4260km。珠江输沙量较多,但含沙量小。上游来沙在口门外形成大面积的浅滩,总面积约 1265km^2。各口门河口浅滩伸展速度(11.2~87.6m/a)不一。

第二节 地层岩石

一、地层

(一)前第四系

自元古宇至第三系地层都有出露,以三叠系—侏罗系分布最广,其次是白垩系—第三系、泥盆系、石炭系等。区内地层岩相变化较大,沉积类型也较复杂;单元多、名称繁,同一单元在不同地段划分的精度不一,有群、有组,还有一些并层或跨层,本书不按划分单元一一冗述,按系简述如下。

元古宇和震旦系为一套巨厚的浅海相类复理石碎屑岩建造,为受混合岩化影响的深变质岩系,以石英片岩、长石石英片岩、石英云母片岩变粒岩为主,以夹火山岩、碳酸盐岩为特征。

寒武系以浅海相类复理石建造为主,以石英砂岩为主,以含铁砂岩较发育的特征。

奥陶系以浅海相笔石页岩、硅质岩及碎屑岩建造、类复理石碎屑岩建造,以砂岩、页岩为主为浅变质岩系。

志留系为一套浅海过渡到半深海相含笔石、腕足类及三叶虫的类复理石建造,以条带状粉砂质页岩、粉砂岩为主,中部夹含砾石石英砂岩及含砾粉砂岩,主要出露于高要境内。

泥盆系属河流-滨海相和内陆间盆地碎屑岩建造,局部有火山喷溢的堆积物,主要为粗细不等的砂岩,夹多层砾岩、砂砾岩及粉砂岩,局部有英安质火山岩或凝灰岩,具底砾岩。

石炭系岩相复杂多变,以陆缘浅海相碳酸盐岩类沉积为主。

二叠系为陆缘浅海碳酸盐岩沉积过渡到内陆湖盆含煤沉积为主。

三叠系为海陆交互相碎屑岩建造。

侏罗系由浅海相为主的碎屑岩建造过渡到以湖相为主的碎屑岩夹火山碎屑岩建造,再过渡到陆相中酸性火山岩建造。

白垩系为以火山碎屑沉积为主的红色火山湖泊相碎屑岩建造。

第三系沉积类型较复杂,以山间盆地、河流、湖泊相为主的红色碎屑岩建造。

(二) 第四系

本区自古近纪以来,地壳长期处于强烈的隆起状态,等到中更新世才发育第四纪地层。第四系在区内分布相当广泛,大面积分布于海河边岸的三角洲平原、海积平原、河谷平原和山间盆地。第四系地层单元较多、成因类型复杂,且有时代互跨现象。下依地层单元及形成先后进行分述。

(1) 中更新统白坭组(Qp_2bn):见于高要南岸、新兴江口、马鞍北东,三水河口北面,南海白坭等地段,零星分布,总面积约$7km^2$。以冲洪积物为主,下部为灰黄色砂卵砾石及黏土;中部为粗砂砾卵石层,红土胶结;上部为黄红色、棕红色、褐色含砾黏土、粗砂。热释光年龄值为$(316\,000\pm25\,000)$a 和$(385\,000\pm26\,000)$a。另外,在肇庆七星岩碳酸盐岩岩溶中有砾石洞穴堆积物,产貘、剑齿象等化石。

(2) 上更新统下段黄岗组(Qp_3^1hg):零星分布于测区北部和西部山丘地带的为冲积物,下部为粗砂砾石层,上部为粉砂、中砂、砂砾、砂质黏土和红色黏土。总厚度$5\sim17m$。^{14}C年龄值为$(29\,530\pm690)$a。

(3) 上更新统下段狮岭组(Qp_3^1sl):为以冲积为主的冲洪积地层,仅在三水有小面积出露。下部多为砂砾、细砂、粉砂,上部多为粉砂质黏土、砂质黏土、红黏土。厚度$8\sim30m$。

(4) 上更新统中段下层石排组(Qp_3^2sp):埋于珠江口边岸,见于东莞石排钻孔深度$14\sim19.6m$,一般埋深$30m$,主要为灰白色或黄灰色砂砾,夹深度炭化腐木。腐木的^{14}C年龄为$(37\,000\pm1480)\sim(33\,000\pm3000)$a。不整合于基岩风化壳上。

(5) 上更新统中段上层西南镇组(Qp_3^2x):埋于珠江三角洲三水西南镇—佛山以南的平原地区,以海积为主,局部冲积,主要为灰色粉砂质黏土,含蚝壳、原双眉藻、藜科花粉、自生黄铁矿、海绿石等;部分地区相变为含砾中粗砂或细砂,含零星的炭化腐木。黏土或蚝壳的^{14}C年龄为$(25\,100\pm2300)\sim(15\,000\pm550)$a,偏河相地层的腐木的$^{14}C$年龄为$(25\,100\pm500)\sim(16\,760\pm250)$a。

(6) 上更新统中段礼乐群(Qp_3^2L):见于新会市礼乐剖面,总体可谓三角洲沉积。下部为冲积的砾石、砂砾、中粗砂、粉细砂等,厚度$1\sim7m$,富含腹足类、双壳类、蔓足类等化石;上部海积主要为花斑色及灰色黏土,富含铁质氧化物及铁质结核,厚$17\sim28m$,富含有孔虫、腹足类、双壳类等化石。该组不整合于基岩风化壳之上,平行不整合于桂洲群(横栏组)之下。

(7) 上更新统中段—全新统下段陆丰组($Qp_3^2-Qh^1l$):在山间河谷地带,为冲积灰白色、灰黄色砾、砂砾、砂、粉砂及黏土,厚度$0\sim3.4m$,属河流冲积相堆积,具河流二元结构,构成河流一级阶地;在滨海地带(深圳南山),为海风积之棕红、灰黄色中砂、细砂、粉砂质黏土,厚度$3\sim9m$。^{14}C测年年龄值为(5840 ± 90)a 和 $14\,532$a。不整合于基岩风化壳上。

(8) 上更新统中段—全新统下段小市组($Qp_3^2-Qh^1xs$):为以河相为主的冲洪积相物,多分布于北部丘陵台地地带,下部土黄色含泥砂砾,中部褐黄色含黏土中粗砂,上部花斑色黏土、亚黏土。

(9) 上更新统上段—全新统下段三角组($Qp_3^3-Qh^1s$)—杏坛组(Qp_3^3xt):为冲积-海积脱水风化层,广泛埋于珠江三角洲平原之下,埋深厚度变化大。主要为灰黄色砂砾或中粗砂,部分地区相变为红黄白斑色风化黏土,砂砾层中或顶部含腐木、河蚬、舟形藻等。花斑黏土偶见蚝壳,往下黄红色渐减直至消失，转为灰色。黏土出露地表后脱水风化而成。

(10) 全新统中段下层横栏组（Qh^2hl）：广泛分布珠江三角洲平原，埋深 7～26m，厚度 1～16.5m。大部分为海积，局部为冲积。主要为深灰色淤泥质粉砂，富含蚝壳和多种偏咸水种硅藻，有较多藜科花粉，含较多自生黄铁矿和微量海绿石，少数地区相变为灰黄色中细砂，含腐木或淡水动物化石。淤泥及所含蚝壳、腐木的 ^{14}C 年龄为 $(8050±200)～(5020±150)$a。

(11) 全新统中段上层万顷沙组（Qh^2w）：广泛分布于珠江三角洲平原，埋深 1～12m，厚度 1～9.5m。冲积为主，主要为灰黄色中细砂，含腐木、马来鳄、淡水硅藻和河蚬，河相标志较为明显；在珠江三角洲的中部和南部的部分地区相变为深灰色淤泥或淤泥质粉细砂，含蚝壳、角贝、藜科花粉及自生黄铁矿等海相标志物；万顷沙、市桥和东江三角洲下游的部分地区还相变为浅度风化的黏土质粉细砂、含铁钙质结核，具红黄色铁锈斑纹。表明万顷沙组沉积环境比较复杂，有河相、河海混合相和风化产物，但以河相为主。腐木、马来鳄、文蛤等的 ^{14}C 年龄为 $(4940±250)～(2510±90)$a。

(12) 全新统上段灯笼沙组（Qh^3dl）：广泛分布于珠江三角洲平原表层，厚度 1～9.42m，河海混合相。以深灰色淤泥为主，含蚝壳、文蛤、泥蚶、藜科花粉和多种咸水至半咸水种硅藻等；在西江、北江三角洲北部和东江三角洲东部相变为灰黄色粉细砂或粉砂质黏土，富含腐木、河蚬等。淤泥及所含的蚝壳、腐木的 ^{14}C 年龄为 $(2350±90)～(640±70)$a。

(13) 全新统桂洲群（QhG）：浅海-河流-浅海相沉积。层位上大致相当于杏坛组—灯笼沙组，由横栏组、万顷沙组、灯笼沙组等组成，平行不整合覆于礼乐组或基岩风化壳之上。主要为一套深灰色淤泥、粉砂质淤泥，局部夹黏土及淤泥质粉细砂透镜体，富含腐木、有机质，以及介形虫、有孔虫、腹足类、双壳类、蔓足类、掘足类、多毛类等化石。厚 3～22m，埋深 0～22m。^{14}C 测年值为 $(2050±110)～(6090±130)$a。

(14) 全新统中段睦岗组（Qh^2m）：湖泊-沼泽沉积，多分布于珠江三角洲后缘与河谷平原的前缘交界地带，为灰色、灰黄色、灰黑色黏土、粉质黏土、砂质黏土，夹细砂、粉砂和淤泥，局部夹含碳质黏土，厚度 8～35m。具丰富的孢粉化石其中以鲜盖蕨属、松属、禾本科为主，^{14}C 年龄为 $(5840±90)$a，为全新世中期地层。

(15) 全新统中段—上段大湾镇组（$Qh^{2-3}dw$）：冲积，分布广泛，主要由西江、北江、东江、潭江、绥江、流溪河、增江、西枝江等。其沉积物成分及厚度随不同河系及基底的起伏而有所不同，最大厚度在博罗仍图，达 86.22m。岩性主要特征：下部多为灰黄色、灰色卵石、砾石、砂砾石，夹含粗砂、细砂；上部多为深灰色粉砂质黏土、黏土、砂质黏土、淤泥，局部有泥炭土。在高要金利和三水布心等地采有蚌类、螺类、腹足类和斧足类等化石。^{14}C 年龄为 $(2970±115)$a 和 14 532a。

(16) 全新统中段上层—上段北岭组（$Qh^{2-3}bl$）：为一套现代河床堆积和山前冲洪积物，由含砾腐殖质黏土、黏土质砂、砂砾、块石、碎石组成，厚度为 1～15m，肇庆羚羊山前断陷地带达 89.93m。

二、岩石

（一）火山岩

1. 加里东期火山岩

加里东期火山岩出露于开平马山的马山组（Sms），为一套中酸性火山岩，以流纹岩、英安质角砾熔岩组成，覆于寒武系八村群（$\in B$）浅变质岩系之上，呈穹状火山锥和岩钟产出，平面上呈近东西向的半月形，长 8km、宽 2km。火山岩系总厚度 2580m，以熔岩喷溢相为主，有流纹岩、英安岩和安山岩。

2. 海西期—印支期火山岩

1）泥盆纪火山岩

(1) 中泥盆世桂头群(D_2G)火山岩，分布于恩平—开平一带，发育于桂头群的底部，为滨海相沉积岩内的夹层，岩石类型有流纹岩、流纹质凝灰熔岩、火山角砾岩、凝灰岩、凝灰质粉砂岩、凝灰质砂砾岩。但在恩平萌底茶园地区，主要为火山角砾岩、凝灰质砂岩和凝灰岩。

(2) 晚泥盆世帽子峰组(D_3m)火山岩，分布开平金鸡一带，主要为酸性的火山碎屑岩、沉凝灰质岩，呈夹层产于帽子峰组(D_3m)上部。

2）二叠纪火山岩

二叠纪火山岩分布于花都花山，为深灰色玻屑凝灰岩夹层，产于沙湖组(P_sh)煤系地层中，厚$0.5\sim1m$。

3. 燕山期火山岩

燕山期为测区火山活动最强时期，岩石类型复杂，分布广泛。

1）侏罗纪火山岩

(1) 早侏罗世火山岩：见于惠阳西坑，为一层流纹岩，厚约6m，桥源组(J_qy)中。

(2) 中侏罗世火山岩：分布于深圳、惠阳、惠东的吉岭湾组(J_jl)—塘厦组(J_t)，主要为喷发沉积相。下部为酸性沉凝灰岩、凝灰质砂页岩，总厚度679m；上部为砂页岩夹多层凝灰质砂岩、晶屑凝灰岩、流纹岩，火山岩夹层总厚度171m。

(3) 晚侏罗世高基坪群(J_3G)火山岩：为一套巨厚的中性、中酸性、酸性熔岩及相应的火山碎屑岩，夹少量沉积岩。可分4个喷发亚旋回。

①第一喷发亚旋回，分布于从化石灶、东莞黄巢山、惠东白水寨、樟木头、淡水、白云山、曾公嶂等喷发盆地。下部为砂泥质岩与凝灰质砂页岩互层，上部为英安质凝灰熔岩。总厚度$99\sim231m$。

②第二喷发亚旋回，分布于从化棺材岭、东莞黄巢山、惠东白水寨等喷发盆地，下部为安山岩、安山质凝灰岩、安山质角砾凝灰岩，中部为安山岩、杏仁状安山岩、安山质凝灰熔岩夹玄武岩、流纹质凝灰熔岩，上部为安山岩、安山质凝灰岩、安山质角砾凝灰岩。在黄巢山、白水寨尚有流纹岩、英安岩夹层。总厚度达$379\sim1015m$。另外，在博罗利山安山质火山碎屑岩及沉积岩中夹两层赤铁矿。

③第三喷发亚旋回，出露于莲花山断裂带的两侧，如围岭山、红花嶂、丰良、牛皮嶂、高基坪等喷发盆地。以惠东、深圳等地最发育，为高基坪群(J_3G)火山岩的主体。主要岩性有流纹岩、流纹质凝灰熔岩、流纹质角砾凝灰岩、流纹质熔结凝灰岩，夹少量砂页岩、凝灰质砂岩、粉砂岩。总厚度$800\sim1300m$。自下而上有$2\sim5$个爆发—溢流韵律。

④第四喷发亚旋回，分布于莲花山深断裂南侧的牛皮嶂等火山喷发盆地，与第三喷发亚旋回伴生。岩性复杂，主要有英安岩、英安质角砾凝灰岩、英安质火山角砾岩、流纹岩、霏细岩、流纹质火山碎屑岩夹沉积岩。以熔岩为主，韵律由英安岩—流纹岩组成。

2）白垩纪火山岩

(1) 早白垩世火山岩：分布于开平—恩平一带，为百足山组(Kb)火山碎屑沉积岩。自下而上可分为2个喷发亚旋回，4个喷发韵律。韵律下部为凝灰质砂岩、凝灰质砂砾岩，上部为凝灰质粉砂岩、沉凝灰岩。

(2) 晚白垩世火山岩：分布于广州白鹤洞于白鹤洞组(K_bh)—三水组(K_ss)中，为流纹岩、英安岩、火山碎屑岩。

4. 喜马拉雅期火山岩

为第三纪红色陆相断陷盆地中的火山岩，分布于河源盆地和三水盆地。

1) 河源盆地的火山岩（Eβ）

该火山岩分布于河源盆地的西南博罗杨村—区外的埔前一带，为倾向北西，倾角10°，沿走向北东—南西延伸的层状玄武岩，厚度14～40m。覆于上白垩统砂砾岩上，上覆古近系砂砾岩、泥质岩，为整合接触。玄武岩中夹2～3层数米厚的泥质岩。Eβ玄武岩在区内出露面积11km²。

2) 三水盆地的火山岩（Eτ、Eβ等）

(1) 莘庄组（Ex）火山岩，分布于三水盆地的东部石围塘、潭村一带，以玄武岩为主，少量安山岩，组成4个溢流—沉积韵律，总厚度17.61～55.50m。另外，在盆地西部冯村一带见安山质凝灰岩，厚0.87m。

(2) 布心组（Eb）火山岩，由下部流纹质火山碎屑岩和上部玄武岩、安山岩组成。下部岩石分布在盆地西部高丰—流溪一带，为流纹质凝灰岩、火山角砾岩，厚0.80～3.85m；上部岩石分布于盆地北部宝月—沙头，中部莲子塘、南部吉利、乐从等地，为玄武岩和安山岩，有3～12个喷溢—沉积韵律，总厚188m。其中熔岩厚182m，火山碎屑岩厚6m。

(3) 宝月组（Eby）火山岩，由上部岩石分布于盆地中部华涌、西部高丰一带，以流纹岩为主，少量粗面岩、流纹质凝灰岩、火山角砾岩，最大厚度281m；上部岩石分布于盆地中部小塘—西樵山一带，以玄武岩为主，少量火山碎屑岩。玄武岩厚度86m，火山碎屑岩厚度2.5～20.3m。

(4) 华涌组（Eh）火山岩，由4个喷发亚旋回组成。

①第一喷发亚旋回，分布于盆地中南部南海沙头圩和西部西樵山、大同一带。下部为玄武岩（厚72m）、凝灰岩、凝灰质砂泥岩（厚1.5～10m）；上部为流纹岩、流纹质凝灰岩、火山角砾岩、集块岩（厚4.9～42.5m）。

②第二喷发亚旋回，分布于盆地西部走马营、北部丰岗、中部小塘、南部三多和西樵山等地，为玄武岩、玄武质火山碎屑岩（包括火山角砾岩、角砾凝灰岩、凝灰岩、沉凝灰岩），总厚162～277m。

③第三喷发亚旋回，分布于盆地中部莲子塘—洞神堂一带，下部为玄武岩和凝灰岩，厚1.71～43.58m，另在莲子塘附近见少量集块岩；上部为粗面质凝灰岩、火山角砾岩，厚9～84m。

④第四喷发亚旋回，分布于金星岗一带，岩性为玄武岩，厚11m。

5. 次火山岩

次火山岩是与火山活动密切相关和随喷出岩而分布的浅成岩，与围岩构成侵入关系。分布于区域坳陷带，与围岩构造线方向大致一致。共有100个岩体，呈不规则状东西散布，岩石类型复杂，为燕山期中、晚侏罗世的偏酸性花岗斑岩，偏中性石英闪长玢岩，二长斑岩，偏碱性石英正长岩，具次生绿泥石、绢云母化。于深圳断裂带附近，普遍被压碎结晶，并强烈蚀变。梁化-平山岩体沿断层方向成一宽4～6km的片理化带。喜马拉雅期次火山岩主要为粗面斑岩，分布于西樵山复合火山，呈岩墙产出。

（二）侵入岩

调查区侵入岩分布广泛，以燕山期最发育，以酸性花岗岩占优势，以岩基和岩株为多。各种产状的岩体在空间往往相互交织，构成复杂多样的复式岩体。区内各时代侵入岩（包括浅成岩）基本情况见表2-2。

表 2-2 各时代侵入岩基本情况表

侵入时代		岩石代号（依出露面积由大到小为序）	主要岩性	出露面积（km²）	产状特征	主要分布地点
燕山期	晚白垩世	$K_2\gamma$、$K_2\gamma\pi$、$K_2\eta\gamma$、$K_2\xi\pi$	花岗岩、花岗斑岩	322	岩株、不规则形状	零星分布于鹤山、台山、东莞、惠州、惠东、肇庆市区等地
	早白垩世	$K_1\gamma$、$K\eta\gamma$、$K_1^a\gamma$、$K_1\gamma\pi$、$K_1\upsilon\pi$、$K_1\lambda\pi$、$K_1\xi\gamma\pi$、$K_1\gamma\delta$	花岗岩、二长花岗岩	2471	岩基、岩株	零星分布于广州市、江门市所辖市县及一些岛屿
	晚侏罗世	$J_3\gamma$、$J_3\eta\gamma$、$J_3\gamma\pi$、$J_3\eta\pi$、$J_3^a\pi$、$J_3\eta$、$J_3\xi\gamma$、$J_3\gamma\delta$、$J_3\xi$	黑云母花岗岩、黑云母二长花岗岩	5757	岩基、岩株	广泛分布于测区各地之山丘、台地和岛屿，以北部、东部、南部为主
	中侏罗世	$J_2\eta\gamma$、$J_2\gamma$、$J_2\gamma\delta$、$J_2\eta\delta o$、$J_2\delta$、$J_2\delta o$	二长花岗岩、花岗岩	489	岩基、岩株	测区西北隅，中部北缘，东部西侧，西南部等地有呈片、带状不连续分布
	早侏罗世	$J_1\eta\gamma$、$J\gamma\eta$	二长花岗岩	166	岩株	广州市区东南隅、增城西南隅、惠阳瑶坑峰及南部一带
	侏罗纪	$J\gamma\xi o\pi$、$J\gamma\lambda\pi$、$J\gamma\eta o\pi$	石英正长斑岩	13	岩株	高明、杨梅北部，鹤山龙口北部，增城派潭北部，测区东部和西部也有零散分布
印支期	晚三叠世	$T_3\delta o$	石英闪长岩	6	岩株	从化东北部
	早三叠世	$T_1\eta\gamma$	二长花岗岩	12	岩株	高要乐城、四会黄田等地段
	三叠纪	$T\eta\gamma$、$T\gamma$、$T\gamma\delta$、$T\xi\gamma$、$T\delta o$	二长花岗岩、花岗岩	256	岩株	鹤山鹤城—新会环城，浒洲岛、顺德陈村、博罗罗阳
海西期	二叠纪	$P_2\eta\gamma$、$P_2\gamma\delta$、$P_2\gamma o$	二长花岗岩	58	岩株	高要西部和中部等地段高明东南部，台山冲蒌、广州大湾
	石炭纪	$C\gamma\delta$、$C\eta\gamma$、$C\eta\gamma\pi$	花岗闪长岩、二长花岗岩	10	岩株	四会石狗，高要西部中段、西北部等地段
	泥盆纪	$D_3\eta\gamma$	二长花岗岩	467	岩基、岩株	增城中部
加里东期	志留纪	$S\gamma\delta$、$S_o\eta\gamma$、$S_o\zeta\gamma$、$S\gamma$、$S\gamma\pi$、$S\delta$、$S\varphi o$、$S\upsilon o$	花岗闪长岩、二长花岗岩、黑云母闪长岩	174	岩株	开平南部东侧、台山三合—端芬、番禺大龙，东莞复船岗，深圳横岗水库等地段
	中奥陶世	$O_2\eta\gamma$、$O_2\xi\gamma$、$O_2\gamma$	二长花岗岩	198	岩株	高要永南—四会石狗一线之南
	早奥陶世	$O_1\eta\gamma$、$O_1\gamma\delta$	二长花岗岩、花岗闪长岩	181	岩株	从化、广州市区、增城三市交界地带，东莞大岭山—大朗
	奥陶纪	$O\eta\gamma$	二长花岗岩	30	岩株	新会东北与江门市区交界地带
	寒武纪	$\in\eta\gamma$	二长花岗岩	9	岩株	东莞虎门东北山丘地段
	时代不明	$\gamma\pi$、$\eta\pi$、$\eta o\pi$、$\lambda\pi$、$\gamma\delta$、$\xi\pi$	花岗斑岩、二长斑岩	27	小岩株、岩脉	星散分布于测区各处，但主要分布于东部

(三) 变质岩

1. 加里东期变质岩

1) 区域变质岩

(1) 震旦纪(Z)和元古宙云开群(PtY)变质岩：是本区最古老的变质地层，为一套片岩-变粒岩组合，变质程度较高，混合岩化强烈。

(2) 寒武纪变质岩($\in B$)：下寒武统牛角河组($\in n$)浅灰色云母片岩、云母石英片岩、石英片岩互层，其中下部夹石英岩、变粒岩；中寒武统高滩组($\in g$)为灰绿色厚层状变质长石石英砂岩、石英砂岩与变质薄层状泥质页岩、黑色碳质岩互层，中部夹大理岩透镜体；上寒武统水石组($\in s$)为灰绿色厚层状、块状低变质的长石石英砂岩、石英砂岩夹粉砂质页岩、碳质页岩。原岩为长石石英砂岩、粉砂岩、泥质岩，属浅海相类复理石碎屑岩建造。

(3) 奥陶纪(O)及志留纪(S)变质岩：奥陶系为浅海碎屑岩建造，志留系为笔石页岩建造，是一套变质作用极低，仅达绿片岩相，为变质长石石英砂岩-板岩、千枚岩组合。

2) 混合岩(Pzmi)和混合花岗岩(OSγm)

它们的形成与区域变质岩关系密切，与地质构造活动有密切的成因关系，是元古宙和早古生代地向斜的沉积物在区域变质作用的基础上经过混合岩化作用形成的。主要于高要石印—四会邓村、高要白诸—莲塘、广州—博罗、博罗大屏头、东莞大岭山—大朗、深圳西乡—南山、中山北部等地，由石牛头混合岩体、云龙山混合岩体、云龙山混合花岗岩体、广博混合岩体、南香山混合花岗岩体、大屏头混合花岗岩体、下川混合花岗岩体等组成，单个岩体面积 $40 \sim 104 km^2$ 出露总面积 $1521 km^2$。主要岩性为条带混合岩、阴影状混合花岗岩、片麻状混合岩、变斑状黑云母混合花岗岩、中粒变斑状混合花岗岩等。构造线方向多为北东，次为东西。

2. 海西期—印支期变质岩

1) 区域变质岩

这个期间的变质岩的变质程度较低，原岩矿物、结构构造基本保留，尤其是二叠纪—三叠纪地层，仅在泥质岩中出现少数绢云母变质，灰岩的方解石有微弱的重结晶现象。这里只简单介绍泥盆系、石炭系的变质岩组合及原岩建造。

(1) 泥盆系：中泥盆统下部为变质砂、砾岩夹片岩组合，上部为变质砂岩、千枚岩、片岩类组合。原岩建造属滨海相碎屑建造。上泥盆统下部为变质砂、砾岩类、千枚状页岩组合，上部为变质砂岩、变质粉砂岩夹页岩组合。原岩为一套滨海相及陆相砂页岩建造。

(2) 石炭系：下石炭统下部属滨海相泥质建造，主要变质岩组合为变质砂、砾岩，变质粉砂岩、千枚状粉质页岩；上部为浅海碳酸盐岩建造和海陆交互相含煤砂、页岩建造，主要变质岩组合为结晶灰岩、变质砂页岩夹无烟煤。中上石炭统属浅海相钙质碳酸盐建造，主要为变质白云质灰岩、变质白云岩夹硅质层等。

2) 混合花岗岩

混合花岗岩仅见于高要白诸西部边缘，出露面积约 $9 km^2$。

3. 燕山期变质岩

本期变质岩为区域变质岩，主要变质地层如下。

(1) 上泥盆统：主要分布于深圳排牙山一带，为一套滨海-浅海相粗碎屑岩。由于距断裂带较远,变质程度很低,形成相当于低绿片岩相的变质砂砾岩、千枚状页岩和微晶灰岩等。

(2)下石炭统:主要出露于深圳葵涌和横岗等地,原岩为滨海相砂页岩夹钙质页岩建造和灰岩夹泥质粉砂岩,受变质程度较高,常见变质岩组合为结晶灰岩、大理岩和分别含石榴石、十字石、蓝晶石的云母片岩或石英片岩。

(3)上三叠统艮口群,下侏罗统金鸡组、桥源组:广泛分布于惠东、深圳等地,是以浅海相为主的砂页岩建造,局部为海陆交互相含煤碎屑岩建造夹中酸性火山岩。惠东双峰有一套火山岩,火山岩的存在,表明当时这些地段处于地热异常区。随着燕山运动第一幕的兴起,构造应力迅速增强,蕴藏于地下深处的热流沿断裂不断上升,促使随断裂带分布的上三叠统—下侏罗统发生变质,形成千枚岩、千枚状页岩、变质砂岩、变质粉砂岩,以及分别含石榴石、红柱石、十字石的云母石英片岩、石英云母片岩,局部地段还出现片麻岩。

中、晚生代以来,由于库拉-太平洋板块活动和火山活动,形成罗浮山、莲花山、海岸山等一系列的规模较大的断裂。在强烈应力和热异常作用下,不仅形成上述区域变质岩(即在本区东侧的混合岩、混合花岗岩),并使断裂附近的岩石发生碎裂、压碎和糜棱岩化,形成了沿莲花山断裂分布的动力变质岩带。

第三节 地质构造

测区位于华南褶皱系(一级)粤北、粤东北、粤中坳陷带(二级)南部,跨占两个三级构造单元的部分地域,即粤中坳陷(三级)除西南隅外的绝大部分和永梅-惠阳坳陷(三级)的西南隅。主要包括花都凹褶断束的大部分、阳春-开平褶断束的北部、增城-台山隆断束的全部以及紫金-惠阳凹断束的南部4个四级构造单元。区内构造形迹复杂,以断裂构造为主。

一、褶皱构造

按形成时代,可分为基底褶皱、盖层褶皱和大陆边缘活动带的褶皱和断陷盆地。

(一)基底褶皱

形成于加里东运动,由震旦系—志留系组成,以紧密线型褶皱为特征。

(二)盖层褶皱

盖层褶皱系指发育于泥盆系、石炭系、二叠系和下、中三叠统中的褶皱,是印支运动的产物。这种褶皱,仅见于测区西北边界地带,为清远-高要"S"形褶皱。

清远-高要"S"形褶皱,夹持于佛冈-丰良、高要-惠东和吴川-四会、恩平-新丰等深断裂带之间的晚古生代地层中。形态已不甚完整,但构造线仍保留较完整的"S"形,轴面倾向不定,倾角以40°~65°为主。据有关资料分析,"S"形褶皱形成于泥盆纪以后。

(三)大陆边缘活动带的褶皱和断陷盆地

晚三叠世以来,地壳进入大陆边缘活动带阶段。断块作用和岩浆活动特别强烈,陆内裂谷发育,褶皱作用较弱,以形成宽展型褶曲为特征。基本形态有两种。

1. 发育在上三叠统—侏罗系和火山岩系中的褶皱

这种褶皱强度大，倾角陡，以穹隆状、短为特征。

测区各处都有发育，但主要发育在测区的东部，发育有潭下-七星峰-黄巢山复式褶皱带的南段，铜鼓嶂-桐子洋-禾廉石复式褶皱带的南段，以及涉及本区的其他一些北东向、东西向、北西向和南北向等构造带中。具体有黄巢山向斜、铜湖向斜、高潭背斜、禾廉石向斜等。

2. 发育在白垩系、第三系红色断陷盆地中的平缓向斜、拱曲或单斜褶皱

除盆地边缘因断裂影响地层倾角变大处外，一般小于20°，于盆地中心地层倾角常趋于水平。这种褶皱在区内有两处。

(1)受莲花山深断裂带控制的断陷盆地：北东向分布，主要有惠东多祝、惠阳淡水盆地等，发育在莲花山深断裂带的西断裂束中。

(2)受恩平-新丰深断裂带控制的断陷盆地：北东向分布，由广州龙归、三水、开平、百足山及苍城等10多个盆地组成。断裂带的北段，盆地沉降中心向西北侧转移，南段向东、西侧转移，反映了地壳活动的不均衡性。

①龙归盆地：位于广州北郊，广州-从化断裂西北侧，为一北东向延伸的小盆地，面积235km²。由古近系组成，厚1540m，夹多层石膏、芒硝矿，累积厚度达50m以上。为向南倾斜的单斜盆地，倾角10°左右，靠近断裂处可达30°。北部基底抬升，盆地收缩；南部基底下沉，坳陷较深。在盆地的发展过程中，随着三水湖盆地的不断扩大，经过初步浓缩的卤水由南向北侵入龙归，在永泰庄和蚌湖形成两个沉积坳陷，经进一步浓缩形成了具有工业价值的膏盐矿床。

②百足山盆地：位于恩平、开平等地，夹持于恩苍和金鸡断裂之间，呈北东向延伸，面积约900km²。由下白垩统百足山群组成，厚1800m，夹多层凝灰岩、碎屑凝灰岩，自下而上由粗到细，构成明显的沉积旋回。盆地中心岩层产状近于水平，两侧受断裂影响，倾角变陡形成开阔的向斜。白垩纪以后，盆地隆起，沉降中心向断裂两侧迁移，形成第三纪的苍城盆地和开平盆地。

③东西向分布的受高要-惠来深断裂控制的盆地：主要由惠州、东莞、三水、大沙、白土等盆地组成东西向展布的红色盆地群。三水盆地是该盆地群的中心，面积3075km²，连同白土、东莞盆地在内，东西向长达200km。由白垩系和古近系组成，前者厚度达4000m，后者夹玄武岩、粗面岩、流纹岩和火山碎屑岩，属幔源分异型岩浆演化系列，厚3900m。由上述地层组成近南北走向的宽缓向斜构造，倾角8°~15°。盆地内部自西而东可细分为石角-大坑凹陷、三水鼻状凸起，中部凹陷，大沥-官山凸起和盐步凹陷，基底为上三叠统—下侏罗统和上古生界。中部凹陷呈北北东向分布，分为宝月-华木、沙头圩-马头岭构造带，及东、西斜坡区。宝月构造靠近盆地中心已获工业油流，产于布心组中；大朗山石膏矿具工业价值，产于莘庄组中。

二、断裂构造

(一)深断裂

1. 加里东期以来的深断裂带

(1)北东向恩平-新丰深断裂带：为恩平-苍城、鹤城-金鸡、广州-从化、连平-新丰诸断裂的总称。断裂带所经地段，岩石挤压破碎广泛发育，花岗岩区主要为糜棱岩化或压碎花岗岩，伴有硅化和宽度多变的动热变质带,成群成组出现;沉积岩和变质岩区,主要发育片理化、硅化、绢云母化和绿泥石化带,地层产状紊乱,老地层逆掩于新地层之上。总体走向40°,呈舒缓波状延伸,宽5~20km。其中段和西南段绝大部位于测区。

断裂带的中段,由从化神岗、温泉断裂组成,倾向北西,倾角40°~60°,在广州附近被北西走向的三洲-西樵山大断裂所切而潜伏于第四系之下,控制了三水盆地的东南边界;西南段,由海陵-恩平-苍城、鹤城-金鸡、均安断裂组成。平面上这组断裂在鹤城一带收敛,海陵岛一带撒开呈喇叭状。在剖面上,它们的倾向相反,倾角35°~70°,形成对冲结构。该深断裂带在区内的主要断裂的基本特征见表2-3。与该深断裂平行展布的有广花复式向斜、亚婆髻背斜以及冈背倒转向斜等。

表2-3 珠江三角洲经济区主要断裂基本特征表

断裂名称	构造带部位	产状	力学性质	成生发育时期	断裂标志
苍城-恩平-海陵	南段北西侧	主要倾向北西,倾角南西段30°~70°,北东段45°~65°	压扭为主,也有张性	最早形成于晚古生代,印支、燕山期有强烈活动,至今未止息	长约180km,沿断裂发育片理化岩、糜棱岩、断层角砾岩及硅化破碎带,宽自10~30m。老地层普遍逆覆于新地层之上,断距200~1000m。据岩相古地理分析,晚古生代沿此带即存在坳陷或断陷区,中—新生代红盆也沿此方向分布,在地貌上,沿线有断层崖,该断裂在卫照中显示明显
鹤城-金鸡	南段南东侧	总体倾向南东,倾角50°~70°	压扭性为主,也有张性	基本同上	长约120km。沿断裂岩层产状相交,普遍见老地层(∈B)逆覆于新地层之上。发育构造角砾岩及糜棱岩,糜棱岩带宽30~50m,个别硅化破碎带形成尖山脊,延长8~9km
均安断裂	南段北西侧	倾向270°~290°,倾角40°~45°	压扭为主,也见张性	燕山晚期,喜马拉雅期有活动	长50余千米。沿断裂两侧岩层产状相顶,老地层逆覆于新地层之上,断距达200m以上,局部见5m的角砾岩带,形成陡山脊
苍城断裂	南段北西侧	倾向300°,倾角57°	可能为张性	第三纪后仍有活动	长约20km,断层北西盘上盘为古近系红层,南东盘(下盘)为寒武系八村群,两者沿走向产状相抵。断距100m以上
三洲-西樵山断裂	构造带中段	局部产状80°~90°∠45°~70°	可能为张扭	推测始于印支期,到新生代仍有强烈活动	长大于200km。两断裂相距5~8km,平行延伸。沿断线大都为第四系所覆和西江河道所占据。仅于局部见断层角砾岩,厚约5m。见Dy逆冲于Dl之上。破碎带硅化蚀变及众多石英脉贯入。此处断裂两侧地层构造线截然,南侧为中生代以来断陷盆地,出露J、K、E,厚2800m,西侧∈B、D、T、J裸露,构造线近东西。两断裂在卫照中有明显显示
炭步-大沥断裂	同上	走向280°~330°,∠50°~60°	同上	推测始于印支期,燕山期、新生代持续活动	长约100km,多数地段没于Q之下,于1205点见断层角砾岩宽15m,其北侧细粒花岗岩遭硅化,地貌上为连续陡壁。它控制三水盆地东缘边界,北东侧古生代地层出露地表,南西侧为三水盆地,发育J、K、E,在新造一带早古生代变质岩系与中侏罗统断裂相接,使原走向北东片麻理中断,又据电测深及钻孔均证实此断裂之存在
广州-从化	中段	走向310°~330°,倾角40°~60°	主要压扭,亦有张性	最早发生于加里东,主要活动于中生代以来,至今仍在活动	长约120km。沿断裂两侧岩相及构造线及构造线方向均不同,断裂面发育硅化角砾岩及糜棱岩化构造岩,角砾岩带宽6~10m,局部20~100m,从化温泉附近发育二级夷平面及三级大断崖,有温泉出露

(2) 北东向莲花山深断裂带：断裂带顺沿莲花山山脉向东北经丰顺、梅县、大埔，进入福建的华安、南靖一带，向西南至海丰、惠东、深圳，然后分为两支，分别于大亚湾、深圳湾入南海，复又于万山群岛、高栏列岛附近出现。宽20～40km，局部可达60km。测区仅容其西南端，主要断裂有华阳断裂、雷公断裂、朝客断裂、高潭断裂、汤湖和深圳断裂等。

(3) 北东向吴川-四会深圳断裂带：是广东省内重要的深断裂带，斜贯广东中、西、北部，全长超过800km。由东、西两断裂来组成，其中东断裂东北端东侧斜穿测区西北隅，涉及的断裂及动热变质带有沤坑断裂、官塘断裂、安塘断裂、兰源-江屯动力变质带和石狗动力变质带等。

2. 印支运动以来的深断裂带

(1) 北东向的深断裂带：涉及本区的仅有河源深断裂带（又称东江深断裂带），分布于龙川、河源、博罗、中山一带，由麻布岗、龙川、灯塔-客家水、人字石、河源、黄泥湾等断裂组成，波状延长约400km，宽20～30km，总体走向北东，倾角多为30°～50°。这断裂带的东北段和中段在区外，在区内的仅是南西段的一部分。

(2) 东西向的深断裂带：区内主要涉及高要-惠来深断裂带，局部涉及廉江-阳江深断裂带。

①高要-惠来深断裂带，走向东西，跨越于北纬22°40′—23°20′之间，分布于罗定、高要、广州、惠阳、海丰、惠来一线，往东插入台湾浅滩。由东西走向的冲断裂、潜伏基底断裂组成。按中、东、西划为3段，中段和东段西端分布在区内。

中段，被夹持于吴川-四会、河源深断裂带之间，于高要、广州以东，所见罗浮山断裂（又称瘦狗岭断裂或东莞断凹北缘大断裂）控制了东莞中、新生代断陷盆地，沿断裂广泛发育挤压破碎、硅化、糜棱岩化带，广州北郊见其切割了上白垩统、震旦系和花岗岩，断裂倾向南，在石牌庙头一带，罗岗岩体南缘的黑云母二长花岗岩普遍糜棱岩化、角砾岩化，断裂上盘的上白垩统红色砂砾岩因受挤压而使地层产状陡立，砾石被切断。在镜下，石英矿物压扁、拉长、重结晶、定向排列等现象屡见不鲜。靠近断面岩石硅化十分明显。1954年、1960年、1965年，广州地震大队的3次水准测量成果表明，垂直变形等值线沿罗浮山断裂带呈带状分布，南侧为下降区，北侧为隆起区，现今在不断隆起之中。广州以西经物探和钻探证实，这断裂带与广州-三水断裂相连。腰古隆起南侧的趿石断裂，呈东西向延长70km，断面南倾，倾角50°，燕山第三期新兴岩体和第四期合成岩体的流动构造以及成岩后的挤压片理皆指向东西，糜棱岩和片麻状构造带宽达数百米。

东段，在惠阳—海丰—惠来一线，长达200km的狭长地带，有一系列东西向的航磁正异常带，南侧负值；重力垂向二次导数有异常反映，推测为潜伏的基底断裂所引起，控制了中生代岩浆的多次喷溢和侵入，并以晚侏罗世最为剧烈。基底断裂经过的地段，压碎花岗岩、糜棱岩、硅化、片理化带成群成带分布，宽几十米至2km。

②廉江-阳江东西向深断裂带，主体位于北纬21°30′—21°50′之间，测区涉及其东段，构造形迹散布范围大而持续性差，主要断裂构造有大东坑断裂和帽子山断裂。

（二）大断裂

1. 北东向大断裂

(1) 紫金-博罗大断裂：夹持于河源、莲花山深断裂之间，位于五华、紫金、博罗、东莞一带，呈北东向延伸，长约300km，由紫金-博罗断裂、樟木头-赤溪大断裂、铜湖断裂和龙岗断裂组成，单条长200km以上。它控制了燕山期花岗岩体的分布，复又切割它们，地层普遍发育糜棱岩化、角砾岩化、硅化、片理化，宽10～15m。断面倾向东南，倾角40°～80°，局部陡立或向北西倾斜。物探推测，断裂带的影响深度较大,垂直断距大于600m。博罗县城附近,下侏罗统为加里东混合岩所逆冲;东莞盆地东南段,震旦系与上三叠统和古近系相接,后者硅化、绿泥石化、片理化非常强烈。沿断裂旋卷构造发育,根据主干构造和旋卷构造的关系分析,紫金-博罗大断裂发生反钟向滑动,其强烈期为燕山晚期,现今仍有活动。大断裂的西南段分布在测区。

(2)仁化-英德-三水大断裂带:发育于仁化、韶关、英德、三水一线。沿北江主要流域分布。测区仅涉及其西南段,主要断裂有龙塘断裂、罗定断裂等。

(3)罗定-悦城大断裂:见于高要、德庆、云浮、罗定一带,西南段进入广西岑溪,由一系列走向北东的压剪性断裂组成。主干断裂见于罗定盆地西北缘,主要由禄步、替滨、大湾、涌坑断裂,东南侧有尖岗顶断裂。测区内仅有其北东端的禄步、大湾、涌坑等断裂。

2. 北西向的大断裂

(1)西江和白坭-沙湾大断裂,合称三洲-西樵山大断裂:位于四会、高明、新会、珠海一线,主要由三洲-西樵山、炭步-大沥断裂组成,西北延入粤丁垃圾顶一带,东南段插入珠江口外,断续延长200km。与吴川-四会、恩平-新丰深断裂带共同控制了三水含油盆地的边界。主要断裂为恩平-新丰深断带内的成分。

西江断裂基本上与西江干流的方向一致,向东南出磨刀门,向西北沿绥江延伸至四会、广宁、怀集。这断裂大部分隐伏在第四系之下,不易确定,但也有不少证据。例如白坭石仙岗附近见断层硅化带,侏罗系砂岩强烈蚀变,有褐铁矿化和硅化,沿裂隙形成对生水晶。马口金本附近有断层角砾岩和石英穿插,岩石有褪色和硅化现象。西安附近见断层破碎带。新会棠下附近有断层硅化带。九江、龙山附近也见有断层硅化现象。神湾附近有断层角砾岩及岩石硅化现象。地貌上西江的东、西两侧截然不同,西侧为基岩山地,沙坪附近沿江有多处断层三角面。东侧则是三角洲平原。西江河谷在思滘形成90°的南折,马口峡西江河床底部高程-42.1m,甘作滩-46.5m,西江干流河形顺直,这些都表明西江的断裂谷性质。物探资料也反映两侧有明显差异,暗示存在一组北西向构造。另外四会附近古生界地层有一条实测的北西向断层,与西江断裂遥相接应,也可作西江断裂存在的佐证。

沙湾断裂北起花县白坭,经平洲、沙湾,沿蕉门出伶仃洋,长100余千米。此断裂的松岗以北地段,石炭系—三叠系与三水盆地的白垩系—第三系之间截然分开,断裂迹象明显。沙湾一带的震旦系变质岩受强烈挤压,发生片理化和劈理化,硅化带宽达60m。沙湾以南地段,断裂隐伏于第四系以下,但从沙湾至鱼涡头的大于25m及40m的第四系等厚线皆明显呈北西向展布,表示该断裂走向北西。

(2)松坑-惠东大断裂:位于河源盆地、紫金-博罗大断裂以南和大亚湾以北,东起松坑,西至惠阳淡水一线,长约70km,宽50~60km。由一系列相互平行雁列和北西、北北西向压扭性断裂组成。主要由好义圩—松坑、大水坑、风洞、稔山、平山和梳子岭等组成。

在从化—增城一线亦有北西向断裂展露,主要有西江坳断裂、坳头断裂、何大塘断裂、坑背岭断裂、汉湖断裂、灯心塘断裂、黎头咀断裂等组成,走向300°±,伴有一些走向北东30°~40°断裂配套。

另外,在东江三角洲前缘边岸,沿狮子洋、珠江口水域,即麻涌—沙角—伶仃洋一线,亦有一北西向断裂隐伏于第四系之下,谓之沙角-珠江口断裂。

第四节 水文地质条件

一、区域水文地质特征

受构造运动的影响,经济区地形复杂,有山地、丘陵、平原、岛屿等类型。总的趋势是西、北、东三面高,中、南部三角洲平原及珠江口一带较低。受地貌形态的影响,测区降雨量也不均匀,峰值呈"品"字形分布,东部惠东、北部从化、西部恩平—台山等地降雨量最大,年均降雨量大于 2000mm,中部三角洲平原最小,年均降雨量 1500~1700m。因而水文地质条件具有明显的分区现象。

(一)中、低山丘陵区

中、低山丘陵区分布在经济区西、北、东部,以丘陵为主,低山为次。区内不同时代的地层发育齐全,但由于成岩方式和后期构造运动影响及风化程度的不同,富水程度也有所差别。一般在构造断裂带、岩石破碎、节理裂隙发育地段地下水富集,同时也往往成为地下热矿水出露的地段。此外,不同岩性的富水程度也有差异,一般碳酸盐岩富水性较好,块状岩次之,层状岩较差,红层最差。区内地下水水温一般为 22~24℃,地下水类型多为 HCO_3-Cl 型淡水,次为 HCO_3 型淡水。

(二)三角洲平原区

三角洲平原区主要由西江、北江、东江、潭江、流溪河等流域河谷平原及珠江三角洲河网区(三水—广州—东莞一线以南河网地区)、滨海平原等组成。本区第四系沉积厚度 20~63m 不等,各江河中上游平原地下水均为淡水,含水层以砂、砾石为主,水量丰富—中等,仅局部地段由于沉积环境较差,含水层以粉细砂及砂质黏性土为主,富水性贫乏。地下水类型以 HCO_3-Ca 型为主。在珠江三角洲河网区及滨平原区,由于海退后在地层中残留大量盐分,后虽然经降雨及地表水冲刷、下渗的长期影响,使表层开始淡化,但因其地势平坦,且地表多为黏土或淤泥质黏土覆盖,地下径流缓慢,加之海水倒灌,使这种淡化向深部趋于减弱,故该地段地下水以微咸—咸水为主,局部为上淡下咸水。水中普遍含铵,局部铵含量达 41~560mg/L,可作为肥水灌溉农田,铁离子含量普遍超标。本区在贝壳、淤泥贝壳砂及淤泥中含有以甲烷为主的天然气,其气压气量较少,利用价值不大。该地段地下水化学类型多为 $Cl-Na$ 型水,矿化度 1.13~25.67g/L。

(三)岛屿区

沿海岛屿以上、下川岛面积最大,其他岛屿面积较小,除下川岛北部及个别小岛分布有小面积层状岩外,大部分由块状岩组成。地形陡峻,裸石嶙峋,河流短小,大气降雨大部分以地表径流排泄入海,地层富水性较差,多贫乏。该地段地下水化学类型以 HCO_3-Cl 型水为主。

二、地下水类型分区

根据前人工作成果,将珠江三角洲经济区地下水划分为松散岩类孔隙水、碳酸盐岩类裂隙溶洞水、基岩裂隙水三大类。其中,碳酸盐岩类夹裂隙溶洞水依其含水岩性特征,又可分为碎屑岩夹碳酸盐岩类裂隙溶洞水、碳酸盐岩类溶洞水两个亚类。基岩裂隙水根据其含水岩组及水理性质差异,进一步划分为红色碎屑岩类孔隙裂隙水、层状岩类裂隙水、块状岩类裂隙水、玄武岩类孔洞裂隙水4个亚类。

(一)松散孔隙水区

松散孔隙水区广泛分布于东江、西江、北江、潭江、流溪河流域河谷平原及滨海平原、珠江三角洲河网区。据247个钻孔揭露,含水层主要为砂、砂砾石、卵砾石,厚度0.5～37.8m不等,顶板埋深0.00～48.72m。其中山前冲洪积层及山间盆(谷)地较浅,局部直接出露地表(一般0.00～0.86m),厚度也相对较薄,水位埋藏浅,多为潜水;河谷平原及滨海平原埋深相对较深,含水层厚度也较大,由于上部多为黏性土层覆盖,形成相对隔水层,地下水多为承压水—微承压水。水位埋深一般0.21～5.68m,局部地段高出地面0.05～0.43m,切穿上覆隔水层后形成自流井。据247个钻孔单孔涌水量统计,水量丰富的占21.1%,水量中等的占51.8%,水量贫乏的占27.1%。水质一般良好,矿化度多小于1g/L,水化学类型以$HCO_3-Na\cdot Ca$或$HCO_3\cdot Cl-Na\cdot Ca$型为主。滨海平原及珠江三角洲河网区由于受古海侵的影响,前缘有大面积咸水分布,为$Cl-Na$型微咸—咸水,矿化度大于1g/L,局部有肥水。按矿化度大小划分为淡水和咸水两种类型。

(二)碳酸盐岩类溶洞裂隙水区

该裂隙水区主要分布于经济区北西部肇庆、花都等地,于恩平、那扶、白沙、高明、龙岗、坪山、惠阳、仍图、派潭、吕田、鳌头等地零星分布,以覆盖型为主,次为裸露型,少数为埋藏型。根据岩石成分及组合关系,划分为碳酸盐岩类溶洞水、碎屑岩夹碳酸盐岩类裂隙溶洞水两个亚类。

1. 碳酸盐岩类溶洞水

裸露型碳酸盐岩类溶洞水零星分布于经济区肇庆市七星岩、禄步、六和,花都赤坭,从化吕田及温泉镇东侧,恩平市萌底镇西侧,横陂镇南侧,惠州市西侧等地。含水层岩性为灰白—深灰色灰岩、白云质灰岩、白云岩、大理岩,多见于溶孔、溶洞,少见泉水出露,水量以贫乏主;仅于派潭、温泉镇东侧等地水量中等,泉流量1.51L/s。水量丰富的碳酸盐岩小面积分布于吕田、派潭东、金鸡镇等地,泉流量13.20L/s,伏流流量17.17L/s。

覆盖型碳酸盐岩类溶洞水分布于经济区肇庆市区、禄步、蚬岗、广利,佛山市高明、六和,恩平市区北侧、横陂,台山市白沙、那扶,深圳市龙岗、坪山,惠阳淡水,惠东铁涌,从化鳌头及广花盆地等地。含水层岩性以C_s、C_H、D_t灰岩、白云岩、白云质灰岩为主,水量贫乏—丰富。水量丰富的主要分布于恩平市区北侧、那扶、鳌头、坪山、淡水,及广花盆地的赤坭、狮岭、花山、新华、神山、江高、里水、和顺等地。含水层顶板埋深6.08～61.60m,揭露厚度24.35～740.22m,层内溶洞、溶沟、溶蚀裂隙发育。承压水位埋深一般0.22～5.80m,局部地段高出地表0.02～0.85m。单孔涌水量1056.24～7247.52m³/d,矿化度0.129～0.316g/L,仅在和顺及三元里为微咸—半咸水,矿化度1.13～4.37g/L。水化学类型以HCO_3-Ca型为主。水量中等的分布于禄步、肇庆市区、广利、蚬岗、六和、高明、白沙、金鸡、龙岗,及广花盆地的花东、炭步、新市—龙归等地。含水层顶板埋深6.50～45.70m,厚度10.37～308.04m,岩溶孔洞裂隙发育一般,承压水位埋深0.15～6.95m,局部平地面或高出地面0.98m,单孔涌水量102.59～984.96m³/d,矿化度0.021～0.599g/L,仅在广州石井、高明三洲、大沙等地为微咸—半咸水,矿化度1.26～4.30g/L。水化学类型以HCO_3-Ca型为主,局部为$Cl\cdot HCO_3-Ca(Na)$型。水量贫乏的小面积分布于肇庆黄岗,高明西安、人和,恩平沙湖、横陂、惠阳淡水、惠东铁涌、南海沙贝,及广花盆地边缘北侧、炭步南侧等地。含水层顶板埋深7.20～47.65m,厚度51.72～146.85m,钻孔中见灰岩裂隙发育呈闭合状,局部有方解石充填或见钙质充填的小溶洞,但孔内不漏水,单孔涌水量0.08～51.84m³/d,矿化度0.210～0.346g/L。仅在南海沙贝、高明西安等地为微咸—半咸水,矿化度 1.172～4.303g/L。水化学类型以 HCO_3-Ca 型为主。

埋藏型小面积分布于经济区博罗仍图—惠阳横沥、惠东松坑等地。含水层岩性以 Dt、$C\hat{s}$、Dc 灰岩为主,埋藏于 Dcm、Pg、Cc 等砂岩、页岩之下,水量贫乏—丰富。水量丰富的分布于博罗仍图、惠东松坑等地,钻孔揭露含水层顶板 36.35～134.78m,厚 43.33～87.55m,岩石溶洞及溶蚀裂隙发育。承压水位埋深 0.85～5.7m,局部通过岩溶通道以泉的形式出露地表,泉流量 1.0～64.85L/s。单孔涌水量 1277.01～2232.58m³/d。水化学类型为 HCO_3-Ca 型,矿化度 0.135～0.198g/L。水量中等的分布于惠阳横沥,钻孔揭露含水层顶板埋深 22.47m,厚 33.59m,岩石裂隙发育,多被方解石充填,承压水位高出地表 0.08m,单孔涌水量 141.26m³/d,水化学类型为 HCO_3-Ca,矿化度 0.218g/L。水量贫乏的分布于惠阳矮陂,钻孔揭露含水层顶板埋深 32.6m,厚 6.93m,岩石溶洞裂隙虽发育,但多被泥质及方解石充填。承压水位埋深 3.22m,单孔涌水量 16.54m³/d。水化学类型 HCO_3-Ca,矿化度 0.186g/L。

2. 碎屑岩夹碳酸盐岩类裂隙溶洞水

零星分布于经济区高要市禄步、小湘、蚬岗,高明市西安、明城,恩平市牛江、良西、葛底西侧、横陂,台山市那扶,新会睦洲,花都赤坭、花东,从化市东、西侧及吕田镇,增城市派潭镇,博罗县公庄镇西侧、观音阁镇、惠阳淡水、大鹏、镇隆、矮陂,惠东铁涌,深圳龙岗、横岗、坪山等地。含水层以 Dc、Cds、$Ol-Old$ 砂页岩、泥岩夹灰岩为主,多分布于丘陵地区,以裸露型为主。据泉水及枯季河溪测流资料,又可划分为水量中等和水量贫乏两个富水等级。水量中等的分布于高明市明城,恩平市牛江、良西,台山市那扶,增城市派潭,博罗县公庄西侧,惠阳市淡水、镇隆,深圳市坪山等地。泉流量 0.51～3.91L/s,地下径流模数 5.08～8.45L/s·km²。水量贫乏的地区分布于高要禄步、蚬岗,高明西安,恩平葛底西侧,台山那扶南侧,新会睦洲,花都赤坭、花东,从化市东、西侧,惠阳矮陂,惠东铁涌,深圳龙岗等地。泉流量 0.05～0.79L/s,仅有一个达 1.92L/s。地下径流模数 1.52～5.60 L/(s·km²)。水化学以 $HCO_3·Cl-Na(Ca)$ 型为主,矿化度 0.012～0.180g/L。

(三)基岩裂隙水

基岩裂隙水广泛分布于经济区内低山丘陵区。根据含水岩组的岩性、水理性质及水力特征,又可划分为红色碎屑岩类孔隙裂隙水、层状岩类裂隙水、块岩类裂隙水、玄武岩类裂隙水 4 个亚类。

1. 红色碎屑岩类孔隙裂隙水区

该孔隙裂隙水区主要分布于三水、高要、开平、恩平、鹤山雅瑶、博罗杨村、惠阳澳头、惠东多祝及惠州市江北等地。含水岩组由白垩系—第三系一整套红色碎屑岩组成,岩层产状平缓,岩石裂隙不发育,并多被风化后形成的黏性土充填、覆盖,透水性差,地下水露头不多。

2. 层状岩类裂隙水区

层状岩类裂隙水区广泛分布于经济区东、西两翼,于其他地段零星分布。含水岩组由中生界侏罗系至元古宇的碎屑沉积物及其浅变质碎屑岩组成。按其含水岩组富水程度,可划分为水量丰富、中等、贫乏 3 个等级。经济区北东部象头山、横河、公庄等地,含水岩组由 Zd、Dcm、Jq、$J\hat{c}$ 等地层的板岩、石英岩、砂岩等组成,岩石节理裂隙发育,以中低山为主要地貌形态的区域水量丰富;经济区东部宝口、大岚、公庄、稔山,西及北西部水南—江谷、栏柯山、龙胜、大田、台山、下川等地。含水岩组由 Pty、Zd、Zb、Zlh、$\in n$、$\in g$、$\in \hat{s}$、Od、Dy、Dl、Dcm、Cc、Thw、Txy、Tjy 等地层的片岩、板岩、砂岩等组成,岩石节理裂隙较发育的区域水量中等;经济区西部肇庆市附近、开平市西及东部惠州市附近一带。含水层岩性由砂岩、页岩、泥岩、千枚岩等组成,地貌形态以低残丘为主的区域水量较小。

3. 块状岩类裂隙水区

块状岩类裂隙水区主要分布于经济区北部、东部和西南部,于中部及南部零星分布,含水层主要由侵入岩、酸性熔岩JKn、JKb 和深变质岩(Pzmi、OSγm、Sγm、CPγm)组成,岩性以各类花岗岩、花岗斑岩、混合岩、混合花岗岩为主,组成中低山、丘陵、台地地貌。岩石风化深度随地形、岩性变化而异,粗粒比细粒的花岗岩、混合岩风化深度大。一般缓坡比陡坡风化深度大,中低山区小于5m,丘陵、台地区大于10m,局部达30~60m。所以中低山区以脉状裂隙水为主,丘陵、台地区则以风化带网状裂隙水为主。

4. 火山岩类孔洞裂隙水区

小面积分布于经济区北东部杨村—蓝田,中部西樵及三水等地。

第五节 岩土工程地质特征

一、岩土体工程地质类型

据区内岩石的建造、亚建造类型、岩石结构面特征和物理力学性质,将本区岩体划分为岩浆岩、变质岩、碎屑岩、碳酸盐岩和特殊岩5个工程地质岩类,10个工程地质岩组(表2-4)。根据土的成因类型及其物质组成、土的物理力学性质,将土体分为沉积土、残积土和特殊土3个土类、15个土组(表2-5)。

表2-4 岩体工程地质类型划分表

岩体类型	工程地质岩组	地层、岩石代号	主要岩性及工程地质特征
岩浆岩类	坚硬块状侵入岩	K$\gamma\pi$、Kγ、K$\xi\pi$、Jγ、J$\gamma\lambda\pi$、Jδo、C$\gamma\delta$、C$\eta\gamma$、T$\xi\gamma$、D$\eta\gamma$、Sγ、S$\gamma\delta$、Sψo、O$\eta\gamma$、Oη、O$\gamma\delta$、∈$\eta\gamma$、Ptψo、P$_2\gamma$、P$_2\gamma o$	各类花岗岩、闪长岩、正长岩、斜长斑岩、闪长玢岩、苏长岩、辉长岩等,花岗结构,块状构造,球状风化,新鲜岩石力学强度高
	坚硬—较坚硬块状火山熔岩	Eβ、Eτ、Eβ、J$_3\beta a$、J$_3\beta$、Jr、Jjl、Sms	玄武岩、粗面岩、玄武安山岩、安山岩、流纹岩、熔结凝灰岩等,流纹状结构,气孔状构造,坚硬—较坚硬,柱状节理发育
变质岩类	较坚硬—软弱层状火山碎屑岩	JKb、JKG、Jsd、JKn、Jl、Jt 和 $\lambda\pi$、$\gamma\pi$ 等次火山岩	沉凝灰岩、凝灰质砂岩等,层状—似层状,凝结结构,较坚硬—软弱,力学强度变化较大
	坚硬—较坚硬块状深变质岩	CPγm、Sγm、OSγm、Pzmi	混合岩、混合花岗岩等,变晶结构,条纹状或眼球状块状构造,风化较均匀,新鲜岩石坚硬—较坚硬
碎屑岩类	软硬相间层状浅变质碎屑岩	Jq、Jjs、Jc、J$c-s$、Js、TJy、Ts、Pst、Pg、Cq、D$_3cm$、D$_2$G、Dl、Dy、Slx、Sl、Sg、S$d-g$、Olw、Od、Oh、Oxh、Ox、∈-Z、Pty	片岩、页岩、千枚岩、石英岩、硅质岩、砂岩、板岩、砂砾岩等,浅变质变余—变晶结构,片状—层状构造,厚薄不等,软硬相间,力学性质差异大
	软弱—较坚硬中厚层状红色碎屑岩	Eh、Eby、Kd、KEd、Kdl、Ky、Kh、Kg、Kb	粉砂岩、砂砾岩、复矿砂岩、泥岩、钙质砂岩等。中—厚层状为主,软弱—较坚硬,力学强度低—较高

续表 2-4

岩体类型	工程地质岩组	地层、岩石代号	主要岩性及工程地质特征
碳酸盐岩类	软硬相间层状碎屑岩夹碳酸盐岩	Txs、$Pq—Pg$、$Cs—Cc$、Cds、$D\hat{c}$、$DC\hat{c}l$、$Dt—D_3m$	砂岩、页岩、泥岩夹钙质砂岩、灰岩、白云岩等,浅变质变余或变晶结构,薄—中厚层状,软硬相间,力学强度变化较大
碳酸盐岩类	坚硬中厚层状碳酸盐岩	Pq、CH、Cdp、$Cz—Cdp$、Cz、$Cc—Cz$、Cs、Cl、Dt、$D\hat{c}—Dt$、$Ol—ld$	灰岩、白云质灰岩、生物灰岩等。岩溶较发育,其发育程度与灰岩纯度、变质深浅和构造发育程度有关,力学强度差异大
特殊岩类	软硬相间薄层状含煤碎屑岩	Jqy、Jj、Tjl、Tt、Txy、Tx、TG、Thw、$TG—Jy$、$TG—Jc$、Psh、Pt、$Pt—Pst$、Pt、$Pg—Pt$、Cc	砂岩、页岩、砂砾岩夹碳质页岩和煤等。浅变质为主,薄—中不等厚互层状,软弱夹层工程性质差
特殊岩类	软硬相间薄层—中层状含膏盐红色碎屑岩	Eb、Ex、$Ks\hat{s}$、Kbh	岩性以红色碎屑岩为主,夹泥灰岩,含石膏或石膏层。Eb 底部还夹油页岩,含油气。膏盐易溶蚀,工程性质不稳定

表 2-5 土体工程地质类型划分表

土体类型	土组名称		地层代号	主要岩性名称
沉积土类	黏性土		Qh^3dl、Qh^2w、Qh^2hl、QhG、Qh^2m、$Qh^{2-3}dw$、$Qh^{2-3}bl$、Qp_3^3xt、$Qp_3^3-Qh^1\hat{s}$、Qp_3^3x、$Qp_3^2\hat{s}p$、Qp_3^2-QhL、$Qp_3^2-Qhx\hat{s}$、Qp_3^2l、Qp_3^1hg、Qp_3^1sl、Qp_2bn	黏土、粉质黏土、粉土、砂砾质黏土、薄层状黏土、黏土包砂等
沉积土类	砂性土			砾砂、粗砂、中砂、细砂、粉砂、含砾粗砂、含黏土砾砂、黏土质砂等
沉积土类	碎石土		Qw、QG、Qdw、Qs、Qsp、Qxs、Qp_3^2-QhL、Qhg、Qp_2bn	砾石、卵砾石、砾卵石、卵石、泥质砾石、黏土质卵石、砂砾石、含泥砂砾石、含黏土砾石等
特殊土类	淤泥类土		Qh^3dl、QhG、$Qh^{2-3}dw$、Qh^2w、Qh^2hl、Qp_3^2x	淤泥、淤泥质黏性土、淤泥质砂、砂质淤泥、软黏性土、泥炭土、碳质黏土等
特殊土类	易液化砂土		Qh^3dl、$Qh^{2-3}dw$、Qh^2w、$Qp_3^2-Qhx\hat{s}$、Qp_3^3xt、Qp_2hg	细砂、粉砂、粉土。少量中细砂
残积土类	侵入岩残积土		$Q^{el}_{(\gamma)}$	砂质黏土、砂砾质黏土、砾质黏土、黏土质砂砾等
残积土类	喷出岩残积土	火山熔岩残积土	$Q^{el}_{(\beta)}$	黏土(红色)为主
残积土类	喷出岩残积土	火山碎屑岩残积土	$Q^{el}_{(\beta s)}$	黏土、粉质黏土、含碎石黏土等
残积土类	深变质混合岩残积土		$Q^{el}_{(g)}$	粉质黏土、粉土
残积土类	层状浅变质碎屑岩残积土		$Q^{el}_{(s)}$	黏土、粉质黏土、粉土、砂或砂砾质黏性土等
残积土类	红色碎屑岩残积土		$Q^{el}_{(h)}$	紫红色黏土、粉质黏土
残积土类	碳酸盐岩残积土		$Q^{el}_{(t)}$	红色黏土、钙质黏土
残积土类	碎屑岩夹碳酸盐岩残积土		$Q^{el}_{(st)}$	黏性土、砂质黏土、红黏土等
残积土类	特殊岩残积土	含煤碎屑岩残积土	$Q^{el}_{(sm)}$	黏性土、砂质黏土等
残积土类	特殊岩残积土	含膏盐红色碎屑岩残积土	$Q^{el}_{(hg)}$	黏性土、砂质黏土等

二、岩体工程地质特征

(一)岩浆岩工程地质岩类

岩浆岩工程地质岩类主要出露在云浮隆起区、天露山断隆、高鹤断隆、五桂山断隆、从化隆起、白云山断隆、增城凸起、宝安断隆、海岸断块和滨岸岛屿区。包括各类型侵入岩和火山喷出岩,依岩浆岩的亚建造和岩石特征,可进一步分为坚硬块状侵入岩、坚硬—较坚硬块状火山熔岩和较坚硬—较弱层状火山碎屑岩三个工程地质岩组。

1. 硬块状侵入岩岩组

硬块状侵入岩岩组系指各期岩浆侵入而形成的各类花岗岩、闪长岩、正长岩、斜长斑岩、闪长玢岩、苏长岩、辉长岩等,尤以中酸性花岗岩类为主。中—粗粒或斑状结构,块状构造居多。新鲜岩石致密块状,构造裂隙不发育,力学强度高,饱和抗压强度一般值 77.6~137.1MPa,软化系数 0.67~0.94。岩石的抗风化能力较高,但风化不均,强风化者多呈球状风化。受风化程度的强、弱影响甚为显著,一般是风化愈烈岩石的力学强度愈低,且高低变化大。强风化层中的球状花岗岩风化残块的力学强度和微—新鲜者相近或相同。

2. 坚硬—较坚硬块状火山熔岩岩组

小面积出露于南海市西樵山及小塘镇北西、深圳市梧桐山、惠东白盆珠水库北鸡笼嶂和石塘镇西、从化温泉镇东等地。大部分埋藏于残积层之下。主要岩性为粗面岩、玄武岩、玄武安山岩、安山岩、流纹岩、英安质角砾熔岩、流纹质熔结凝灰岩等。块状或似层状为主,较坚硬—坚硬。据南海西樵镇西和小塘镇狮岭董杏采石场取 2 个粗面岩力学样测试,饱和抗压强度分别为 105.9MPa、111.1MPa;一个样品的天然抗压强度为 107.5MPa;深圳沙头角大洞顶新鲜凝灰熔岩力学试验的饱和抗压强度为 163.2MPa。玄武岩的力学强度较高,微—新鲜者饱和抗压强度在 150MPa 左右,但强风化者是不均匀地基,工程建筑时应慎重清基。

3. 较坚硬-软弱层状火山碎屑岩岩组

该岩组主要见于珠海市神湾镇东、深圳市南澳镇七娘山、惠阳市澳头镇东及笔架山、镇隆镇白云嶂、惠东大坑山—石人嶂—大银瓶山一带。岩性以凝灰质砂岩、沉凝灰岩、凝灰质泥岩、流纹质熔结凝灰岩为主,少部分次火山岩,层状—似层状,部分呈块状。较坚硬—软弱,力学强度变化大。据 JKn 微—新鲜流纹质熔结凝灰岩、凝灰质熔岩、英安斑岩、凝灰质砾岩 4 个样试验,饱和抗压强度 85.4~207.7MPa,软化系数 0.74~0.95。此外,力学强度的高低与层理、风化程度有关,一般垂直层理、微—新鲜的岩石力学强度高—较高;平行层理、强风化的岩石力学强度较低—低。

(二)变质岩工程地质岩类

依其变质程度可划分为坚硬—较坚硬的块状深变质岩、软硬相间的层状浅变质岩和软弱碎裂状构造变质岩 3 个岩类。其中,层状浅变质岩以碎屑岩为主,归并碎屑岩岩类中,构造变质岩分布局限,多沿断裂带呈条带状展布,岩性以断层角砾岩、糜棱岩、压碎岩、断层泥等为主。力学强度变化大。中等风化压碎二长花岗岩风干抗压强度 78.7MPa,干垂直抗剪强度 7.6MPa;新鲜角砾状灰岩饱和抗压强度为 125.1MPa,软化系数 0.90。

坚硬—较坚硬块状深变质岩,主要指 $S\gamma m$、$Os\gamma m$、$CP\gamma m$、$Pzmi$ 的混合岩、混合花岗岩等,不包括古生代和中生代的变质砂岩、角岩、矽卡岩、大理岩、白云岩等。后者无法从碎屑岩、碳酸盐岩中分划出独立的工程地质岩组,不专门分述。混合岩工程地质岩组,较大面积出露于博罗县平安—横河镇中低山、深圳市松岗—宝安沿海残丘、从化与增城市交界附近和台山市下川岛南部山地,另广州市白云山、东莞大岭山、高要白诸和活道镇山地也有小面积零散分布。岩石变晶结构,条纹、条带或眼球状构造,较完整,微风化—新鲜者坚硬—较坚硬。据 4 个微风化混合岩样品试验,天然抗压强度为 64.4～81.2MPa;新鲜混合花岗岩饱和抗压强度 68.4MPa,软化系数 0.48。岩石抗风化能力较花岗岩差,但较均一。随着岩石风化程度由弱至强,岩石的抗压强度也逐渐降低,中等风化天然抗压强度 34.4～73.0MPa,而强风化的条纹状混合岩天然抗压强度仅为 0.2MPa。

(三)碎屑岩工程地质岩类

依碎屑岩的区域变质程度和岩性组合,岩石的物理力学性质将碎屑岩工程地质岩类分为软硬相间层状浅变质碎屑岩、软弱—较坚硬中厚状红色碎屑岩组和软硬相间层状碎屑岩夹碳酸盐岩 3 个工程地质岩组。

1. 软硬相间层状浅变质碎屑岩岩组

包括元古宇—侏罗系的碎屑岩(除含煤碎屑岩外),普遍遭受区域变质作用,形成由老到新、从深到浅的浅变质岩系,多分布在肇庆、高要、台山、江门、东莞等山地。岩性包括片岩、千枚岩、石英岩、砂岩、页岩、硅质岩、变粒岩、大理岩、白云岩、板岩、砂砾岩、砾岩等。变余、余晶结构,片状—中层状构造,以薄层状为主,一般片岩、页岩、千枚岩等软质岩石节理裂隙发育而完整性较差,力学强度低;砂岩、石英岩、硅质岩、大理岩等硬质岩石完整性较好,抗风化能力强,力学强度较高—高。据岩石力学样品测试,新鲜石英岩、硅质岩、砂岩的饱和抗压强度 111.8～199.6MPa,软化系数 0.87～0.93;微风化砂岩、板岩的饱和抗压强度 4.3～110.5MPa,软化系数 0.18～0.93;中等风化砂岩、泥岩、砂砾岩的饱和抗压强度 32.4～134.9MPa,软化系数为 0.57～0.80。

2. 软弱—较坚硬中厚层状红色碎屑岩岩组

集中分布于区内开平、恩平、高要、三水、花都、广州、东莞、博罗、惠州、惠阳、惠东红层盆地中,裸露者少,多伏于其残积层和第四系沉积土层之下。岩性为 K、E 的红色粉砂岩,砂砾岩,复矿砂岩,复矿砾岩,泥岩,凝灰质砂岩,钙质砂岩等。中—厚层状为主,薄层状次之,互为不等厚产出。

3. 软硬相间层状碎屑岩夹碳酸盐岩岩组

包括 Dc、$Dt—Dcm$、$DCcl$、Cds、$Cs—Cc$、$Pq—Pg$ 各时代的地层,岩性以粉砂岩、细砂岩、页岩、硅质岩、泥岩夹灰岩、钙质砂岩、白云岩、大理岩等为主。出露面积小,且较为松散,主要见于肇庆鼎湖山、高要小湘镇、高明、花都赤坭、新会三江—莲溪,及博罗、惠东等局部山地和残丘,薄—中厚层状,软硬相间,岩石的力学强度变化较大。粉砂岩、页岩、泥岩等软质岩石抗压强度较低;硅质岩、砂岩、灰岩、石英岩、大理岩等抗压强度较高—高。

(四)碳酸盐岩工程地质岩类

由奥陶系罗洪—罗东组($Ol—Old$)、泥盆系天子岭(Dt)及春湾组—天子岭组($Dc—Dt$)、石炭系连县组(Cl)、石磴子组(Cs)、测水—梓门桥组($Cc—Cz$)、梓门桥—大埔组($Cz—Cdp$)、大埔组(Cdp)、壶天群(CH)和二叠系栖霞组(Pq)组成。仅局部出露于恩平棚底、高要禄步、肇庆七星岩和从化温泉等地。岩性主要有灰岩、白云质灰岩、白云岩、生物灰岩等。中—厚层状为主。岩石的工程地质性质与岩溶的发育程度和风化程度有关,一般是完整的弱岩溶化、弱风化的岩石工程地质性质较好,力学强度较高;破碎、风化较强的岩石岩溶较发育,岩溶化较强。风化较深,工程地质性质较差,力学强度差异大。据少量岩样力学试验,新鲜岩石的天然抗压强度为66.4～122.94MPa,饱和抗压强度一般值为52.3～129.8MPa,软化系数0.56～0.94。

(五) 特殊岩工程地质岩类

依层状碎屑岩中夹煤、碳质页岩软弱层和红色碎屑岩含或夹石膏、钙质泥岩等易溶盐特殊岩层,将特殊岩类分为含煤碎屑岩和含膏盐红色碎屑岩两个工程地质岩组。

1. 软硬相间薄—中层状含煤碎屑岩岩组

由Jqy、Jj、TG、Tx、Thw、Tt、Txy、TJl、$TG—Jy$、$TG—Jc$、Psh、$Pt—Pst$、Pt、$Pg—Pt$、Cc煤系地层组成,岩性以细砂岩、页岩、泥岩、粉砂岩、砾岩、砂砾岩为主,夹碳质页岩、煤和灰岩透镜体、泥灰岩等。薄—中不等厚互层状,工程地质性质差别大,岩石力学强度高、低变化显著。一般是砂岩、砂砾岩、砾岩和石灰岩,力学强度高,属较坚硬—坚硬岩石。微风化—新鲜岩石饱和抗压强度57.2～140.4MPa,软化系数0.53～0.95;泥岩、碳质页岩和煤,节理和构造裂隙发育,易风化和软化,工程地质性质差,是工程地质层中的软弱夹层,工程建筑时需防患沿软弱面引发边坡失稳和工程基础滑移。

2. 软硬相间层状含膏盐红色碎屑岩岩组

由开平、恩平的开恩、苍圣、高要的马安、白土和三水、东莞、惠州、泰美、惠阳的淡水红层盆地沉积的Kbn、Kss、Ex、Eb组成。局部出露,大部分埋于残积土和第四系沉积土之下。岩性以粉砂岩、砂砾岩、泥岩、细砂岩、钙质泥岩为主,夹灰岩、泥灰岩、石膏等。其中,Eb还夹有油页岩,含油气,部分泥岩、砂岩含钙质、灰质结核。工程地质性质不稳定,钙质岩石、石膏易溶蚀而改变原岩的结构,常有溶孔、溶沟发育,成为不均质地基,不能作中、高层建筑或重型工程的持力层。据粉砂岩、泥岩、砾岩、含砾砂岩、石灰岩等岩石力学试验,抗压强度均较低,唯新鲜砂砾岩的力学强度最高,风干抗压强度为94.1MPa,软化系数0.70。

三、土体工程地质特征

(一) 沉积土工程地质土类

广泛发育于珠江三角洲平原和其他大小江、河冲积平原、山间谷地和沿海海积平原中,由新生界第四系松散松软沉积地层组成。岩性主要为黏土、粉质黏土、粉土、砂质黏土、黏土质砂、砂、砂砾、砾石、卵石、淤泥、淤泥质黏土、泥炭土、碳质黏土等。具单一、双层、多层土体结构特征,一般山间谷地、山前平原多为单一、双层土体结构;较开阔的冲积平原、海积平原和河口三角洲平原则以多层结构为主。

1. 黏性土工程地质土组

分布于大、小江河的冲积阶地和平原,山间冲洪积平原,及洪积扇、湖泊洼地、滨海平原和河口。三角洲平原中,由老黏性土和新黏性土(含一般黏性土)组成。包括冲积、洪积、湖积、海积和河口冲海积的黏土、粉质黏土、粉土、砂质黏土、砂砾质黏土、薄层状黏土和黏土包砂等,局部之黏土还夹薄状或透镜状砂性土。大部分地区裸露地表,或埋藏于淤泥类土,易液化砂土、砂性土之下,以均一、双层、多层结构形式产出。土的物理力学性质变化与成因、物质成分、含水量等关系密切,一般是新沉积土、含砂或砾少的、含水量大者,土的压缩性高,力学强度低。据黏性土原状土样试验,含水量普遍较高,孔隙比较小。压缩模量一般 $3.84 \sim 11.19 \mathrm{MPa}$,变异系数为 0.642,标贯试验的一般值 $4.4 \sim 17.5$ 击,容许承载力一般值 $133 \sim 452 \mathrm{kPa}$。老黏性土沉积时间长,因遭受压缩、失水等地质作用,土质多硬塑—坚硬,力学性质较好;新黏性土液性指数、孔隙比、压缩系数均较大,力学强度普遍较低—低。此外,黏性土的物理力学性质还与岩性有关,一般是质纯的黏土、粉质黏土、粉土的力学性质均一,强度低;砂质、砾质黏土等力学性质不均,强度较高。

2. 砂性土工程地质土组

主要分布在江、河漫滩及其两侧冲积平原、冲海积河口三角洲平原、沿海海积平原和海风积砂堤砂地中,岩性有砾砂、粗砂、中砂、细砂、粉砂和含砾粗砂等。除河漫滩、海漫滩和砂堤砂地等局部地段裸露外,大部分地区埋藏于其他土组之下或夹于其中。松散—密实状、透水性强、易压实,摩阻力较黏性土大。物理力学性质和强度与粒度、密度、含水量等有关,但与埋藏条件的关系并不明显,究其原因,除前面说的影响因素之外,与标贯试验的准确性也有关联。

3. 碎石土工程地质土组

多分布于山间河谷及江、河中、上游漫滩和冲洪积平原、洪积扇等地,局部海蚀崖附近海滩也有零散小面积裸露。平原地区大部分埋藏于砂性土下,常以底砾层与黏性土、砂性土组成多层结构土体。除深圳宝安西乡、惠东铁冲、惠阳霞冲等局部裸露外,一般埋深 $2.50 \sim 28.10 \mathrm{m}$,最大埋深为 $55.55 \mathrm{m}$。厚度一般值 $0.90 \sim 7.00 \mathrm{m}$,惠东铁冲 H7 钻探揭露的裸露砾石最大厚度为 $27.35 \mathrm{m}$。岩性以砾石、卵砾石、砾卵石、卵石多见,少量为泥质砾石、黏土质卵石、砂砾石等。具孔隙大、透水性强、力学强度较砂性土高等特点。据少量土工试验结果,$a_{1-2} = 0.06 \sim 0.28 \mathrm{MPa}^{-1}$,$Es = 5.73 \sim 23.78 \mathrm{MPa}$。标贯试验 81 次,一般为 $4.0 \sim 45.0$ 击。中密—密实和半胶结的碎石土,厚度大于 2m 者可选作天然地基持力层。

(二)特殊土工程地质土类

1. 淤泥类土工程地质土组

广泛分布于三角洲平原和沿海海积平原、海漫滩,局部冲积平原和湖沼、潟湖平原中也有零散小面积埋藏。岩性以海积、海冲积、湖积淤泥、淤泥质土为主,少量淤泥质砂、砂质淤泥、泥炭土和软黏性土。除在三角洲平原、沿海海积平原和海漫滩有表层淤泥类土裸露外,大部分埋藏于黏性土和砂性土或易液化砂土之下,埋深和厚度各地不一。内陆湖积、冲积的淤泥类土,岩性以淤泥、泥炭土、碳质黏土或淤泥质黏土为主,富含炭化木、腐木等;而海积淤泥、淤泥质土等则多为间、夹粉和细砂薄层,并常见包砂和含海相植物腐根、贝壳碎片,局部贝壳富集成层。

此类土含碳质,多呈深灰—灰黑色,饱和—过饱和,流塑—软塑状,具亲水性强、透水性弱、高压缩性、含水量大且大于液限和孔隙比大于 1.0、易触变、承载力低等特点。其中,淤泥、淤泥质土、淤泥质砂的物理力学性质有所不同,特别是淤泥质砂,较淤泥、淤泥质黏性土差别大些。一般是 $Qp_3^2 x$、$Qp_3^3 xt$ 之老淤泥类土较 $Qh^2 hl$、$Qh^3 dl$ 者失水而固结,含水量较低,液性指数、孔隙比、压缩系数较小,而压缩模量和凝聚力较大,力学强度较高。依第四系沉积土的沉积韵律和 3 次海侵的演化规律,将全区的淤泥类土(即软土)归纳为 3 层。另外,据同时代同岩性不同埋深的力学指标对比,多数指标值随着埋深的增大而呈现有规律的升高或减小。但是，受人为因素影响所致，部分变化规律并不明显，甚至有些恰恰相反。标贯击数一般值 $N_{63.5}=1\sim3.5$ 击。其中，自动下沉和锤击数小于 1 者占总次数的 40%。总之，淤泥类土属高压缩易触变的软弱地基土，允许承载力一般小于 105kPa，原状土抗剪强度一般值为 $3.98\sim33.7$ kPa。

2. 易液化砂土工程地质土组

易液化砂土是指饱和粉砂、细砂和粉土在地震或机械强振之烈度达到Ⅶ度时容易发生液化。依据工程地质手册关于饱和砂土液化判定要求，对全区的饱和粉砂、细砂及粉土，分别按液化条件、实际标贯击数进行初判和微观判定。评判结果易液化者为 33，占总判定数 33%；应考虑砂土液化问题的占 23%，不液化者占 44%。

易液化砂土主要分布在海积平原、海风积砂堤砂地，及江、河沿线冲积平原中。据 38 个工程地质孔揭示，惠东平海、惠州水口、顺德乐从、南海大沥街办东和西江沿岸有易液化砂土裸露，厚度 $2.8\sim10.52$ m；佛山石湾、南海东墩南和里水、顺德容桂、东莞道滘、江门、惠州河南岸镇、小金口谢岗镇北等地，埋藏的易液化砂土，埋深 $0.7\sim31.4$ m 不等，一般埋深 $1.55\sim12.77$ m，厚度 $1.45\sim10.52$ m。原状土样物理力学试验结果，孔隙比一般值 $0.61\sim0.80$，压缩系数 $0.08\sim0.27$ MPa^{-1}，压缩模量区间值 $4.81\sim21.16$ MPa，标贯试验 45 次，$N_{63.5}=2.3\sim7.4$ 击。

（三）残积土工程地质土类

本类土是各类岩体风化残积之产物。其物理力学性质与沉积黏性土相似。据母岩及其物理力学性质，可分为侵入岩、喷出岩、深变质混合岩、层状浅变质碎屑岩、红色碎屑岩、碳酸盐岩、碎屑岩夹碳酸盐岩和特殊岩（含煤碎屑岩、含膏盐红色碎屑岩）的残积土 9 个工程地质土组。

第三章 陆域重大环境地质问题

珠江三角洲经济区不仅是社会经济发展速度最快、城镇化水平最高的区域,也是人口最密集、乡镇企业最集中、污染最严重的地带。

按其危害严重性和社会影响性,从控制珠江三角洲城市地质环境的主要因素出发,对可持续城市化进程具有广泛影响的主要环境地质问题包括 7 个方面:水资源短缺与地下水污染、土壤污染、灰岩分布区地面塌陷、断裂活动性与地震危险性、软土区地面沉降、崩滑流地质灾害以及海平面升降引起的环境地质问题等(见附图)。本章将针对这些突出环境地质问题分成 7 个节进行专门论述。

第一节 水污染与水资源短缺

水资源、水环境与经济发展、人类活动密切相关,与产业结构紧密联系。随着改革开放的持续进行,珠三角经济迅猛发展,与工业的发展伴随而来的是水资源短缺和水环境污染等环境地质问题。珠江三角洲经济区水环境污染问题导致由污染引起的水质性缺水十分突出,珠三角局部成为水污染的"重灾区",包括以广州、肇庆、中山、佛山、东莞等地为主的重金属污染,以广州、佛山、东莞以及深圳等地为代表的有机污染等。水资源短缺与水环境污染已成为制约珠三角经济可持续发展的关键性环境地质问题。

关于珠江三角洲经济区水资源问题及水环境污染,前人做过大量的工作,中国地质调查局和广东省地质局等相继开展了珠三角地区地下水污染调查评价项目和珠江三角洲经济区 1∶25 万生态环境地质调查项目,近年又在重点工作区开展了 1∶5 万调查评价工作,针对不同侧重点进行了大量样品测试和评价工作。另外,全国各大专院校及科研院所也在此区域做了大量的研究工作。

一、水资源短缺

珠江三角洲经济区总体水资源量丰富,人均占有量达 $1.5 \times 10^4 \mathrm{m}^3$(含客水)远高于全国平均水平($3000\mathrm{m}^3$)。但由于水资源主要由降水补给,受自然和社会环境的直接影响,时空分布不均。在时间上,每年 70%~80%的水量集中在 4—9 月汛期,大部分以洪水的形式直排入海(难以利用),易造成平原等地势低洼地段洪涝;每年 10 月至次年 3 月枯水期,只有年水量的 15%~30%,时间稍长不下雨,不少中小河流,特别是丘陵山区的小河就断流,造成干旱。环珠江口城市群带,地势低平,以平原地形为主,河网稠密,过境水量巨大,汛期易造成洪涝灾。由于该地区的各河流入海口门纳潮量大、咸水上溯,大范围的淡水受到影响,加上水质受到不同程度的污染,造成严重的水质性缺水。

珠江三角洲经济区的水资源问题集中体现在环珠江口城市群带,以广州、深圳、东莞市为重点缺水城市的代表。濒临南海,属雨量充沛的南亚热带季风气候区,多年平均降雨量 1800~2200mm,为全国平均雨量的 3.6 倍。多年平均径流量达 $313 \times 10^8 \mathrm{m}^3$,多年平均径流深为

995.5mm。每公顷土地平均占有水量$6.1×10^4m^3$。从这些数字来看,环珠江口城市群带的地表水资源是非常丰富的。然而受自然和社会经济条件的影响,水质性缺水问题突出。该地区在水资源环境方面存在不少问题。

1. 降水量时空分布不均

由于水资源几乎完全由降水补给,除年际降雨集中和大部分成为洪水直流入海而难以利用外,平原及沿海分布的孔隙地下水大部分为不能饮用的咸水,沿海及岛屿地区河流短小、缺乏建设大中型水库的条件,地下水主要为水量贫乏和不具备集中供水意义的基岩裂隙水,因而成为区内资源性缺水最严重的区域。深圳市、大亚湾等沿海城市或工业区用水只能依靠远距离调度东江水解决。

2. 水资源浪费严重,节水观念薄弱

珠江三角洲经济区水资源有效利用效率低下,各行各业水资源浪费严重,节水尚有较大潜力。农业生产方面,灌溉水利用系数一般为0.55~0.75,最低至0.40。水稻普遍实行漫灌、串灌,比湿润灌溉多用水20%~30%。工业用水重复利用率一般为20%~40%,存在很大的节水空间,万元产值综合用水定额高出全国平均水平近1倍,高出节水地区2~3倍。生活用水方面,城市居民日均用水量300~500L/人,乡镇居民日均用水量200~300L/人,居全国首位,用水直用、直排,重复利用率几乎为零,供水系统的跑水、冒水、滴水、漏水现象十分严重。

3. 对地下水的开发利用不充分、水资源保护亟待加强

环珠江口城市群带平原区虽地下咸水广布,但局部地段也存在具有集中供水意义的淡水资源。山丘地段,地下水水质较好,但水量贫乏,开采成本高,未能充分开发利用。

4. 水环境污染严重

(1)污水排放量超过水体自净能力。城市群带人口众多,城市密集,企业兴旺,各种工业废水、城市生活污水排放量$7.9×10^8m^3$,2010年达$(30~40)×10^8m^3$,污染严重,远远超出水体自净能力。

(2)农业污染日趋严重。整个珠三角农田的农药施用量相当大。据早年调查资料,江门、佛山农田农药施用量每亩分别高达4.67kg和4.25kg,全国罕见(全国平均每亩0.72kg)。所施农药只有10%~20%附着于农作物上,其余均流失于土壤和水体中。在降雨丰富的珠三角地区,大量农药流失已成为水体陆源污染的主要来源。近年来,广东省人大常委会组织的几次检查均发现,珠三角大中型养殖场对河流水质的污染相当严重。2000年环珠江口城市群的生猪存栏养殖达457.49万头,按1头猪造成的污染相当于6个人产生的生活污染估算,相当于2745万人造成的生活污染,再加上淡水水产$113.16×10^4$t的养殖以及23.44万头牛存栏养殖所产生的污水排放,污染更加严重。

(3)过量开采造成污染及次生危害。广花盆地、东江三角洲上部地下水资源丰富,因开发无序或保护不善,水质污染较严重并引起局部地区地面塌陷。

(4)水网密布,互动影响,咸淡水交替,水质不稳定。珠三角河网密布、相互贯通,径潮交会,主要水道近100条,平均网河密度达$0.8km/km^2$。河网区咸淡水交会,在径流与潮流的共同影响下,会潮点变化复杂,位置不定;潮流顶托,潮流区水流往复运动,流速减小,局部区域污染迁移动力弱,废污水回荡现象严重。特别是上游来水量小、径流作用减弱时,极易发生咸潮上溯,影响供水水源水质。咸潮上溯是一种灾害,通常发生在沿海的河口地区。海水的盐度(氯化物含量)平均为35‰,河水平均为0,当河水盐度超过一定程度就是咸潮(国家标准为250mg/L),也叫咸害。咸潮上溯是一种季候性的自然现象,多发生在枯水季节和干旱年份。近20年来,咸潮上溯肆虐环珠江口城市群带,不仅影响期长(从每年的旱季到下年的汛期来临之前),而且越来越严重。咸潮上溯,意味着咸淡水界线上移,原来河流下游的淡水因海水倒灌而咸度超标导致不能用于生活、工业和农灌。咸潮水咸度原为250~1460mg/L,现在最高已突破12 000mg/L。环珠江口城市群在河口地带采取"跟潮"的方式解决咸潮带来的问题,实行低压供水,咸度太大时停止供水。

降水量减少、江河水水位下降是引起咸潮上溯的直接原因,另外海平面上升加剧了咸潮蔓延。中国科学院等13家单位研究表明,到2030年珠三角地区海平面可能会上升30cm,如疏于防范将遭受更加严重的洪灾、风暴和咸潮袭击。珠三角海平面每上升1m,咸水线将上推6~8km。

在上述几方面因素的综合影响下,环珠江口城市群带的水体水质呈下降或恶化趋势,可利用的水资源量日益减少,已成为全省水污染和水质性缺水最严重的地区。近年监测的21个代表站点中水质超标的有11个。超标站点主要集中在广州,其中,前航道、后航道、西航道、白坭河水质全部超标,流溪河下游水质超标为Ⅳ类。此外,佛山的汾江河、顺德的容桂水道、陈村涌和江门西海水道水质也超标。三角洲网河上源的西江、北江和东江的水质也不理想,多呈下降趋势,干流水质Ⅳ~Ⅴ类。主要供水水源地水质状况差,监测16个供水水源地中有6个超标,有广州的江村和石门、增城的增城水厂等,其中的石门水源地水质超Ⅴ类。废污水的大量排放不仅污染河道,也污染河口及边岸海域。统计资料表明,近年来每年从八大口门注入珠江河口的污染物远远超过其自净能力,导致水体无机磷、氨氮含量增加,重金属和有机污染加重,溶解氧持续下降,赤潮频繁出现。1998年春肆虐珠江口的赤潮,其规模之大,灾害之重达历年之最。

二、水环境污染

水环境污染是最具代表性的环境地质问题,包括地表水与地下水污染。地表水污染严重的地区均为工业、经济发达城市,人口密集,需水量大,水环境污染引发的水质性缺水问题突出。这些城市普遍分布在珠三角平原区,包括东江下游、西北江的下游及网河区,地下水埋深浅,一般0~1m,地表水体与地下水交换速度快、强度大,进一步造成了浅层地下水污染。地表水体污染与地下水重污染区大部分重合,污染物成分相近或相同。

(一)地表水污染

珠三角河流众多,以珠江水系为主,由西江、北江、东江和珠江三角洲网河和流溪河等次级水系组成。以网河区为例,河网水道纵横交错,形似网状,有重要水道26条,总长1600km,集水面积达26 820km²。独具特色的水文条件决定了珠三角地区的水环境污染具有鲜明流域特征。

从区域上说,地表水污染主要集中在经济发达的三角洲平原地区,包括东江流域下游地区、三角洲平原网河区及珠江口地区。以广州、东莞、佛山、中山、深圳等经济发达城市为代表,流经这些城市的河流Ⅲ类水已几乎绝迹,多数达到Ⅴ类水标准甚至劣Ⅴ类水。西北江流域由于工业相对不发达,污染相对东江和网河区弱。

1. 东江水系下游地区

东江是珠江三角洲经济区的母亲河,不仅满足了沿河地区各类供水,还肩负着向广州、深圳、香港和东莞市共2000多万人输送饮用水和工农业生产用水的重任。20世纪80年代末以来,东江下游地区由于接纳了支流淡水河、石马河以及沿岸城镇生活、生产等废污水,部分干流及支流的城镇河段水质遭到不同程度的污染,单项或多项指标超国家地表水环境质量Ⅲ~Ⅳ类或Ⅴ类水标准,超标项目主要有:总磷、挥发酚、氨氮、溶解氧、阴离子表面活性剂、粪大肠菌群、汞等(表3-1)。

表 3-1 东江主要河段及支流水质状况表

水系分级	河流、江段名称	水质类别	超标项目
干流	东莞段（南干流）	V	汞、氨氮、铁、阴离子表面活性剂、粪大肠菌群
支流	西枝江（下游）	IV	溶解氧、氨氮、总磷、石油类、粪大肠菌群
	淡水河	丰水期IV，枯水期V	氨氮、石油类、挥发酚、总铁、阴离子表面活性剂、汞
	龙岗河	劣V	溶解氧、高锰酸盐指数、氨氮、总磷、汞、挥发酚、石油类、阴离子表面活性剂、粪大肠菌群
	坪山河	劣V	溶解氧、高锰酸盐指数、化学需氧量、生化需氧量、氨氮、总磷、六价铬、石油类、阴离子表面活性剂、粪大肠菌群
	沙河	III	溶解氧、高锰酸盐指数、氨氮
	东引河	V	氨氮、阴离子表面活性剂、粪大肠菌群
	寒溪河	劣V	溶解氧、高锰酸盐指数、氨氮、总磷

2. 珠江三角洲网河区

珠江三角洲网河区，西至西江下游，北至西、北两江汇合的三水市思贤滘，东至东莞市石龙，南至珠江口海岸所包围的区域，面积约 $1\times10^4 km^2$。区内网河发育，河流密布。20 世纪 80 年代以前大部分河道水质较好，除个别河段的水质有轻—中度污染外，大部分河水都可作为饮用、农灌水源。最近 20 多年，部分河涌及城市河段在城市化、工业化发展过程中遭到了严重污染，污染面积和影响较大的区域也是人口密集和乡镇企业最集中的区域，主要分布于东莞市—增城市南部—广州市—佛山市—三水市一带。

河网区内约 78% 的水体已受到不同程度的污染（表 3-2）。其中，52.3% 的水体为重度污染，13.6% 的水体为中度污染，12% 的水体为轻度污染，只有 22.1% 的水体较清洁；市际界河水体 100% 为重度污染。其中，珠江广州河段（广州—虎门），包括广州西航道、前航道、后航道、虎门水道，河长 78km，是珠江三角洲网河区水环境污染负荷最沉重的河段之一。据《广州市环境质量报告书》（1998—2000 年），珠江广州河段的鸦岗、硬颈海、黄沙、东郎、平洲、猎得、长洲、墩头基、莲花山 9 个监测断面，于 1996—2000 年 5 年间氨氮、溶解氧等主要污染物浓度居高不下，含量区间值分别为 $2.54\sim4.37mg/L$，$1.2\sim3.71mg/L$。有关部门已在珠江广州河段水源水中检出了数百种微量有毒污染物，其中六六六、滴滴涕及其衍生物等浓度都超过地表水质标准。

3. 珠江口门区

近年来，每年排入珠江口的各种污水量已超过 $20\times10^8 t$，珠江口近岸海域沉积物中汞、铅、铜等重金属物质和石油类的含量均超过一类海洋沉积物质量标准，反映海水污染状况的主要指标磷酸盐和无机氮含量普遍超过二类、三类标准，劣四类水质范围超过 $1800km^2$，其中无机氮含量居全国各重点污染海域之首，达 $1.1mg/L$。陆源入海污水量的增加，大大超过珠江口的自净能力，以致水体无机磷、氨氮含量增加，重金属和有机污染加重，底层海水缺氧程度加剧而且范围不断扩大。据"珠江三角洲近岸海洋地质环境地质灾害调查"结果，珠江口靠近内伶仃岛以北，南沙、虎门、宝安和南澳等海域的浅水层和深水层共约 $2500km^2$ 的海域，约有 95% 的海水按国家标准监测达到了重污染级，5% 属中污染级。

表 3-2 珠江三角洲网河区主要水质状况表

江段名称	水质类别	超标项目
东海水道	Ⅲ	
容桂水道	Ⅲ	
石岐河	Ⅳ	溶解氧、五日生化需氧量、汞、总铁
洪奇沥	Ⅴ	总磷、铁
黄杨河	Ⅲ	
佛山水道	劣Ⅴ	化学需氧量、生化需氧量、氨氮、粪大肠菌群
西南涌	Ⅴ	五日生化需氧量、阴离子表面活性剂、全磷、总铁、石油类、氟化物
潭洲水道佛山段	Ⅴ	五日生化需氧量、粪大肠菌群、石油类、总铁、溶解氧
平洲水道	Ⅴ	粪大肠菌群
顺德水道	Ⅲ	
顺德得胜河	Ⅴ	石油类、五日生化需氧量、溶解氧、总铁
市桥水道	劣Ⅴ	总磷、溶解氧、镉
三枝香水道	Ⅳ	总磷、铁、五日生化需氧量、溶解氧
沙湾水道	Ⅳ	总磷、汞、挥发酚、粪大肠菌群
东莞运河	劣Ⅴ	溶解氧、高锰酸盐指数、化学需氧量、生化需氧量、氨氮、总磷、石油类、阴离子表面活性剂、粪大肠菌群
珠江广州河段	劣Ⅴ	五日生化需氧量、溶解氧、氨氮、全磷、总铁、石油类
前山河	Ⅳ	
东莞东赤滘口河	Ⅴ	汞、总铁、氨氮、粪大肠菌群
东莞环东支流	Ⅴ	氨氮、总铁
东莞麻涌河	Ⅴ	汞、总铁、氨氮

4. 西北江区

西江主干流自云浮市杨柳镇流入境内,经肇庆市至三水市思贤滘与北江相沟通进入珠江三角洲网河区。西江干流河段水量丰富,水质较好,一般都达Ⅱ类水标准。但局部河段受过往船只油污影响,石油类超标严重,本次在高要市禄步镇河段取样偶然检测到达Ⅳ类的水质。

北江干流水道,自清远市进入境内三水市后,水质总体较好,DO、COD、挥发酚、氰化物、砷、镉、六价铬、铅、氨氮、硝酸盐氮、石油类、粪大肠菌群等指标均在Ⅰ～Ⅱ类水范围内。只有境界大塘镇河段,水质较差为Ⅳ类,呈中度污染水体,主要污染物为汞,含量 0.000 24mg/L。

(二)地下水污染

珠三角地区地下水类型主要有包气带水、潜水、承压水,前两者一般称浅层水,水位埋藏浅,多赋存于孔隙中,且以平原区分布面积最大。由于水力坡度小,水位埋深浅,径流缓慢或相对停滞,并与大气降水和地表水有直接的水力联系。因此,在人类活动强烈的地方,地下水常因地表水污染而受到污染。

20世纪80年代以前,调查区除在近海地带有咸水分布,局部地段有高铁锰水赋存,断裂带附近有高氟水存在外,大部分区域地下水水质良好,地下水具有良好的天然本底值。80年代后,除受酸雨影响使得地下水普遍酸化外,在工业较发达、人类活动集中的地区、城市中心地带、城镇周围、排污河道两侧、污水灌溉及地表水污染严重区,地下水污染较为明显。珠三角平原及广花盆地的浅层地下水普遍受到不同程度的污染,主要城市如广州、佛山、中山、增城、珠海、深圳、东莞等地地下水均受到严重污染。主要污染物包括重金属、有机物及微量有毒物质,主要污染组分包括硝酸盐氮、亚硝酸盐氮、氨氮、铁、锰、酚、氰等。

1. 地下水污染现状

前人研究成果表明,珠三角地区地下水以三氮、重金属元素和有机污染为主。

1)三氮污染普遍存在

广东省地质调查院2006年调查结果显示,在检测的789个硝酸盐氮样品中,有22.8%的样品浓度超过5mg/L(地下水质量Ⅲ类标准)。在检测的756个亚硝酸盐氮样品中,检出率65.6%,27.8%的样品浓度超过0.01mg/L;在检测的777个氨氮样品中,检出率最高达71.3%,有33.4%的样品浓度超过0.02mg/L。

广花盆地长期过量开采地下水,造成地下水位下降,浅层地下水和地表水在补给岩溶水的过程中由于污水渗入,造成岩溶水的三氮污染。据资料统计,硝酸盐氮、亚硝酸盐氮、氨氮检出率分别是100%、88.06%、86.62%,其中超过地下水环境质量Ⅲ类的分别占17.9%、12.6%、23.4%(表3-3)。

表3-3 广花盆地"三氮"指标含量表

污染组分	取样点数(个)	检出点数(个)	检出率(%)	区间值	平均值(mg/L)	最大值(mg/L)
硝酸盐氮	149	149	100	0.322~19.32	3.76	34.5
亚硝酸盐氮	134	118	88.06	0.018~1.213	0.048	1.468
氨氮	142	123	86.62	0.0624~4.68	0.322	8.97

根据广东省水环所2006年调查结果,广州市地下水NH_4^+和NO_3^-高浓度区主要集中分布于中心区,检出最高值分别为25mg/L和4.16mg/L。NH_4^+在其他地区只有个别点超标。NO_3^-超标点分布最广,除相对集中分布在广州市中心区外,在周边地区也有分布。广花盆地特大型岩溶水水源地上覆松散沉积层潜水中已有多点NO_3^-超标,且潜水中检出NH_4^+浓度最高值为4.8mg/L,是饮用水标准的8倍左右;北部丘陵区地下水NO_3^-超标点明显多于其他组分,最高值达153.58mg/L。该区分散开采地下水作为生活用水水源,且多位于补给区,对下游平原区地下水,尤其是广花盆地特大型岩溶水水源地和从化-神岗大型水源地的影响应引起重视。

此外,深圳市层状岩类裂隙水中,"三氮"含量也时有检出,检出率分别为86.4%、100%、84.4%,超标率则分别为59.1%、11.1%、60.6%。佛山市部分地区地下水中氨氮超标349倍,亚硝酸盐氮超标19.8倍,硝酸盐氮超标2.8倍。

显然，地下水中的这种高"氮"现象大都与人类活动密不可分，多数地区的地下水三氮污染是人类污染导致的。如在农业区，污水灌溉、农田施用的化肥、农田排水、养殖场牲畜粪便、大气沉降等均是氮的主要来源；在非农业区，主要是由于未经处理或处理不完全的工业废水、城市生活污水，排入日益严重的富营养化地表水中逐渐渗入到地下水而使地下水污染的结果。而顺德北滘—水口、江门市新会礼乐等地，出现的肥水区，地下水中铵含量高达75~560mg/L，则是生物有机体聚集、储存、分解的结果。

2）重金属污染不容忽视

据地下水检测数据分析，影响本区地下水水质的微量重金属主要为铁、锰、镉、铅等。铁离子含量在珠三角地区地下水中普遍偏高，高含量地下水点（井）主要分布在中东部的增城、东莞、广花盆地、佛山、南海、中山、珠海等地的西北东江沿岸平原、三角洲平原及滨海平原，且枯水期含量高于丰水期；这些地区因地势平坦，地下水径流不畅，普遍呈酸性，游离二氧化碳占优势等原因，造成铁离子富集量普遍偏高，一般为0.3~3mg/L。顺德水口至北滘一带总铁量1.2~40mg/L，局部达70mg/L；番禺万顷沙高矿化咸水区，总铁高达197.2mg/L。据资料统计，铁离子超标率为43.41%，测值范围为0.01~112.5mg/L，最高值超过地下水Ⅲ类标准值的535.7倍。锰的分布大致同铁相似，测值范围为0~62.6mg/L，其超标率为46.61%。镉的分布较集中见于惠州、东莞、肇庆。测值范围为0~0.14mg/L，超标率为25.4%，以Ⅲ类水为主。铅离子含量在本区地下水中也普遍存在，测值范围0~0.08mg/L，超标率44.6%。砷、汞、铬在地下水中含量不高，分布也不普遍，超标率均较低，分别为6.3%、4.3%、1.8%。

3）有机污染是潜在威胁

有机污染主要分布在广州、佛山、东莞及深圳等经济发达城市。主要污染指标为有机物，有机物检出点主要密集分布在广州、佛山、东莞的西部及深圳西北部地区，中山、江门、珠海、东莞中部检出率总体较低。根据郭秀红等（2006）的调查研究结果，北江主干以北、增江以西地区及东莞西南和深圳西北部采样区检出点分布密集，在佛山与中山交界处，沿西江主干有一小面积条带状检出率高值区（图3-1）。上述地区面积约占采样区面积的1/3，检出率近80%，其他将近2/3的地区检出率约10%。单点检出3项以上的点有3个，分别位于深圳地区北缘、佛山南缘和广州东南部。区内分布有3个特大型水源地。其中园洲-石滩水源地无检出，但在其西部与西北部边缘外部有5个点检出；三水-龙江水源地中部有2个检出点，在边缘外部靠近佛山市附近有2个检出点分布；广花盆地大型水源地内检出点较多，检出率高，检出点遍布整个水源地，说明区内大型水源地已受到有机污染的威胁。

郭秀红等（2006）在广州地区共采集地下水样49个，检出点32个，检出率65.3%，其中广州地区中东部检出率最高，西北部检出率也较高，部分检出点位于大型水源地内；佛山地区采集地下水样51个，有检出点25个，检出率49.0%，其中佛山市周围地区检出率最高，向西检出率降低，有部分检出点位于大型水源地内；在深圳地区的西北部7个采样点，其中5个点发现有机污染物，检出率71.4%，此结果虽不能代表深圳地区的整体状况，但也一定程度上反映了深圳地区地下水污染的严重性；东莞地区也是检出率较高的地区之一，布设的23个地下水采样点遍布整个地区，有检出点11个，检出率45.8%，检出点几乎全部分布在东莞的西南部和西北地区，中部无检出点；江门地区采样点大多位于东部平原区，有机污染物检出率较低，20个采样点中5个点有检出，检出率25%；中山地区与珠海地区检出率都较低，中山地区布设的采样点遍布全区，仅在北部地区有3个点检出，检出率15.8%；珠海地区11个地下水采样点中有2个检出，检出率18.2%；惠州地区西部布设了4个地下水采样点，全部无有机污染物检出（表3-4）。

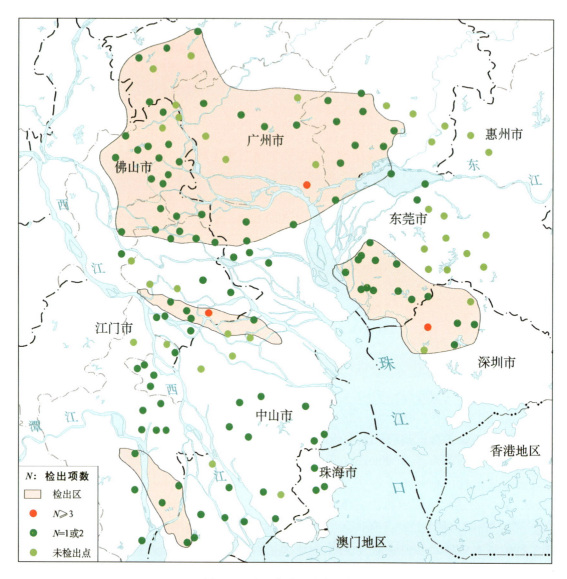

图 3-1 有机物检出分布示意图

表 3-4 地下水有机物检出情况表

采样地区	采样点个数	检出点个数	检出率(%)
广州	49	32	65.3
佛山	51	25	49
东莞	24	11	45.8
深圳	7	5	71.4
江门	20	5	25
中山	19	3	15.8
珠海	11	2	18.2
惠州	4	0	0

总之,广州、佛山地区、东莞西南部、深圳西北部采样区浅层地下水中有机污染物检出率高,呈面状分布;而中山、江门、珠海、惠州采样区及东莞中部浅层地下水中有机污染物检出率低,呈点状分布。单点检出污染物种类少,大多为1项或2项。

2. 地下水污染的分布特征

由统计资料分析可知,本区人口密集的大中城市、农村居住地、排污河道两侧、地表水污染严重分布区,是地下水主要污染区。向外,以非同心圆的方式逐步降低,且有着含水层埋藏浅污染组分含量高、埋藏深污染组分含量低的特点。这种分布格局与工业及乡镇企业密集程度、主要农作物生产基地的分布有关。

以铁含量为例。珠三角地区地下水中高铁含量主要出现在佛山、广州中南部、东莞、惠州西南部、中山以及江门东部等城镇化程度相对较高和工业相对发达的平原区以及地下水系统的排泄区(图3-2),而在广州北部以及惠州东部和北部等城镇化程度相对较低和工业化相对落后的丘陵区地下水的铁含量明显偏低,只有极个别铁含量超标的水样位于丘陵区。说明珠三角地区地下水中铁含量的分布与该地区工业化程度以及所处区域的补给、径流、排泄条件密切相关。

根据《2006珠江三角洲经济区1:25万生态环境地质调查成果报告》,珠三角地区所取352组地下水样中超标的达174组,超标率为49.4%,所分析的地下水样中锰含量在未检出到8.32mg/L之间,平均含量为0.34mg/L。地下水中高锰含量主要出现在佛山东部、广州中南部、东莞西北部和东南部、惠州西南部以及中山北部等工业相对发达的平原区以及地下水系统的排泄区,而在广州北部、惠州东北部、中山中北部以及深圳等丘陵区和地下水系统的补给区的锰含量明显偏低,只有少数几个锰含量超标的水样位于地下水系统的补给区(图3-3)。说明珠三角地区地下水中锰含量的分布与该地区的工业化程度以及所处的补给、径流、排泄条件密切相关。

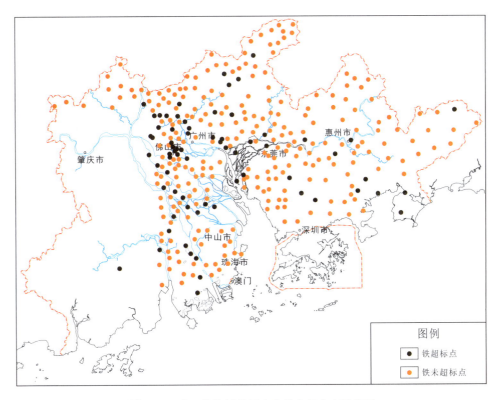

图3-2 珠三角地区地下水中铁含量分布示意图

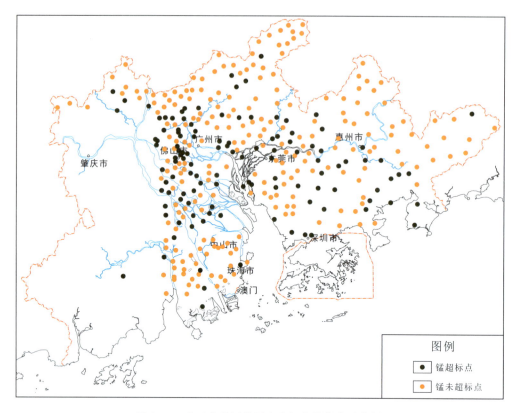

图 3-3 珠三角地区地下水中锰含量分布示意图

亚硝酸盐、铵离子、耗氧量等指标超标点（Ⅳ、Ⅴ类水点）也主要分布在广州、佛山周边及以东地区，江门以东、中山—斗门一带，河网发育、工厂企业、人口密集的珠三角平原地区。其中对Ⅴ类影响比例最高的铵离子，主要集中分布在广州周边地区，东莞也有零星分布。尽管本次区域层次的工作在113°以东地区所采集的样点(185个)未进行铝指标的测试，但从89组样品的评价结果来看，铝指标对Ⅳ、Ⅴ类影响比例达到了10%左右，主要分布在113°以西中心城区周边及珠江三角洲边缘地带。建议今后在该地区开展地下水调查工作时，将该指标作为必测指标。

"三氮"组分检出率也与人口和发展密切相关。如广花盆地浅层地下水中"三氮"组分检出率（地下水质量Ⅲ类以上）呈现出中部及东南部较高、其余地区检出率相对较低的空间分布规律(图3-4)。广花盆地中部及东部地区，城镇密集，人口众多，工业发达，以漂染、染整、化工、皮革等企业为主，未经处理及未达标排放的"三废"排放量大，造成地表水及土壤污染；尤其是流经盆地南部的里水、新市、石井镇的河流，受涨落潮影响，水质恶化严重。由于盆地内广泛分布松散层，地表水与浅层地下水有一定的水力联系，废水、污水及农灌用水容易回渗污染地下水，使地下水中"三氮"含量普遍超标。相比之下，盆地周边的城镇及工业分布较为零散，地表河网的污染程度也相对较轻。从而表现出浅层地下水"三氮"污染空间分布特征与工业分布、城镇密集及其地表水污染程度具有较好的一致性，说明地下水污染物的来源主要为工业企业及生活废(污)水的不合理排放。

（三）水环境污染原因分析

造成珠三角地区水环境污染严重的原因有很多，归纳起来主要有地质环境因素和人为影响。地质环境背景是引起水环境污染的内因，也是造成水污染治理困难的决定性条件，而人类活动是引起水环境污染具有决定性的外部因素。

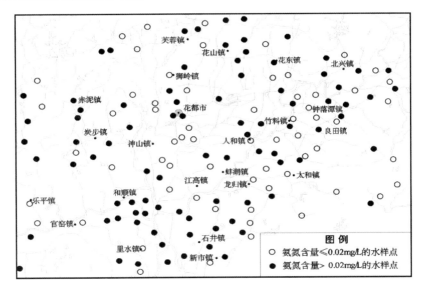

图 3-4　广花盆地地下水氨氮超标点分布示意图

1. 地质环境背景对水土污染的作用

1）地表水与地下水水力联系密切

珠江三角洲平原区水系发育,河网密度高,已经形成了"网状"污染源系统,而地下水在平原区主要为浅层孔隙潜水,这部分地下水水位埋深浅,与地表水交换强烈。被污染的地表水体入渗补给会造成地下水污染。据《广州市环境质量报告书》(1998—2000),珠江三角洲地区地表水质量属Ⅳ～Ⅴ类(国家地表水环境质量标准),部分河段水质劣于Ⅴ类,主要污染物为氨氮、溶解氧、总磷等。

地下水中主要污染物种类与地表水一致。平原区电子、电镀、五金和涂料等工矿企业分布较广,一些小型工矿企业在生产过程中无序排放。废水的化学成分复杂,硝酸盐氮、氨氮、铅、微量有机指标等含量较高,这些化学物质在地表水流动过程中下渗污染地下水。

2）含水层结构有利于减缓有机污染

本区浅层地下水类型主要为松散岩类孔隙水,广泛分布于区内河流三角洲平原,河谷平原、山间盆地及滨海平原,埋藏于第四系之中。含水层岩性为砂、砂砾、卵砾石,除接受河水补给外,还接受广大丘陵区基岩裂隙水的侧向补给。

水文地质条件决定了平原区有机指标检出率普遍高于丘陵地区,河网发育地区有机指标检出率一般较高。但河网的河床大多沉积较厚底泥,对有机污染物进入地下水起到了很大的阻滞作用,有机物检出浓度较低。广花盆地含水层上部一般为黏性土、淤泥或粉砂质黏土,使得包气带防污性能相对较强,地下水有机污染总体较轻。

研究表明地下水的防污性能与包气带厚度、岩性、有机质含量具有紧密联系。包气带厚度越大、颗粒越细、有机质含量越高,防污性能越强。

珠三角地区发育大面积第四系沉积平原区,第四系包括3组砂砾层或风化层与相间的3组淤泥或黏土组成的3次沉积旋回。由下到上依次为石排组、西南组、三角组、横栏组、万顷沙组和灯笼沙组。含水层主要为石排组和万顷沙组,这两个主要含水层之间的横栏组和西南组都含有淤泥层,同时最上部的灯笼沙组也含有一层海侵淤泥层,这些淤泥层有机质含量高,有一定的隔水性。这使得含水层之间的水力联系并不密切,并且在补给途径上的淤泥层具有较强的对有机物的吸附作用,使得研究区包气带防污性能较强,地下水有机污染总体较轻。

2. 人为污染

1) 垃圾填埋场造成二次污染

珠江三角洲地区在受到大量工业污染的同时，生活污染也日益突出，显示出工业化后期的特点。调查区人口4287.21万人，若按每人每天产生垃圾0.5kg计，每天可产生垃圾2.1×10^4t，其中广州市城市生活垃圾就有约0.68×10^4t/天，每年将增加生活垃圾756×10^4t，数量巨大。同工业垃圾一样，生活垃圾利用率极低，这些垃圾只有少量被焚烧，大部分被填埋或任意堆放。而目前的垃圾填埋，往往把大量剧毒、有毒物质与生活垃圾一起混合填埋，这样就集中了多种有害成分。据调研结果显示，在诸多的垃圾填埋场中，几乎没有一家垃圾填埋能够完全符合国家《生活垃圾填埋污染控制标准》(GB16889—1997)。主要表现为渗滤液处理不当和环保措施不到位，垃圾填埋后不仅占去了大片土地或可耕地，还对环境造成了多方面的污染，最主要为对水、土壤和大气的污染。

农村地区露天随意堆放固体废弃物现象十分突出，随着日晒雨淋及地表径流的冲洗，其溶出物会慢慢入渗地下水系统，造成地下水污染。另外，许多固废填埋场因衬砌防渗效果差或未作衬砌，所产生的渗滤液入渗进入地下含水层系统，污染地下水。广州市白云区帽峰山的李坑、兴丰、佛山市三水区狮山等大型垃圾填埋场，由于缺乏有效的衬砌防渗措施，造成周边地下水污染。

垃圾填埋对水、土的污染主要来自渗滤液。据有关部门监测，深圳某垃圾填埋场渗滤液COD_{Cr}为50 000~80 000mg/L，BOD_5为20 000~35 000mg/L，总氮为400~2600mg/L，氨氮为500~2400mg/L，均超过国家《污水综合排放标准》中三级标准的几十倍甚至几百倍。南海市狮山垃圾填埋场，在建设初期(1994年)底部作了防渗处理，但经过十年堆填，仍可见褐黑并散发着强烈的氨臭味的垃圾渗滤液呈潺潺细流从不同方向、不同层位溢出，直接排入附近溪流中，加上附近一些污染企业大量污水排放，使得原本清澈见底的解放涌河水变成了灰黑色、浑浊、腥臭，无法使用。此外，因垃圾填埋处理不当与当地居民引起纠纷时有发生。如位于广州市北部龙归的李坑垃圾填埋场，始建于1988年，由于当时未能设置有效的防渗系统，调节池容量有限，连降暴雨时，常发生污水与雨水混合排放到下游的农田灌溉渠，致使附近部分农田遭受污染，发生索赔事件。

2) 经济增长速度快，人口众多，废污水排放量大

调查区是广东省乡镇企业(约占广东的2/3)、城镇、人口密集区域，由于各种工业废水、城市生活污水排放量大，该区域已成为广东省污染物主要排放区。据《广东省水资源保护规划》，1999年全省废污水入河量为47.6×10^8t，其中珠江三角洲29.66×10^8t，占全省总量的62.3%，东江(调查区内江段)2.83×10^8t，占5.9%。广州市是全省最大的经济文化中心，又是华南最大的工业基地，行业以轻纺为主，种类较齐全。全市的大小企业约有4000多户，"三废"排放量达到每年13.0×10^8t，占污水总量的27.2%。另外废污水量排放在1.0×10^8t以上的城市还有深圳市、东莞市、佛山市、江门市、肇庆市、珠海市、惠州市、中山市。各城镇入河排污量见表3-5。统计资料显示一个地区的经济增长、人口增长与三废物质的排放存在显著的正相关关系(图3-5)。

表3-5 珠江三角洲经济区各城市废污水量统计表　　　　单位：$\times10^4$t/a

城市	排污口个数	废污水入河量	占总排放量数%	城市	排污口个数	废污水入河量	占总排放量数%
广州	7	129 661.7	27.2	中山	10	17 196.7	3.6
珠海	2	1487.4	0.3	江门	42	33 947.6	7.1
惠州	29	28 250.8	5.9	佛山	37	58 134.4	12.2
东莞	16	56 164.0	11.8	合计	212	324 842.6	68.1

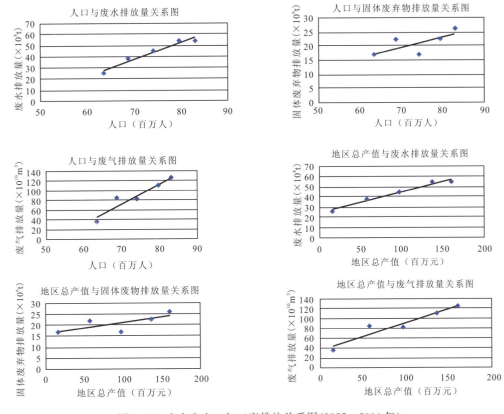

图 3-5 广东省人口与三废排放关系图(1985—2004 年)

珠三角地区行业种类众多，企业林立，地下水可检出多种有机指标。对于多数微量有机指标可能来源于纺织、油漆树胶及木材加工品、橡胶加工、炼油、造纸、洗衣业、有色金属、钢铁等行业。这些工矿企业的"三废"可能是地下水微量有机物的来源。大量工业"三废"和生活污水排入环境，造成普遍的环境污染。工作区以往相关资料表明地表水、土壤和大气等已受到不同程度的有机污染。近年来地下水有机污染物检出率最高的酞酸酯，源于人工合成，可作驱虫剂、化妆品、润滑剂等日化产品的原料，目前主要用作塑料增塑剂，在塑料中含量达 20%~60%。由于酞酸酯的大量生产和使用，已成为地下水中检出率最高的有机指标。地表水、土壤和大气中的有机物一部分因化学作用或微生物作用而降解，另一部分因入渗作用进入地下水，从而造成地下水有机污染。佛穗莞工业区有机污染物检出较为密集和集中，说明了地下水有机污染程度与环境污染成正相关的关系。

根据郭秀红等(2006)的研究，珠三角各地区经济状况、人口、排污情况不同，地下水有机污染物检出率也不同(表 3-6)，检出率与人口增长、经济发展、三废排放量成正相关关系(图 3-6)。

据《广东统计年鉴 2001》，2000 年珠江三角洲经济区废污水排放量为 28.54×10^8 t，占广东省的 63.05%，其中城镇生活污水排放量 20.69×10^8 t，占全省生活污水排放量的 61.41%。由于部分废污水未经处理或处理不达标排放，造成局部河涌及江河(城镇河段)水质严重污染。现今网河区内前航道、后航道、西航道、鸡鸭水道、佛山(汾江)水道年纳污水已超过 1×10^8 t，成为一条臭水河。还有东莞的寒溪河及东莞运河，均已成为调查区内污染最严重的河流。这些废污水在排入河涌、进入珠江各水道过程中，除对地表水体造成污染外，其有毒有害元素一部分淀积于沿途的底泥，一部分通过灌溉水、泛滥水、渗透水进入土壤，还有一部分则通过土壤孔隙或岩石裂隙补给地下水，从而造成土壤及地下水污染。东江三角洲平原区土壤中砷、汞含量普遍较高印证了这一现象。目前，随着珠三角地区城市化建设加快，城市人口不断增加，河水污染仍在继续，已形成水质性缺水。经济的快速发展不仅使水资源量的需求不断增加,对水质的要求也日益提高。而污染还在加剧,经济发展导致的水资源供需矛盾更加尖锐。特别是在潮水顶托、污水滞流和咸水上溯的环境中,进一步加剧了河流的水质恶化。

表 3-6　珠三角各地市经济与环境指标对比表

城市名	检出率(%)	废水排放量($\times 10^8$ t)	人口(人/km²)	企业总家数	地区生产总值(亿元)	人均地区生产总值(亿元)	工业生产总值(亿元)
深圳	71.4	72	3596	39 446	3423	59 271	6509
广州	65.3	11.3	1337	51 918	4116	56 271	5043
佛山	49.0	4.3	1400	19 820	1656	47 658	3331
东莞	45.8	6.9	2615	37 918	1155	71 995	2583
江门	25	2.4	414	12 655	834.6	21 647	1323
珠海	18.2	1.3	758	337	546.3	41 848	1263
中山	15.8	1.7	1313	870	610.1	44 006	1694
惠州	0	1.3	288	—	685	23 643	1120
肇庆	—	1.4	227		549	13 945	538

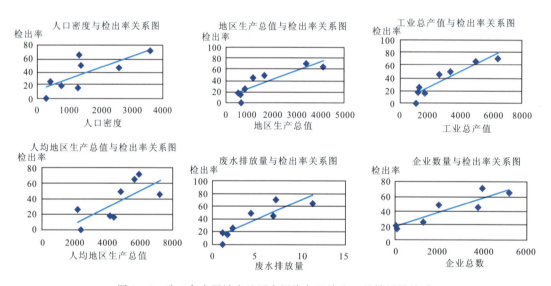

图 3-6　珠三角主要城市地下水污染与经济人口及排污量关系

3)农牧业污染

由于经济高速发展,珠三角的耕地资源日趋减少,为发展高效、高产农业,化肥和农药施用越来越多,施用含有铅、汞、镉、砷等的农药和不合理地施用化肥,都会导致土壤中重金属污染。据调查,珠三角地区化肥施用平均水平 450kg/hm²,江门、佛山的农药施用量则分别是 4.67kg/亩和 4.25kg/亩($1hm^2=10^4 m^2$,1 亩$=666.67m^2$)。据农业方面资料,施用的农药只有 10%~20%附着于农作物上,其余均流失于土壤和水体中。在降雨量丰富的珠三角地区,高农药、高化肥的施放已经成为水体和路源污染的主要来源。

此外,随着城乡人民生活水平的提高,人们对肉类消费需求大增,消费种类也从猪肉为主向牛、羊、禽等多元化方向发展,使得畜禽、水产集约化养殖的规模迅速扩大。特别是1978年国家提出了建设"菜篮子工程"以来,城乡畜牧业规模发展迅速,各地在城镇郊区建立了一批养殖场,由原来农村的分散养殖变成了集中大量养殖。据《广东省统计年鉴2001》,珠江三角洲经济区2000年生猪出栏头数达1135.95万头。据估算,1头肉猪按生长期120天计,每天所带来的污染相当于5个人产生的生活污染。由此推算2000年调查区畜禽污染物产量超过340×10^4t,为当年工业固体废物排放量(6.56×10^4t)的51倍,可见畜禽污染负荷的产生量极大。如东莞市仅规模化养猪和养鸡业两个行业的每年BOD_5排放量就达5.93×10^4t,NH_4^+-N年排放量达1.60×10^4t,TP年排放量为2334t,这些畜禽污染物90%未经处理就地排放或直接排入河道,造成东莞市不少河流富营养化。浅层地下水中"三氮"大面积明显超标也与此有关。畜禽粪便废弃物的大量排放和处理不当所引发的环境污染问题已成为珠江三角洲经济区新的环境地质问题。如今畜禽养殖业已日益成为新的污染"大户"。

水产养殖业也对一些湖泊、水库造成污染。这种污染的来源主要包括:①鱼类粪便;②饵料沉淀;③为使水生植物生长而撒播的各种肥料。大量饵料、肥料或鱼类粪便等直接进入水环境,也成为当前水体恶化的主要原因之一。

4)污水灌溉

一是,珠三角地区土地肥沃,也是广东省重要的农业区,主要种植水稻、蔬菜、瓜果、花卉,地表水是其主要灌溉水源。由于地表水普遍受到污染,在缺乏干净灌溉水源的情况下,一些地区不得不实施污水灌溉,导致土壤和农产品受到污染。据调查,污水灌溉已使部分耕地受到重金属和有机化学物质污染。如广州市近郊污灌区部分土壤中重金属镉、铅、锌、汞均超标。东莞市企石镇水边村大面积蔬菜基地灌溉水长期取自于流经该村的水质呈灰绿色、散发恶臭味的河涌水,现在土壤已呈强酸性,pH值为4.46,汞含量0.3×10^{-6},达国家土壤环境质量三级标准,呈现汞的轻污染程度。东江三角洲平原前缘的潜育型水稻土分布区,土壤砷的含量介于68.86~138.48mg/kg,最高达138.48mg/kg,呈现汞的轻污染—重污染。国家土壤环境质量标准规定,当水田pH<6.5时,砷的含量大于或等于30mg/kg,即为三级土壤。这种等级的土壤处于保障农林业生产和植物正常生长的临界值,仅适用于林地及污染物容量较大的高背景值土壤和矿产附近等地的农田(蔬菜地除外)。近几年,污水灌溉事故不断发生。以增城市石滩镇高门、园洲村委为例,流经两村的三江河曾是当地村民生活和生产用水,因受增城市环保产业发展公司电镀厂群排污影响,河水不能饮用,用其灌溉,造成耕地土壤呈赤红色,并散发出难闻的刺鼻味;水稻生长缓慢,分蘖少,谷穗干瘪,几近失收;蔬菜枝叶枯黄,产量极低;用其注入鱼塘,鱼苗减产甚至大批死亡;有8头耕牛因饮用三江水死亡。据两村村委会估计,1995—2000年期间,因河水污染造成的直接经济损失累计已超过500万元。

二是,污灌面积盲目发展,监控、管理体系不健全。污水灌溉大多是自发行为,农民在得不到洁净水的情况下,自发引用污水灌溉。污灌的农作物大多是粮食和蔬菜,对农产品的残留也未经检查,导致部分上市粮食和蔬菜中重金属含量较高。已检测出广州市近郊污灌区稻谷和蔬菜中重金属含量较高,东莞大朗、高埗、石排以及市区的蔬菜基地采自叶菜类作物重金属含量较高。

三是,河道灌溉功能退化。在城市化快速发展的背景下,河道管理未及时纳入城市规划,致使流经城市和郊区的河道及一些灌溉河道变成城市污水和工业废水排放的渠道,久而久之成了污水河,如东莞运河。

(四)地下水污染发展趋势

根据广东省地质调查院2007年、2008年采样测试结果,初步分析地下水污染指标并进行综合污染评价,结果显示,2008年较2007年水质评价级别与污染级别都有所提升,地下水污染有加重的趋势,影响水质和污染的指标明显增多。

肇庆、佛山、江门等地地下水 pH 值均下降明显,地下水有酸化趋势。无机指标中铁、锰等含量也显著提高,重金属砷、铅等含量亦有加重趋势。

1. 现场测试指标对比

对不同时期采集的 10 组民井样品的 pH 值、浊度、电导率等现场测试指标,发现各测试值均发生变化(表 3-7)。

表 3-7 现场测试指标评价结果对比表

样品编号	分布地区	采样时间	pH		浊度(NTU)		EC(μs/cm)	
			测试值	评价级别	测试值	评价级别	测试值	评价级别
GYlt095	肇庆市高要市莲塘镇	2007-3-11	6.87	I	1.7	I	445	I
ZQlt299		2008-12-25	5.06	V↑	7	IV↑	572	I
Gyjt097	肇庆市高要市蛟塘镇	2007-3-11	7.24	I	6.3	IV	847	II
ZQjt295		2008-12-25	6.18	IV↑	1.8	I↓	543	I↓
GMmc099	佛山市高明区明城镇	2007-3-12	5.86	IV	1.4	I	135	I
ZQhl297		2008-12-25	4.8	V↑	0.9	I	49	I
GMyh103	佛山市高明区杨和镇	2007-3-12	6.21	IV	2	I	254	I
FSyh303		2008-12-25	5.03	V↑	1.3	I	229	I
GMmc105	佛山市高明区明城镇	2007-3-13	6.46	IV	1.7	I	173	I
FSmc301		2008-12-25	5.41	V↑	0.8	I	137	I
HSsh109	江门市鹤山市双鹤镇	2007-3-14	5.28	V	1.5	I	96	I
FSgh305		2008-12-25	4.09	V	2.5	I	141	I
EPhp124	江门市恩平市横坡市	2007-3-15	7.31	I	3	I	317	I
EPhp304		2008-12-26	6.41	IV↑	15	V↑	24	I
TSsh127	江门市台山市三合镇	2007-3-20	5.34	V	2.3	I	22	I
KPcs302		2008-12-26	5.06	V	3	I	16	I
KPcs131	江门市开平市赤坎镇	2007-3-21	6.22	IV	1.3	I	78	I
JMdf306		2008-12-26	5.98	IV	1.9	I	116	I
TSdf137	江门市台山市端芬镇	2007-3-22	5.05	V	1.1	I	53	I
JMcs307		2008-12-26	5.4	V	2.3	I	68	I

注:↑后期较前期评价级别升高;↓后期较前期评价级别降低。

从 pH 值来看,9 组样品 pH 值均略有下降,下降值在 0.24~1.81 之间,变化不大,但评价结果相差明显,其中6组样品的水质级别提升、水质变差。从浊度和电导率两项指标评价来看,80%以上的样点评价水质级别一致。同一水点不同采样时期会出现不同测试结果,但是从评价级别不一定发生变化。

2. 无机常规化学指标、无机毒理指标、微量有机指标评价结果对比

无机常规化学指标评价结果对比表明,有5组样品提升了一个级别,4组水质评价结果一致,仅1组下降了一个级别。总体而言,单组样品的水质级别略有升高,前后两期综合评价水质级别Ⅰ~Ⅲ类、(Ⅳ+Ⅴ)类所占比例相等,分别为70%和30%,但影响因子有一定的变化,仅1组Ⅳ、Ⅴ类水点影响因子相同(表3-8)。

表3-8 无机常规、无机毒理、微量有机指标评价结果对比表

样品编号	分布地区	采样时间	无机常规化学指标		无机毒理指标		微量有机指标	
			质量类别	影响因子	质量类别	影响因子	质量类别	影响因子
GYlt095	肇庆市高要市莲塘镇	2007-3-11	Ⅲ	铝、铵离子	2	硝酸盐	2	DBP
ZQlt299		2008-12-25	Ⅳ↑	锰、铁	2	硝酸盐	1↓	
Gyjt097	肇庆市高要市蛟塘镇	2007-3-11	Ⅴ	亚硝酸盐	1		1	
ZQjt295		2008-12-25	Ⅴ	铵离子、铁	1		1	
GMmc099	佛山市高明区明城镇	2007-3-12	Ⅲ		1		1	
ZQhl297		2008-12-25	Ⅲ		1		1	
GMyh103	佛山市高明区杨和镇	2007-3-12	Ⅱ		2	钡、硝酸盐	4	DBP
FSyh303		2008-12-25	Ⅲ↑		2	钡、硝酸盐	1↓	
GMmc105	佛山市高明区明城镇	2007-3-13	Ⅱ		1		1	
FSmc301		2008-12-25	Ⅲ↑		1		1	
HSsh109	江门市鹤山市双鹤镇	2007-3-14	Ⅳ	铝	2	铅	1	
FSgh305		2008-12-25	Ⅴ↑	铝	5↑	铅	2↑	DEHP
EPhp124	江门市恩平市横坡市	2007-3-15	Ⅲ		1		1	
EPhp304		2008-12-26	Ⅲ		1		1	
TSsh127	江门市台山市三合镇	2007-3-20	Ⅲ		1		2	DBP
KPcs302		2008-12-26	Ⅲ		5↑	砷	1↓	
KPcs131	江门市开平市赤坎镇	2007-3-21	Ⅱ		1		1	
JMdf306		2008-12-26	Ⅲ↑		2↑	氟化物	2↑	DBP
TSdf137	江门市台山市端芬镇	2007-3-22	Ⅳ	铝、铁	1		1	
JMcs307		2008-12-26	Ⅲ↓		1		2↓	DBP

注:① ↑后期较前期评价级别升高,↓后期较前期评价级别降低;② DBP为邻苯二甲酸二正丁酯,DEHP为邻苯二甲酸双酯。

无机毒理指标评价结果对比表明,有 3 组样品的评价结果提升了,7 组样品的评价结果一致。2007 年采集的样点评价结果均小于 3 级;2008 年采集的样品出现了 2 个 5 级水点,其中 1 个点由于砷严重超标从 1 级直接升为 5 级,另一个由于铅超标从 2 级升为 5 级。

微量有机指标评价结果对比表明,2007 年采集的样品检出了邻苯二甲酸二正丁酯、邻苯二甲酸双酯共 2 项微量有机指标,邻苯二甲酸二正丁酯的检出率为 90%,邻苯二甲酸双酯的检出率为 20%,总体检出率为 55%。2008 年检出的微量有机指标与 2007 年的一致,但检出比率变化较大,正丁酯的检出率为 20%、双酯的检出率为 10%,总体检出率仅 15%。由于检出物质含量的变化,6 组样品的微量有机指标污染评价结果产生了变化,污染级别或升或降,但 1 级以上样品所占比例前后一致,均为 30%。

(五)综合污染级别对比

根据上述的评价方法,由无机毒理指标和微量有机指标评价确定地下水污染等级,2007 年 3 月采集的 10 个样点中有 1 个 4 级污染水点,2008 年 12 月采集的样点出现了 2 个 4 级污染水点,共有 4 个点污染级别有所提升。同一组对应样品的影响因子具有一定的一致性,但 2008 年的污染因子种类有所增加(表 3-9)。

表 3-9 综合污染等级评价结果对比表

2007 年 3 月采集样品			2008 年 12 月采集样品		
样品编号	污染级别	影响因子	样品编号	污染级别	影响因子
GYlt095	2	硝酸盐	ZQlt299	2	硝酸盐
Gyjt097	1		ZQjt295	1	
GMmc099	1		ZQhl297	1	
GMyh103	4	DBP	FSyh303	2↓	硝酸盐、钡
GMmc105	1		FSmc301	1	
HSsh109	2	铅	FSgh305	4↑	铅
EPhp124	1		EPhp304	1	
TSsh127	2	DBP	KPcs302	4↑	砷
KPcs131	1		JMdf306	2↑	氟、DBP
TSdf137	1		JMcs307	2↑	DBP

注:①↑后期较前期评价级别升高,↓后期较前期评价级别降低;②DBP 为邻苯二甲酸二正丁酯。

第二节 土壤污染

土壤污染是指人类活动产生的污染物质,通过各种途径输入土壤,其数量超过了土壤净化作用的速度,破坏了土壤的自然动态平衡,使污染物质的积累过程逐渐占据优势,从而导致土壤自然功能失调和质量下降,并影响到作物的生长发育,以及产量和质量的下降。污染土壤的污染物主要来自工业"三废"和农药、化肥的大量使用。污染物可通过灌溉水进入土壤,也可通过大气污染、空中的颗粒物(含重金属和致癌物质等)沉降地面造成土壤变质。

土壤污染具有隐蔽性、潜伏性、长期性和后果严重性,它通过口摄入、鼻吸入、皮肤接触等多种途径危害动物和人体健康。近20年来,随着工业化、城市化、农业集约化的快速发展,人们对农业资源高强度的开发利用,使大量未经处理的固体废弃物向农田转移,过量的化肥与农药在土壤及水体中残留,污灌面积不断增大,造成部分农田土壤发生显性或潜性污染,严重影响了农产品质量。

土壤污染主要包括重金属污染和有机物污染等方面。

一、土壤重金属污染

土壤中重金属污染元素包括生物毒性显著的Cd、Hg、Pb、As、Cr、Cu、Zn、Mn、Ni、Co、Ag等数十种。其中,As是非金属,但其毒性及某些性质与重金属相似,将As列入重金属污染物范畴。

1. 土壤中重金属污染物的分布现状

土壤中重金属的含量多寡,首先取决于成土母质,不同的母质成土过程所形成的土壤重金属含量差异很大;此外,人类活动也造成土壤重金属污染。

据测试资料统计,在251个土壤汞的测试样品中,有45个样品达到三级值0.3×10^{-6}(表3-10),检出率为17.93%,最高含量9×10^{-6},见于恩平市东安街办永安SE500m,该点出现高值可能是原生地球化学异常。此外,南海市大沥镇水稻土中汞含量高达$(1.04\sim1.71)\times10^{-6}$,是国家土壤环境质量标准值三级的3.47~5.7倍,是本区土壤背景值(0.18×10^{-6})的5.75~9.45倍。

表3-10 调查区重金属指标含量表

污染组分	取样点数	检出三级数(个)	检出率(%)	区内背景值(平均值)	区间值($\times10^{-6}$)	平均值($\times10^{-6}$)	最大值($\times10^{-6}$)
镉	255	22	8.63	0.077	0.013~0.620	0.100 64	0.82
汞	251	45	17.93	0.079	0.033~1.71	0.1929	9
砷	250	38	15.14	14.44	1.40~138.48	16.464	202
铜	273	14	5.11	17.28	3.26~72.90	19.54	177
铅	254	0	0	35.01	12.00~107.15	43.34	227
铬	255	6	2.35	48.94	6.5~135.00	52.79	160
锌	272	12	4.4	58.62	7.22~355.00	68.97	436
镍	186	19	10.22		3.46~59.60	19.61	76.6

在250个土壤砷测试样品中,有38个样品达到三级值30×10^{-6},检出率为15.44%,最高含量202×10^{-6},位于台山市汶村镇北西由寒武系八村群变质砂页岩组成的低台地与第四系滨海平原交界段,是土壤环境质量(旱地40×10^{-6})标准值三级的5.05倍。此外,东江三角洲平原前缘,即东莞市麻涌—望牛墩—道滘以西南近河口低洼地段,高值点$(>30\times10^{-6})$砷范围较大面积呈不规则带状或岛状分布,最高含量达$(128.65\sim138.48)\times10^{-6}$,位于道滘镇大涡—麻涌镇新基,是土壤砷环境质量标准值三级(水田)的4.29~4.62倍,是本区土壤背景值(13.12×10^{-6})的9.81~10.55倍。

在186个土壤镍测试样品中,有19个样品超过三级值40×10^{-6},检出率为10.22%,最高含量76.60×10^{-6},位于博罗县杨村柑橘场牛径岭村,是土壤环境质量三级标准值(40×10^{-6})的1.92倍,是本区土壤背景值(19.61×10^{-6})的3.91倍。

在255个土壤镉测试样品中,有22个样品超过三级值0.3×10^{-6},检出率为8.63%,最高含量0.82×10^{-6},位于深圳市内伶仃岛,是土壤环境质量三级标准值的2.73倍,是本区土壤背景值

(19.61×10^{-6})的 3.91 倍。

此外,在测试的铜、锌、铬土壤样品中,分别有 5.11%、4.40%、2.35%的样品达到土壤环境质量三级标准值,分别有 46.70%、47.25%、49.80%的样品中铜、锌、铬含量显著高于背景值,大多超出背景值 30%以上。超过 54%的样品中铅含量水平明显增高,大多超出背景值 70%以上,且主要集中在珠江三角洲平原区;对照国家土壤环境质量标准,调查区土壤中的铅含量水平均未达到三级值。农田、蔬菜中,重金属残留以铅为主。

蔬菜中的重金属,主要来自植物根系对土壤的直接吸收。据采集污染区的部分蔬菜基地样品检测结果统计,铅含量(表 3-11)几乎全部超过广东省无公害蔬菜质量指标(0.2×10^{-6}),叶类蔬菜铅平均浓度 2.80×10^{-6},最高达 5.11×10^{-6},是省标的 25.55 倍;瓜果类蔬菜平均浓度 2.09×10^{-6},最高 4.59×10^{-6}。可见,土壤重金属铅的积累,已经对人类的健康构成威胁。

表 3-11 东莞部分地区蔬菜铅含量表

地名	省标	叶类菜($\times10^{-6}$)	瓜类菜($\times10^{-6}$)
市区		1.22~4.83(平均 3.12)	0.61~4.17(平均 2.58)
大朗		0.249	
中堂	0.20	0.228	
高埗		3.42~5.11(平均 4.29)	1.70~4.59(平均 3.15)
石排		1.89~4.59(平均 3.42)	1.70~4.19(平均 2.88)

2. 重金属污染的分布特征

土壤重金属污染多集中分布于工业发达和人口密集城市。据调查,污水沟两边、网河区、珠江河口周边地区已形成土壤重金属异常区,形成了由城市—郊区—农区,污染随距污水沟、城市的距离加大而降低的现状,尤其应引起重视的是城市郊区污染较为严重。据 1:20 万珠江三角洲环境地球化学调查及本次工作资料,沿珠江河口周边约 $1\times10^{4}\text{km}^{2}$ 范围内,汞、镉、铅、砷、铬、铜、镍 7 种元素污染面积达 5500km^{2},其中汞的污染面积就达 1257km^{2},高镉异常区逾 6000km^{2}。广州近郊因污水灌溉污染农田 27km^{2},因施用含污染物的底泥造成 13.33km^{2} 面积的土壤受到污染,其污染面积占郊区耕地面积的 46%。此外,还有相当大面积的土壤受到轻度污染,有 50%的农地遭受镉、砷、汞等有毒重金属和石油类的污染。广州东郊某地土壤含镉量达 228×10^{-6},导致水稻生长受抑制,产量极低不及正常田产量的 20%,且稻谷含镉量达 4.7×10^{-6}。番禺一些农田因长期施用污泥,水稻土镉含量高者达 3.27×10^{-6},平均 1.82×10^{-6},稻谷减产 12%~15%。2000 年下半年广州市检测到蔬菜中铅、镉、铬、砷四项重金属超标率为 33.1%。说明农田、菜地重金属污染已对农产品质量安全、人体健康构成威胁,并严重削弱了农产品出口的竞争力。

东江三角洲平原,东起石龙,向西及西南以狮子洋为界,面积 700km^{2}。东江自石龙河道分叉后,或分或复和,形成数十道河汊-网河,向南西注入狮子洋。由于河床坡降小,水流缓慢,地表水污染较严重。据本次土壤调查资料统计,东江三角洲平原区内的土壤环境质量呈现较明显的地带性分布规律。由图 3-7 可知,土壤环境质量呈一、二级标准值的样点绝大部分分布于平原后缘及近山脚地带,三级及大于三级标准值的样点绝大部分集中在网河区近河口地段,尤其是砷、汞重金属元素高值样点均集中于此(图 3-8),形成以高值点为中心向外缘逐渐降低的椭圆或不规则圆形;而远离河口地带高值点重金属则主要呈散点状分布。据有关资料,东莞地区土壤砷的背景值为 6.45

$\times 10^{-6}$,砷的这种高含量分布状态,主要是由工业废水排放和施用农药所致。受严重污染的网河水已对土壤环境质量形成了威胁。

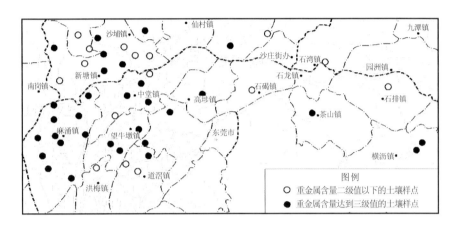

图 3-7　东江三角洲土壤砷含量分布示意图

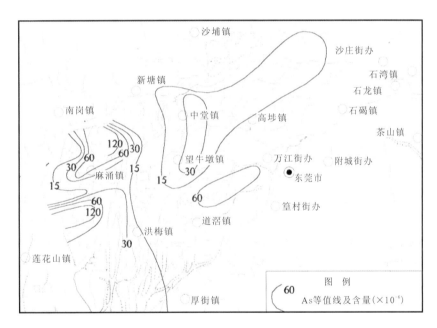

图 3-8　东江三角洲平原砷含量等值线示意图

二、土壤有机物污染

土壤有机污染物主要来自农药。目前,有杀虫效果的化合物超过 6 万种,大量使用的农药约有 50 种。直接进入土壤的农药,大部分可被土壤吸附。石油、多环芳烃类、多氯联苯类、三氯乙醛、甲烷等持久性毒害物,也是土壤中常见的有机污染物。它们主要通过废旧电器拆卸、有机垃圾燃烧等进入土壤中。

目前广州郊区农田农药用量超过全国平均水平,达 3.2kg/亩。据不完全统计,广州市自 1997 年至 2001 年共发生因蔬菜农药残留引发的食物中毒事件 28 起;2000 年下半年检测到蔬菜农药残留超标率为 6.5%;还在一位母亲的乳汁中发现了 20 年前已经禁用的滴滴涕农药成分。据东莞市有关部门对蔬菜基地叶菜、瓜果类农药残留量分析,其中氯氰菊酯检出率高达53.8%,含量$(0.71\sim2.81)\times10^{-6}$(广东省无公害农产品地方标准:叶菜$\leqslant1.0\times10^{-6}$),超标率28.6%;敌敌畏检出率7.69%,含量$(0.28\sim0.56)\times10^{-6}$(省标叶菜$\leqslant0.2\times10^{-6}$),超标率达100%;乐果检出率11.54%,含量$(0.21\sim1.32)\times10^{-6}$,超标率33.3%;水胺硫磷检出率7.69%,含量$(0.09\sim8.8)\times10^{-6}$(省标不得检出),超标率100%等;部分城镇蔬菜基地蔬菜样本还含有国家明令禁止使用的高毒高残留农药甲胺磷、呋喃丹、甲基对硫磷等成分。过量喷洒农药除对植物造成污染外,50%~60%会在土壤中残留,其中有机氯杀虫剂如滴滴涕、六六六等能在土壤中长期残留,并在生物体内富集。如已禁用20年的六六六、滴滴涕目前在土壤中的可检出率仍然很高。可见,各种农药污染物通过多种途径进入土壤后,逐步积累,对生态系统和人体健康的危害已有初步迹象,且这种危害对土壤的影响是慢性的和长期的,可能长达数十年。

三、典型特例——东莞市垃圾填埋场对水土污染的影响

垃圾填埋场在使用过程中及封场后相当长时间内会产生大量填埋释放物(渗滤液和填埋气体),它们对水土环境的即时和潜在危害很大。如不妥善处理,污染将持续几十年甚至上百年,会对周围的大气、土壤和水体造成严重危害。美国的腊美运河公害事件,就是填埋场二次污染事件,其危害人们至今记忆犹新。国内近些年来垃圾填埋场爆炸事故不断发生,已成为一个突出的社会问题。填埋场一般离城市较近,随着城市化范围的扩大,填埋场带来的景观问题也日趋尖锐,成为困扰城市发展的焦点问题之一,对于经济发达的广东省更是如此。

截至2009年广东省一般工业固体废物产生量达到了4927.1×10^4 t(表3-12),其中危险废物达到了99.21×10^4 t(表3-13),相比1998年的1771.7×10^4 t和58.8×10^4 t,分别增加了3155.31×10^4 t和40.41×10^4 t,增长率分别为178%和68.72%。其中集中式污染源主要分布在佛山、深圳、东莞、广州、中山及江门等珠三角核心城市,占总量的65%以上(图3-9),与之匹配的集中式污染处理设备分布也是这五个核心城市分布最多,但所占比例要远小于65%,达到54%(图3-10)。

表3-12 广东省固体废物产生量表($\times10^4$ t)

年份 \ 分类	一般工业固体废物	危险废物	生活垃圾	年产生总量
1998	1771.7	58.8	915.3	2745.8
1999	1877.4	59.2	840.7	2777.3
2000	1694.3	53.9	879.1	2627.2
2001	1990.3	52.5	—	—
2002	2044.9	44.6	—	—
2003	2245.7	61.5	—	—
2004	2609.2	58.5	2500	5000
2005	2896.2	129.9	3300	5500
2006	3057.0	129.6	—	—
2007	3852.4	93.9	—	—
2008	4833.3	92.4	—	—
2009	4927.01	99.21	—	—
年均增长率(%)	178	68.72	—	—

表 3-13 广东省危险废物产生及处理情况(×10⁴t)

年份	产生量	储存量	综合利用量	处置量	排放量
2000	53.9	0.26	29.95	21.57	0.015
2001	52.5	0.86	29.2	23.16	0.063
2002	44.6	0.158	17.34	27.09	0.085
2003	61.5	0.14	32.4	29.05	0.092
2004	58.5	0.08	26.78	33.91	0.085
2005	129.9	0.05	89.3	40.54	0.01
2006	129.6	1.49	91	37.11	0
2007	93.9	1.2	57.7	35	0
年均增长率(%)	8.3	24.4	7.2	7.2	—

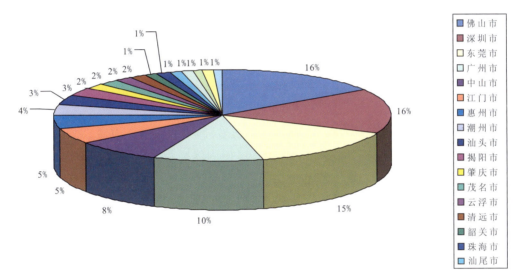

图 3-9 广东省工业污染源分布

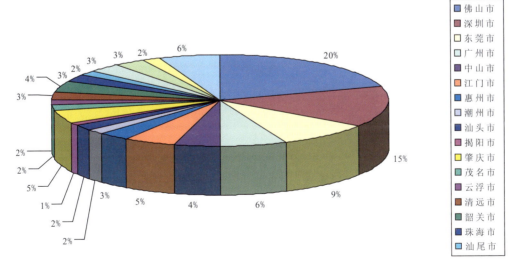

图 3-10 广东省集中式污染治理设施分布

毫无疑问,垃圾填埋场造成的水土污染已经成了珠江三角洲经济区水土污染问题的典型特例和重要原因。为了科学了解垃圾填埋场对珠江三角洲经济区水土污染的影响,2010年7月,"珠江三角洲经济区重大环境地质问题与对策研究"项目组对东莞市垃圾填埋场进行调研,结合卫星影像和媒体新闻对全市垃圾填埋场进行筛选,选择具有代表性的11个进行现场调研(其中停用的6个,仍在运行的5个)。调研内容主要包括垃圾填埋场的地质环境背景、垃圾处理方式等,并采集部分样品。从调查结果看,东莞市垃圾填埋处理方式相对落后,以简单堆放和简单填埋为主,与经济发展极度不匹配。而且多数垃圾场垃圾渗滤液未经处理直接放向地表水体,造成水质急剧恶化。

(一)东莞市垃圾填埋场调研结果

根据市统计局数据,东莞市每天产生1×10^4 t的原生垃圾。现阶段,东莞生活垃圾处理方式有两种,以填埋为主,焚烧为辅。目前东莞两个垃圾焚烧发电厂总日处理能力为2800t,占垃圾总产生量的28%。

据不完全统计,东莞市(包括各镇街)拥有:414座压缩式垃圾中转站,3个垃圾焚烧发电厂,环卫工人3.13万人,垃圾运输车辆551台。东莞市2001年有垃圾填埋场166个,至2005年增至188个,从2007年开始,东莞开始对垃圾填埋场进行整治,关闭了一些落后的村级填埋场,截至2009年,保留72座。另外到目前为止,东莞市没有医疗废物和危险废物处理站,也没有一个垃圾填埋场达到卫生填埋的标准。

东莞市目前共有3个垃圾焚烧发电厂,分别位于南城、厚街和横沥。南城水濂山垃圾焚烧处理厂主要承担城区的垃圾焚烧业务,日处理量1000t。厚街固体废物余热发电厂,日处理量600t。横沥垃圾焚烧发电厂,日处理生活垃圾1200t。

2010年,东莞市市政规划分别在虎门、清溪、麻涌、常平新建四座垃圾焚烧处理厂,目前正在进行具体选址、前期征地和BOT招投标计划等相关事宜。同时,对南城、厚街、横沥的3座垃圾焚烧处理厂进行扩建,其中厚街、横沥的垃圾焚烧处理厂将分别扩充为900t、1500t,年底垃圾焚烧处理所占比例将增加到37%。

1. 填埋现状

11个垃圾填埋场的调研结果表明,其中停用的6个,在运行的5个(表3-14)。

表3-14 东莞市垃圾填埋场使用情况统计表

调查个数	停用		运行		备注
	个数	百分比(%)	个数	百分比(%)	
11	6	54.55	5	45.45	

调查结果显示,东莞市垃圾填埋处理方式相对落后,与经济发展极度不匹配,以简单堆放和简单填埋为主(表3-15),个别垃圾场垃圾渗滤液未经处理直接放向地表水体,水库水质急剧恶化,造成极为严重的污染。

2. 主要污染物指标中重金属污染物分析

本次工作对东莞市个别规模、影响较大的垃圾填埋场进行了取样测试工作,从测试结果看总铬含量严重超标。调研发现多数垃圾填埋场的渗滤液不经处理就直接排入地表水体,这也是导致地表水甚至地下水污染的一个重要因素。

根据《生活垃圾填埋场污染控制标准》(GB16889—2008)中有关规定,东莞市属于国土利用密集区,垃圾渗滤液应采用以下特别限定排放标准(表3-16)。

表3-15 东莞市垃圾填埋场处堆埋方式统计表

调查个数	堆埋方式							
	卫生填埋		简单填埋		简单堆放		随意堆放	
	个数	百分比(%)	个数	百分比(%)	个数	百分比(%)	个数	百分比(%)
11	0	0	4	36.36	7	63.64	0	0

表3-16 现有和新建生活垃圾填埋场水污染物特别排放限值

序号	控制污染物	排放浓度限值	污染物排放监控位置
1	色度(稀释倍数)	30	常规污水处理设备排放口
2	化学需氧量(COD_{Cr})(mg/L)	60	常规污水处理设备排放口
3	生化需氧量(BOD_5)(mg/L)	20	常规污水处理设备排放口
4	悬浮物(mg/L)	30	常规污水处理设备排放口
5	总氮(mg/L)	20	常规污水处理设备排放口
6	氨氮(mg/L)	8	常规污水处理设备排放口
7	总磷(mg/L)	1.5	常规污水处理设备排放口
8	粪大肠菌群数(mg/L)	1000	常规污水处理设备排放口
9	总汞(mg/L)	0.001	常规污水处理设备排放口
10	总镉(mg/L)	0.01	常规污水处理设备排放口
11	总铬(mg/L)	0.1	常规污水处理设备排放口
12	六价铬(mg/L)	0.05	常规污水处理设备排放口
13	总砷(mg/L)	0.1	常规污水处理设备排放口
14	总铅(mg/L)	0.1	常规污水处理设备排放口

对排污口处垃圾渗滤液的测试结果显示,所有采样测试的渗滤液均有超标项,其中超标指标最多的为清溪罗马填埋场,有5项指标超标。以总铬污染最为普遍,所有测试的5个垃圾填埋场总铬均超标,超标率100%,且超标均较为严重,在8倍以上,其中大岭山垃圾填埋场超标47.2倍;其次为铅超标,有清溪罗马、虎门怀德、大岭山3个垃圾填埋场,超标率为60%,超标均在14~15倍,超标十分严重,详见表3-17。而对地表水样测试的结果,以大岭山下游鱼塘为例,铅的测试值为20.001mg/L,超出地表水Ⅴ类水标准200多倍,说明大岭山垃圾填埋场对附近地表水体污染十分严重,并且铅在水中的富集作用十分明显。

表 3-17 超标离子统计

垃圾填埋场名称	超标离子	限定值(mg/L)	测试值(mg/L)	超标倍数
大岭山垃圾填埋场	总铬	0.1	4.72	47.2
	铅	0.1	20.001	200
清溪罗马垃圾填埋场	汞	0.001	0.0036	3.6
	总铬	0.1	1.58	15.8
塘厦石潭浦垃圾填埋场	总铬	0.1	0.80	8
虎门怀德垃圾填埋场	总铬	0.1	1.16	11.6
牛山垃圾填埋场	总铬	0.1	1.26	12.6

(二)垃圾填埋场造成的主要环境地质问题

1. 对地表水体直接污染

东江下游地区地表水污染严重,与垃圾填埋场渗滤液的随意排放有着密不可分的关系。调查中部分垃圾填埋场渗滤液不经任何处理就排进东江的一些二级支流。

包括牛山垃圾填埋场、大岭山垃圾填埋场等多个垃圾填埋场垃圾渗滤液均未经任何处理直接排入地表水体,给水库、河流等造成了难以修复的二次污染(图 3-11)。本次调查的 8 处大型垃圾填埋场中,有 4 处未经过处理直接或以暗渠形式排放到地表水体(表 3-18),仅有 3 处媒体曝光度极高的牛山垃圾填埋场、塘厦垃圾填埋场和虎门怀德垃圾填埋场正在封场治理,与深圳交界的长安红花坑垃圾填埋场也进行了初步的治理,但调查过程中红花坑垃圾填埋场仍然散发着恶臭的气味。牛山垃圾填埋场和大岭山垃圾填埋场位于同沙水库上游,渗滤液未经处理直接排入同沙水库。

图 3-11 大岭山垃圾填埋场渗滤液未经处理直接排放

表 3-18 垃圾渗滤液排放统计表

垃圾填埋场名称	是否处理	排放及影响水体
大岭山垃圾填埋场	否	同沙水库
牛山垃圾填埋场	封场治理中	同沙水库
樟木头垃圾填埋场	封场治理	石马河
清溪罗马垃圾填埋场	否	石马河
塘厦石潭浦垃圾填埋场	封场治理中	鲤鱼塘水库
长安红花坑垃圾填埋场	初步治理	东宝河
虎门怀德垃圾填埋场	封场治理	大溪水库、怀德水库、鲤鱼岗水库

同沙水库水质急剧恶化，石马河、鲤鱼塘水库、东宝河、大溪水库、怀德水库和鲤鱼岗水库水质也有不同程度的恶化。本次调查总对大岭山垃圾填埋场、牛山垃圾填埋场、清溪罗马垃圾填埋场和塘厦石潭浦垃圾填埋场的渗滤液进行了取样测试，同时对同沙水库、虎门怀德垃圾填埋场下游河流、大岭山垃圾填埋场下游鱼塘进行了取样测试工作，测试其重金属含量。测试结果也显示多数垃圾填埋场的渗滤液存在个别重金属（主要是总铬）严重超标。

2. 间接污染地下水和土壤

珠三角地区，包括东莞市在内，大部分地区地下水位较浅，且与地表水水力联系密切，垃圾渗滤液直接排放造成的地表水体污染会直接影响到地下水水质，在地下水中逐渐富集，并且修复十分困难。垃圾渗滤液排入地表水体，形成面状污染源，超标的重金属离子随水循环进入地下水，如虎门怀德垃圾填埋的垃圾渗滤液总铬超标 11.6 倍，场下游为大片农田，地下水位极浅，仅为 0.5m 左右，表层土以耕植土为主，渗透性较强，垃圾渗滤液的随意排放，造成了农田土壤和地下水的重金属污染。特别是有机物污染，其降解速度缓慢，修复更加困难。调查中有多处垃圾填埋场附近居民均反应不敢以当地水源为饮用水，生活用水均靠桶装纯净水。

3. 对大气污染

垃圾填埋场的废气和粉尘未得到有效的处理，调查过程中发现多个垃圾填埋场内恶臭熏天，难以驻足，甚至在离垃圾填埋场较远的居民区内亦能闻到刺鼻气味，并且苍蝇、蚊子成灾。

4. 对附近农业、渔业的影响

垃圾填埋场对地表水、地下水的污染直接影响当地的农业和渔业。本次调查对大岭山垃圾填埋场附近的鱼塘水样测试结果显示，铅严重超标。这样的鱼产品会对人体造成较大影响。

四、土壤污染问题的主要原因分析

造成珠三角地区土壤污染严重现状的原因有很多，归纳起来有地质环境因素也有人为影响。地质环境背景是引起土壤污染的内因，也是造成土壤污染恢复困难的决定性条件，而人类活动是引起土壤污染最具决定性的外部因素。

(一)地质环境背景对水土污染的作用

1. 不同母岩背景值对土壤重金属污染的影响

由于不同母岩风化而形成的土壤本身就具有不同的元素组成,其中部分地区土壤由于母岩中重金属元素含量较高而形成天然的污染区。不同母岩的重金属元素含量见表3-19。

表3-19 调查区不同母质土壤重金属元素环境背景值($\times 10^{-6}$)

元素	花岗岩	砂岩、火山碎屑岩	砂页岩	变质岩	红色砂页岩	滨海沉积土	河流冲洪积、河海沉积土	石灰岩	玄武岩
Pb	35.34	24.49	28.99	43.00	26.90	22.42	50.23	54.25	29.29
Hg	0.059	0.059	0.06	0.055	0.049	0.068	0.18	0.12	0.07
Cr	33.22	58.40	71.00	32.99	55.10	36.24	55.66	95.79	174.40
As	7.48	16.75	16.26	26.57	16.59	8.16	13.12	29.50	10.57
Cd	0.36	0.038	0.058	0.036	0.20	0.048	0.15	0.69	0.05
Cu	9.59	15.63	20.70	12.99	20.92	8.32	23.01	27.09	47.67
Zn	36.77	27.95	50.05	35.81	73.20	36.04	67.27	142.59	57.88

1)松散层区

松散层区与基岩区土壤比较显示,53个分析元素之中,46种元素或氧化物的均值高于基岩区均值,高2倍以上的有Mn、Cd、Co、MgO、Ni、CaO、Cu、Na$_2$O,它们包括在表生用条件下易淋失或易淋积的元素,与区内岩石的继承性不甚显著,而受到外物质(上游、海洋)或区内厂矿的影响较大。Hg、Se、U、Zr等5个元素的均值低于基岩区均值(为0.54~0.8倍),I、Ag、W、Nb和Au的均值变化不大(±5%以内),这些元素是花岗岩区显著富集的元素,其强烈贫化也显示区内松散层区沉积物质主要来于区外的特征。

2)砂页岩区

与全区的基岩区浅层土壤比较,砂页岩区有44种元素富集,8种元素贫乏,1种(I)无变化。富集1.2倍以上的依次是Cd、Sb、MgO、Au。较贫乏的仅有Bi,略贫乏的有Mo、Pb、Ag、Hg、Cl、Zr。

3)变质岩区

变质岩区指PtZ分布区,前人曾称混合岩化地区。该区有n种元素富集,40种元素贫乏。显著富集的元素依次有Bi、Mc、U、Pb;显著贫乏的有Sb、Sr、Na$_2$O、MgO、Co、K$_2$O、Li、Cs、Ba、F、B、C、Ni、Cd、Tl、Sn、S、Ti等。

4)片麻状杂岩区

片麻状杂岩区系指Ptng区,前人曾称混合花岗岩。该区有23种元素不同程度地富集,30种元素贫乏。显著富集Cd、Co、Rb、Pb、I、Tl、Ba、Bi;显著贫乏Sb、Hg、Ni、Ag、Au、Cu、S、As、Se、Cr、N、C。

5)花岗岩类区

花岗岩类区显著富集的是Th、I、Rb、U、Sn、Cs、Nb、K$_2$O、Al$_2$O$_3$、Pb、Bi、Ce、Y、Ga、Tl、Mo、Br、W;而显著贫乏As、B、Sb、Hg、Cr、Cu、Au、Ni、MgO、Ba、Ag、Sr、Ti、Se、Co、V、P、CaO。

2. 三角洲的形成演化

珠江三角洲是在海侵、海退交替进行的过程中发育起来的,整体上具有相同的发展模式,经过了基本一致的演变过程。但是在三角洲内部,在区域上仍然有显著的差异,表现在沉积物质来源上,可分为西江、北江三角洲沉积区、东江三角洲沉积区和潭江三角洲沉积区。在地球化学上体现出不同的三角洲沉积区具有不同的元素组合特征。

珠江流域的北江、西江冲积平原区 Cd 含量相对较高,而在东江冲积平原区,Cd 含量相对较低。广东省 1:20 万水系沉积物测量结果表明,在西江、北江流域分布着大片的 Cd 高含量区,这些高含量区大部分与地质背景有关,少部分与矿山污染有关(如广东凡口铅锌矿等);东江流域为花岗岩和火山岩分布区,基本上没有 Cd 的高含量分布。表明珠江三角洲平原 Cd 的高含量与三角洲沉积物质来源有明显关系。

Cd 的高含量区主要分布于西江、北江三角洲沉积区,东江三角洲沉积区和潭江三角洲沉积区基本上是 Cd 的背景区。Cd 污染区区域分布特征明显,控制性显著,从海陆交互相—陆海交互相—海相—陆相沉积物 Cd 含量逐渐降低,西江、北江三角洲沉积区的海陆交互相、陆海交互相、海相沉积物 Cd 含量达到土壤三级质量,从地表至深部 Cd 含量变化与沉积物质有显著的关系,而且都是中度污染。Cd 的高含量区主要分布于水系密集区,与当地工农业生产关系不密切。因此,调查区 Cd 污染是珠江三角洲形成过程中,富含 Cd 的西江和北江沉积物质在三角洲沉积而成,污染深度与高含量地质体的沉积厚度一致,属于典型的沉积作用形成的污染。

Cd 是自然界中很稀少的元素之一,很少形成独立矿物,目前已知的独立矿物有硫镉矿(CdS)、菱镉矿($CdCO_3$)、方镉矿(CdO)、硒镉矿($CdSe$)等,多出现在矿床的氧化带。元素地球化学研究结果表明,Cd 是亲硫元素也是亲氧元素,可以进入硫化物矿物中,也可以进入氧化物矿物中,在强氧化条件下,Cd 能形成 CdO 及 $CdCO_3$ 等化合物,并可氧化成 $CdSO_4$。珠江三角洲冲积平原 Cd 高含量区的化学形态研究结果表明,Cd 在海陆交互相、陆海交互相的离子交换相、水溶相、铁锰氧化物相、有机结合相、硫化物相的分配比较均匀,从地表至深部变化不大,表明西江和北江河流沉积物中的 Cd 不可能以独立矿物的形式存在。同时,土壤物质组成与 Cd 含量的关系结果表明,土壤中的 Cd 与砂质粉粒以下(<60pm)的各粒级成显著正相关,与 MgO、Fe_2O_3、Na_2O 和 CaO 成显著正相关。因此,在珠江三角洲形成过程中,西江和北江携带大量富含 Cd 的河流沉积物质,由于 Cd 具有较强的主极化能力,能被河流沉积物中细粒级物质吸附,在三角洲沉积区内,一方面流速减缓水动力降低,另一方面地球化学环境发生变化,促使 Cd 与西江和北江沉积物质在三角洲的同步沉积。

同样土壤 F 的高含量区分布于珠江三角洲西江、北江和东江冲积平原,地质背景是第四纪海相、海陆交互相、陆海交互相沉积物。从海相—海陆交互相—陆海交互相—陆相沉积物 F 含量逐渐降低,三角洲沉积的海相、海陆交互相、陆海交互相都是 F 的高含量区,相同的沉积相含量变化较小。在城区、工业区和农业种植(养殖)区没有特高含量区,高含量区域分布特征明显。从地表至深部,从海陆交互相—陆海交互相—陆相含量变化幅度逐渐增大,F 的含量变化与沉积相密切相关,含量变化控制因素显著。F 在各种相态的分布比较均匀,反映土壤中 F 的富集与沉积环境和沉积物质关系密切。F 的高含量区分布于第四纪海相和海陆交互相沉积物分布区,与人类经济活动关系不密切,是珠江三角洲形成过程中,海、陆沉积物质交互沉积过程所形成的,污染深度与沉积厚度一致,属于典型的地质作用形成的污染。F 的物质来源与三角洲沉积物质来源关系密切,也与海水富含氟有关。

(二)人为污染

人为因素对土壤的污染原理与对水体污染原理相似,不再赘述,仅对大气污染影响略作说明。本区乡镇企业除小五金、小电镀以及家电、化工企业外,陶瓷、水泥和玻璃等废气排放量大的工业也蓬勃发展。而为了保证经济高速增长,20世纪90年代以来又建设了大批燃煤发电机组。致使火电装机在10年内增加了1400kW,2001年已达到2400×10^4kW;每年耗煤0.65×10^8t以上,以我国规模最大的燃煤发电基地之一的广东沙角电厂为例,2000年排放SO_2高达90.5×10^4t。此外,过去10年,珠江三角洲建材和其他非金属矿制品业的产值增长了5倍(达500亿元)。由于大型燃煤、燃气、燃油企业的二氧化硫、氮氧化物排放总量不断增加,乡镇企业重负建设和盲目的发展,使得珠江三角洲地区空气中二氧化硫和氮氧化物整体水平分别在$0.029\sim0.038$mg/m³和$0.054\sim0.070$mg/m³范围内波动。

由于大气受污染,珠江三角洲部分地区的降尘中出现了较高含量的Pb、Hg、As等有毒金属,含量分别可达100.5×10^{-6}、38.7×10^{-6}、0.60×10^{-6},并表现出酸雨频繁以及爆发区域性光化学烟雾污染事件。如东莞市区、中堂、高埗、石碣等污染严重区的蔬菜样品,铅含量几乎均超广东省无公害蔬菜质量指标(0.2×10^{-6}),蔬菜中的高铅含量,除与土壤、灌溉水有关外,还可能与大气铅沉降有关。

本区酸雨具有频率高、范围广、强度大的特点,已形成以广州、佛山为中心的酸雨高发地带,其中广州全年酸雨频率高达46.78%,平均pH值为5.38,最低3.7。酸雨能使土壤酸化、农作物产量大幅度减少、质量下降,能使森林和植物叶片枯黄、病虫害加重,最终造成大面积死亡。珠江三角洲地区曾于2000年爆发区域性光化学烟雾污染事件,2002年9月6日香港和深圳又同时发生200mg/m³以上高臭氧浓度的光化学烟雾污染事件。光化学烟雾是由汽车和工厂烟囱排出的氮氧化物和碳氢化合物,在阳光紫外线的作用下发生光化学和热化学反应后,生成的一种毒性很大而且不同于一般煤烟废气的浅蓝色烟雾。它能使人眼睛红肿、喉咙疼痛,严重者出现呼吸困难、视力衰退、手足抽筋。此外,废气中的有害物质,还可通过降尘、降水等途径落到地面,使地表水和土壤受到污染。

第三节 岩溶地面塌陷

地面塌陷是指地表土体或岩体在自然和人为因素作用下陷落或沉陷的一种动力地质现象。当它作用于人类社会时,造成人员伤亡、财产损失、经济活动停顿或生态环境破坏。珠江三角洲位于广东省中部偏南,地处海陆结合部,地质环境复杂,淤泥质软土广泛分布,地面塌陷是珠江三角洲城市地质灾害的主要类型之一。

随着珠三角广-佛-深城市群市政及交通工程建设的迅猛发展,由于城市地铁等地下工程建设全面展开,地下施工震动大,过量抽取地下水,对岩土层破坏显著,地表失稳、地面塌陷灾害频繁发生,近10年呈明显上升趋势。自2007年以来,就先后发生岩溶塌陷60多次,给人民群众生命财产安全带来极大危害,已成为地区工程建设面临的首要地质问题。地面塌陷灾害与高度发达的经济、完善的城市基础设施相耦合,必然放大灾害的破坏效应,严重影响工业与民用建筑工程、堤围水利工程、地下供水-供电网络等基础设施的正常使用,或使路面凹凸不平,不能正常使用。

一、珠江三角洲经济区地面塌陷的分布特征

(一)空间分布

据调查,经济区内已发生的岩溶塌陷主要分布于深圳市龙岗—坑梓—坪地一带、广花盆地、增城市派潭、肇庆市区、江门市台山等地(图3-12、表3-20),均发生在覆盖型可溶岩分布区,多见于开采石灰岩矿场周围或地下水开采井密集区。陷坑多呈圆筒状或漏斗状,平面形状以圆形、近圆形或椭圆形居多,直径2~20m不等,深度多小于10m,个别可达20m以上,多数塌陷坑有充水现象。按成因可分为人为因素和自然因素引发的两种塌陷,近年以人为因素引发的居多。如广花盆地100余处岩溶塌陷均为人为诱发;深圳市龙岗区发现的27处塌陷中,有14处为人为因素诱发;增城

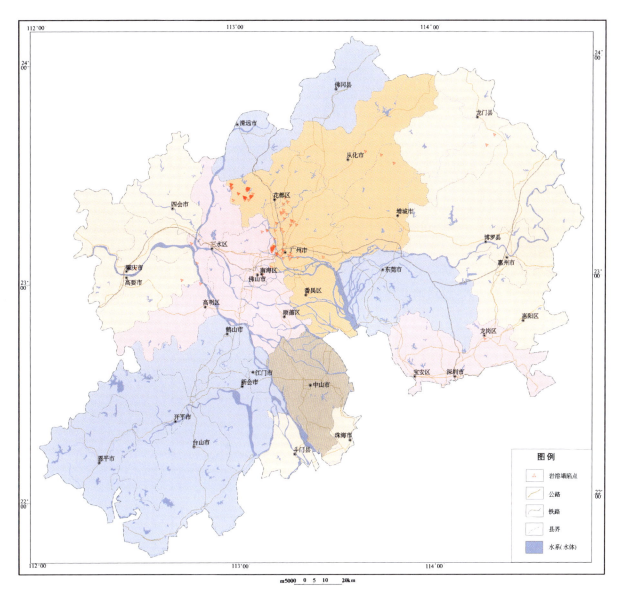

图3-12 珠江三角洲经济区岩溶塌陷分布图

市派谭镇及恩平市横陂镇发现的岩溶塌陷均为人为因素造成。

表 3-20 地面塌陷分布及成因情况统计表

分布地点	成因分类	致灾原因	塌陷点(处)	合计	主要损失情况
广花盆地	人为因素	水源地集中过量抽水	100多处	100多处	房屋开裂、鱼塘漏干、毁坏农田等
花都区赤坭镇	人为因素	矿场疏干	2	2	房屋开裂、鱼塘漏干、毁坏农田
深圳市龙岗区	人为因素	集中抽水	4	27	道路局部开裂、房墙拉裂
		建筑物外加荷载	4		一幢三层宿舍倒塌,死伤数十人
		机械振动、工程抽排地下水	4		拖慢施工进度,建设费用大增
		矿场疏干、矿道突水	2		毁坏农田
	自然因素	久旱降雨、连续雨后	13		一层旧层倒塌,毁坏农田
增城市派谭镇	人为因素	矿场疏干	1	1	三间泥砖房倒塌,多间房屋开裂
恩平市横陂镇	人为因素	矿场疏干	1	1	10多间房屋开裂,农田失收,破坏水利设施

(二)时间分布

以广州市为例,图3-13和图3-14揭示了广州市地面塌陷灾害的时间分布特点。过去10年呈明显的波浪状上升趋势,1999年以来,数量更多、频率更高。这一时期为厄尔尼诺多发期,气候异常,多暴雨和洪水,易于诱发地面塌陷等各种地质灾害。同时,由于城市地铁等地下工程建设全面展开,地下施工震动大,过量抽取地下水,对岩土层破坏显著,地表失稳,工程地面塌陷灾害频繁发生。

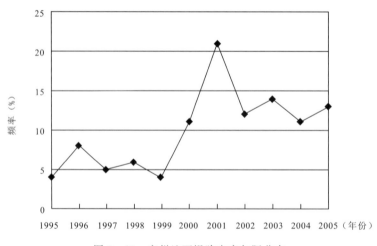

图 3-13 广州地面塌陷灾害年际分布

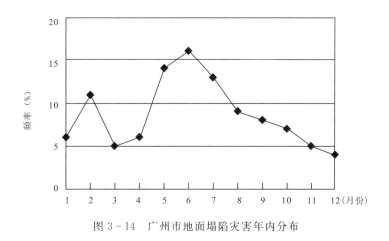

图 3-14 广州市地面塌陷灾害年内分布

图 3-14 表明,从年内分布情况来看,各月都有出现,但在 4—8 月尤为严重。因为这一时期降水丰沛,地下水位变幅大,成为隐伏岩溶地层塌陷的主要的动力。

二、地面塌陷的危害及基本特征

(一)地面塌陷的危害

总体而言,珠江三角洲经济区虽然碳酸盐岩分布面积不大,但在人为和自然地质营力的作用下所发生的地面塌陷不少,不仅危害较严重,而且造成的影响也较大,几乎凡是有碳酸盐岩分布的地方都出现过地面塌陷等地质灾害。轻者,是破坏农田、毁坏农作用物、鱼塘水井干涸,甚至引起污水倒灌致地下水污染;重者,则影响矿场开采甚至停产关闭,导致房屋开裂、倒塌,造成人员伤亡等。

1. 危害建筑安全,造成人员伤亡

在城镇地区,岩溶塌陷常常造成建筑物破坏,这种危害在深圳市龙岗区表现得最为明显。如发生于龙岗区坑梓农贸市场的地面塌陷,导致一栋在建的二层楼房地面破坏墙柱悬空,新西村地面塌陷造成村中多间民房开裂等。破坏最大、损失最严重的为龙岗盛平某工厂的岩溶塌陷,于 1994 年 6 月发生,除倒塌一幢新建的三层楼房,拆除了一幢正在外墙装修而未使用的五层大型厂房外,还造成数十名无辜者死亡。广州市和佛山市均发生过类似的伤亡事故。

2. 施工难度大,建设成本增大

在岩溶发育区进行工程建设施工,无论是施工机械的强烈震动或是大量抽排建筑场地基坑的地下水,都极易引发地面塌陷,其结果不仅需要增加工程地质勘察钻孔数量和深度,也导致工程建设施工难度加大,拖慢工程进度,建设费用增大。如龙岗某大厦基坑由于岩溶发育,在详勘和基坑开挖过程中出现多处塌陷,施工方案被迫多次修改,基础尚未施工已耗时一年余,耗资上千万元,加上前期工作总投资,基础尚未竣工,已耗资超过 2000 万元。

3. 影响矿场开采

岩溶塌陷可成为矿坑充水的诱发型通道,严重威胁矿山开采。而随着地下采矿面、矿坑深度、疏干水量、水位降深、降落漏斗面积的不断增大,地面塌陷的发生频率越高,导致水田下陷、鱼塘水

井漏干、民房开裂、房基下沉等(图3-15,表3-21)。为了防止地面塌陷地质灾害的加剧和影响及生态环境进一步恶化,赤坭镇政府计划在3年内关闭镇辖区内的所有采石场。

图3-15 花都区赤坭镇蓝天采石场及抽排地下水导致的塌陷

表3-21 矿场排(突)水导致的岩溶塌陷

统一编号	塌陷地点	塌陷时间(年/月)	形态、规模	性质及诱发因素	损失情况
H040	花都区赤坭镇中洞村	2001/09	近圆形,塌陷坑多于10个,深度5~7m,直径7~18m	蓝田石场过量抽排地下水	塌陷导致一口鱼塘水漏干,已经荒废,中洞村200多户村民房屋大部分出现不同程度的裂缝,甚至屋内出现大坑
H416	花都区赤坭镇荷塘村	2002/09	近圆形,陷坑总数6个,最大一个深1m,直径15m,周围有5个直径2~4m的小陷坑	荷塘石场过量抽排地下水	毁坏农田,荷塘村有房屋因此被破坏现象
H709	恩平市横陂镇西联管理区黄竹朗村	2002	10个,椭圆形,直径2~5m,深1~1.5m	矿山大量抽排地下水	10多间房屋开裂,农作物失收,破坏水利设施;破坏农田,鱼塘干涸,污水回灌
S272	增城市派潭镇河大塘河新八巷	1995—1996	共3个塌陷坑,①椭圆形,直径15m×20m,深>20m;②圆形,直径11m,深4.0m;③不详	矿山开采大量抽吸地下水	三间泥砖房倒塌,多间房屋开裂,一妇人早上起来跌下陷坑受伤
S367	龙岗区坪山镇鹏茜矿业发展有限公司	2001/03	1个塌陷坑,近圆形	地下矿道突水	影响耕种

(二)地面塌陷危害的基本特征

1. 隐伏性

其发育发展情况、规模大小、可能造成地表塌陷的时间及地点具有极大的隐伏性,发生之前很

2. 突发性

一次完整的塌陷过程可能仅 1 分钟左右,往往使人们在塌陷发生时措手不及,造成财产损失和人员伤亡。

3. 群发性与复发性

地面塌陷灾害往往不是孤立存在的,常在同一地区或某一时段集中形成灾害群。如广州市大坦沙及周边仅数平方千米范围内,频繁发生岩溶地面塌陷等灾害,仅 2008 年发生 9 次,其中 1 月 17—23 日一周时间在双桥路几乎同一地段便发生了 3 次塌陷(图 3-16、图 3-17),造成了较大的经济损失和严重的社会影响。

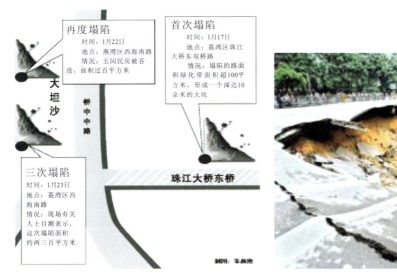

图 3-16　双桥路附近地面塌陷　　　　　图 3-17　引桥交界处地面塌陷

再如金沙洲塌陷群(位于广州市沙贝村附近,金沙洲新社区—佛山市南海区大沥镇一线)。从 2007 年 7 月至 2008 年底该区域共发生大小岩溶塌陷 15 余次,同时发生近 500m^2、最大沉陷量达 50cm 的岩溶沉陷,岩溶沉陷和塌陷导致工程被迫停工、居民搬迁,经济损失惨重(表 3-22),具体塌陷实例见图 3-18。

4. 危害的严重性

近 10 年来,广州市地面塌陷灾害造成城市房屋地基失稳,建筑物受到破坏、地下管网受损,交通、供水、供电中断等事故发生,并夺去多人生命,造成重大的经济损失。例如,2008 年 9 月 7 日,金沙洲一公路发生直径约 20m、深 10 多米的塌陷,吞没一部轿车;2008 年 12 月 20 日白云区夏茅塌陷导致 1 栋民房倒塌、1 栋下沉 6m,10 余栋房屋发生倾斜或严重开裂,有 1000 多名居民被疏散(图 3-19),2013 年 1 月 28 日下午 4 点多,广州市荔湾区康王路突然发生地陷,路边危房和商店直接陷下去,严重威胁着居民和行人安全(图 3-20)。

表 3-22 金沙洲塌陷一览表

序号	塌陷时间	塌陷地点	塌坑大小
1	2007年7月14日上午	武广铁路中铁四局一号竖井北西侧约55m	直径6m,视深3～4m
2	2007年10月28日晚	武广铁路中铁四局一号竖井北西侧约130m、西环高速西侧	3.0m×2.4m,深0.8m
3	2007年11月7日晚	武广铁路中铁四局一号竖井北西侧约180m、西环高速西侧	2.7m×3.2m,深1.3m
4	2007年11月8日22:00	武广铁路中铁四局一号竖井北侧小里程方向60m金沙街垃圾压缩站北侧	4.0m×3.5m,深1.2m
5	2007年11月9日22:00	传芳小学爱轩服饰有限公司门前	5.0m×5.0m,深0.05m
6	2007年11月18日	武广铁路中铁四局一号竖井NE30°方向,距离90m	3.5m×4.0m,深1.0m
7	2007年12月28日	武广铁路中铁四局一号竖井北西侧约80m处、西环高速下方涵洞	变形
8	2008年7月11日11:00	金沙洲新社区小学北东侧道路中间发生塌陷	直径2.0m,深1.5m
9	2008年8月23日1:40	浔峰洲入口匝道路面塌陷	长×宽(8m×8m),深约10m
10	2008年7月5日13:30	金沙洲隧道小里程DK2194+906位置	15m×10m,深0.5m
11	2008年9月7日12:10	沙凤二路西环高速东侧	直径18m,可视深2m
12	2008年10月1日15:00	沙凤村凤岐里6巷13号门前塌陷	长1.5m,宽0.8m,探深1.8m
13	2008年10月27日4:00	横沙路沉陷(中粮万科基坑施工引发)	长45m,宽13.6m,深0.8m
14	2008年12月26日6:30	新社区环洲三路惠风二巷3号楼东侧	长轴2.5m,短轴2.0m,深5.0m
15	2009年1月1日7:00	新社区金沙中学东南角围墙外侧、礼传三街西侧路基	长5.0m,宽2.0m,深3.0m

图 3-18 金沙洲公路塌陷坑实例

图 3-19　2008 年 12 月 20 日白云区夏茅塌陷导致 1 栋民房倒塌

图 3-20　2013 年广州市荔湾区康王路突然发生地陷

三、地面塌陷的孕灾环境

1. 多雨的气候背景

珠江三角洲纬度偏低，北靠大陆，南濒海洋，深受南方海洋性暖湿气团与季风的影响，为典型的亚热带海洋性季风气候，冬夏季风交替，雨热同期，雨量充沛。年平均气温为 21.5℃，气温年内变化为单峰型，最高出现于 7—8 月，最低在 1 月。年降水量平均为 1689.3～1876.5 mm，4—9 月为雨季，降水量占年降水量的 80% 以上。

2. 活动的断裂构造

受加里东构造运动、海西运动、燕山运动和喜马拉雅运动等多期构造运动作用，珠三角地区构造格局非常复杂,且断裂构造发育均为活动性断裂。它们不仅控制着区域地壳的升降运动、地貌景观差异和大地构造单元,而且会诱发地震。具有明显活动性的断裂有3组,即EW向组,为瘦狗岭断裂、广三断裂;NNE向组,为广从断裂;NNW—NW向组,为石榴岗断裂、化龙断裂和文冲断裂。

3. 广布的淤泥质地层

珠三角地层属于华南地台型沉积,除了出露岩浆岩、变质岩及零星的上古生界—中生界外,约有60%的面积被第四系松散沉积物和水系覆盖。广泛分布于广州市区的西北部、珠江以南的广大地区及沿低山丘陵发育的现代河流两岸的河漫滩,主要岩性有粗砂、中砂、细砂、粉细砂、黏土、黏土、有机质淤泥、泥炭土、流塑性淤泥层等。这种广布的淤泥层厚度大,地下水埋藏浅,天然含水量为66.7%~82.6%,液性指数为1.44~2.49,压缩系数为0.11~0.186cm²/kg,具有强烈的触变性和流塑性。再加上城市基础设施施工的动静载荷变化的影响或施工振动,砂土液化,淤泥排水压密,最终导致工程地面塌陷。

4. 剧烈的人类活动

珠江三角洲经济区拥有众多大型工业企业,对地下淡水的需求很大,长期超量开采浅层地下承压水是地面塌陷的主要原因。广州等城市建设以高层建筑基础工程、地铁等为代表的建设施工活动,如基坑开挖、除排水、沉桩、盾构掘进、沉桩等都可造成地面塌陷;若工程穿过易液化砂层或饱和淤泥质软土时可能造成支护结构失稳,导致基坑附近塌陷。

四、致灾因子分析

珠江三角洲经济区地面塌陷的致灾因子,按其成因类型可分为两种:自然因素致灾因子和人为因素致灾因子。自然因素致灾因子包括溶发育的隐伏碳酸盐岩区、覆盖层特征、有利地形地貌、强降雨或重干旱气候特征等;人为因素致灾因子主要指人类活动剧烈导致的因素,如加载和排水等。

(一)自然因素致灾因子

1. 岩溶发育的隐伏碳酸盐岩区地面塌陷多发

区内所发生的岩溶塌陷主要分布在岩溶强烈发育的隐伏碳酸盐岩区,据《深圳市龙岗区岩溶塌陷灾害勘查报告》,龙岗区已发现的岩溶塌陷均分布在物探圈定的岩溶强发育带内。在大量抽排地下水的地区,浅部岩溶愈发育,富水性愈强,地面塌陷就愈多,规模愈大,岩溶塌陷与岩溶发育率具有较好的正相关关系。

以广州市荔湾区大坦沙塌陷群为例。研究区下伏基岩主要岩性为灰岩、粉砂岩、泥质粉砂岩、泥岩、泥灰岩、砾岩、砂砾岩、含砾细砂岩—粗砂岩及白云质灰岩。基岩岩溶发育,据广东省地质调查院977个钻孔资料统计,见溶洞钻孔111个,见溶洞202个,钻孔见洞率11.36%,见土洞钻孔6个,见土洞8个。其中有43个钻孔见多层溶洞,占全部钻孔的4.40%,占见溶洞钻孔总数的38.74%,见两层溶洞的有20个,占比2.05%,见三层溶洞的有12个,占比1.23%,见三层以上溶洞的有11个,占比1.13%,见溶洞最多的一个钻孔在垂向21m范围发育有11层溶洞,其中有2个溶洞是串珠状溶洞。具体见表3-23。

表 3-23 岩溶发育强度统计表

钻孔类别	个数(个)	占全部孔百分比(%)	占见溶洞孔百分比(%)
一层溶洞	68	6.96	61.26
二层溶洞	20	2.06	18.02
三层溶洞	12	1.23	10.81
三层以上	11	1.13	9.91
总计	111	11.36	

2. 覆盖层特征对地面塌陷的发生也产生重要影响

覆盖层是指覆盖于基岩面之上的第四系松散土层。覆盖层特征在一定程度上起着控制作用，成为岩溶塌陷形成的基本条件之一。

1）覆盖层岩土性状对岩溶塌陷的影响

岩土性状泛指覆盖层土体的各种物理力学性质及状态等。广州地区覆盖层为上更新统和全新统，上更新统岩性主要为残积、冲积和洪积相的黏土、亚黏土，局部含砂砾层，全新统岩性主要为冲洪积相、海积相的黏土、亚黏土、砂层、砾层和淤泥层。从本区岩溶塌陷发育情况来看，在级配良好的松散砂土和含砾砂土覆盖层地区，土洞和塌陷较级配不好且密实的砂砾土覆盖层地区发育，这是因为前者易产生潜蚀和管涌破坏，临界水力坡度相对较低，易产生渗透变形，形成土洞和塌陷；后者则不容易产生渗透变形，不容易形成土洞和塌陷。在覆盖层以黏土层为主地区，呈软塑状态且粘粒含量低的黏性土，岩溶塌陷较发育，这是因为该类黏性土 c、φ 值较小，抗剪强度较低，抵抗渗透变形及塌陷的能力较低；而坚硬态且黏粒含量高的黏性土分布地区，岩溶塌陷较不发育，因为该类黏性土 c、φ 值较大，抗剪强度较高，不易产生渗透变形，不易产生土洞与塌陷。因此，岩土物理力学性质及状态影响土体产生渗透破坏的形式及抵抗渗透变形的能力，对岩溶塌陷的产生有重要影响。

2）覆盖层厚度对地面塌陷的影响

覆盖层厚度对土洞顶板的抗塌能力有重要影响。覆盖层厚度越小，岩溶塌陷越发育。由表3-24可看出，广州地区厚度小于8m区域的塌陷个数占总塌陷个数的91.7%，覆盖层厚度大于10m的塌陷个数占总塌陷个数的8.3%。国内外研究表明：岩溶塌陷区覆盖层厚度大于10m占极少比例。此外，勘察资料分析表明：覆盖层厚度对岩溶塌陷的规模和形态也有较大影响。一般厚度较大，塌陷平面形态多呈圆形或椭圆形。

表 3-24 覆盖层厚度与岩溶塌陷关系统计

覆盖层厚度(m)	<2	2～4	4～6	6～8	8～10	10～12	>12
塌陷个数(个)	50	33	34	37	10	2	1
百分比(%)	28.7	21.7	17.8	23.6	6.4	1.3	0.6

3）覆盖层结构对地面塌陷的影响

调查表明，珠三角地面塌陷的发生与覆盖层结构也具有一定关系，一般结构越多，塌陷越易发生，尤其发育土洞对塌陷的发生更具相关性。以广州市荔湾区大坦沙塌陷群为例，第四系覆盖层主要为海陆交互相沉积的淤泥质土层及砂层，冲积—洪积形成的砂层及残积土层。根据钻孔资料和现场调查,大坦沙覆盖层厚度 10～20m,多为单层结构、双层结构和混杂堆积结构。再如金沙洲塌陷群,其地工程地质条件复杂,既是典型的岩溶地区,又是软土地区。塌陷区工程场地处于珠江三角洲冲积平原地带,原为种植地,地面高程 5.05～7.11m。根据勘察报告,场地内土层一般呈双层结构,土层厚度 6.9～58.9m。各主要岩土层自上而下分别如下。

(1)人工填土层:①素填土,主要由粉质黏土和少量碎石组成,结构松散,局部分布;②耕植土,湿,松散(软),主要由粉质黏土组成。

(2)冲积层:①淤泥及淤泥质土,饱和,流塑,含少量腐殖质;②粉砂、淤泥质粉砂,饱和,松散,含少量—较多淤泥质;③粉质黏土,湿,可塑,局部硬塑或软塑。

(3)残积层:可塑—硬塑状粉质黏土,局部分布。

(4)基岩:主要为下石炭统灰岩,局部有砂岩,灰岩中溶洞较发育,见洞率 13.8%～28.6%,洞高 0.3～10.7m,多呈串珠状分布,充填物为软塑—流塑状黏土,有少量土洞,洞高 0.4～3.9m。

白云区嘉禾-白云新城地区,据现场调查和访问,研究区第四系覆盖层主要为海陆交互相沉积的淤泥质土层及砂层,覆盖层厚度约 10m,多为单层结构和混杂堆积结构。据地铁二号线 459 个位于隐伏岩溶区的钻孔中统计,有 29 个遇上土洞,其中 21 个位于壶天灰岩中(图 3-21)。

图 3-21 原白云机场地铁开挖施工揭露的土洞

3. 塌陷多分布在河床两侧及地形低洼地段

调查区岩溶塌陷主要分布于岩溶盆地,大多分布在农田、鱼塘等低洼地段,龙岗区的岩溶塌陷均分布于龙岗河及其支流两侧,2008 年荔湾区发生的双桥路和珠江大桥的引桥交界处地面塌陷也发生在珠江边。由于这些地区,地表水和地下水的水力联系密切,两者之间的相互转化比较频繁,如果地表岩溶较发育,在自然条件下就可能发生溶蚀作用,形成土洞,进而产生岩溶塌陷。

4. 强降雨或重干旱环境下地面塌陷更易发生

在隐伏岩溶发育的广花盆地,持续性的强降雨天气或久旱后的暴雨,极易导致地面塌陷。如 1996 年 2 月 25 日,白云区龙归镇南岭村东部农田由于雨后地层自重力加大而下陷,塌陷面积达 1134m²,最大塌陷深度 2m,经济损失 20 万元,其致灾因子就是久旱后下雨,雨水迅速下渗,地层自重压力增大失去平衡而塌陷,是纯粹的自然致灾因子所造成。又如,2004 年广东省的特大干旱,降雨量偏少导致地下水补给量减少,为了抗旱又加大地下水的开采,引起区域地下水位明显下降,广花盆地地下水位比常年降低了 0.08～0.72m。因此,盆地内部多处发生地面塌陷。

(二) 人为因素致灾因子

岩溶塌陷的发生、分布与人类工程经济活动密切相关。就本区来看,凡经济发展较快、人类活动剧烈的覆盖型可溶岩分布地段,其发生岩溶地面塌陷灾害较多,损失也较严重。

1. 过量抽取地下水或疏干排水

主要发生在水源地、矿坑、隧道、人防及其他地下工程,由于排疏地下水或突水(突泥)作用,使地下水位快速降低,其上方的地表岩体、土体平衡失调,在有地下空洞存在时,便产生塌陷。

在隐伏岩溶区开采石灰石抽排地下水和打井供水,均可引发地面塌陷。集中大量抽取地下水,致使地下水位短时间内大幅下降,是引发岩溶地面塌陷的主要原因。广花岩溶盆地由于过量抽取地下水而导致岩溶地面塌陷就是一个典型的例子,该地段由于岩溶发育强烈,蕴藏丰富的岩溶地下水,是一个大型水源地,一段时期曾作为当地居民的生活用水和工业用水。自 20 世纪 60 年代初,广花盆地岩溶地下水就成为广州市和周围许多单位的供水水源地,至 1983 年已建成机井 123 眼,总开采量达 $6\times10^4 m^3/d$ 以上,虽仅占总补给量的 14% 左右,但大多数井位集中在江村—双网和肖岗、新华一带开采,导致了这些块段的地下水水位急剧下降(表 3-25)。经过十多年的开采,盆地出现百余处地面塌陷、地裂及地面下沉。多分布在江村、新华及肖岗三个主要集中开采地段,塌陷直径一般 1～2m,最大达 7m,深 0.3～1.5m,最深达 3m。主要分布在生产井附近,且后期的岩溶地面塌陷往往是继承早期的塌陷。如 1972 年新华水源地 SCJ223 井抽水过程中,塌陷 17 处,范围是以 SCJ223 井为中心,向外扩展 400m,呈北东-南西向延伸。又如 1970 年江村水源地建成的八口生产井抽水时,引起地面塌陷 72 处,其中 62 处是在早期塌陷的基础上再次发生,另 10 处为潜蚀塌陷。

表 3-25 广花盆地各开采地段区域地下水下降一览表

位置	肖冈水源地	江村水源地	两龙-推广地段	炭步-将军潭地段	赤坭地段
成井年份	1960—1964	1967—1969	1967—1968	1967—1968	1977—1981
调查年份	1982	1982	1982	1982	1982
水位下降最大值(m)	8.35	5.28	6.79	6.81	0.49
水位下降平均值(m)	5.59	4.18	3.45	2.98	0.30

在深圳市龙岗区,因过量抽取地下水引发的地面塌陷有 4 处。由于该区开采地下水多是单井抽水,抽取的水量比广花岩溶盆地小得多,因而其造成的塌陷数量及规模远比广花岩溶盆地小。如龙岗区坑梓镇水厂 6 号孔抽水时造成 1 个漏斗状、直径约 3m、深约 0.5m 的塌陷;龙岗区新西村 800m 开外单孔抽水,导致入村口水泥路中间发生 1 处塌陷,平面近圆形,直径 4m,深 3～5m,同时还造成道路局部破坏开裂、民居房墙开裂等不良现象。

1999 年 8 月 7 日,中山八路 33 号地段,由于工地施工大量抽取地下水而导致 20m 多的地面塌陷,造成直接经济损失 20 余万元。

2. 人工加载

1999年4月6日,起义路115号附近马路由于排水渠长期受到挤压而发生塌陷。2005年7月21日中午12时,海珠区江南大道中某建筑工地地面塌陷主要原因是桩基实际开挖深度超过设计深度411m,造成原支护桩成为吊脚桩,且该处又存在软弱透水夹层,南边坑顶严重超载达140t成为了塌陷的直接导火线。

3. 人工振动

施工而导致的震动使得饱和砂土液化,液化后的砂土呈流塑状态,砂土随着液体流走,进而引起地面塌陷。1996年10月6日,天河区天河路万新大厦南侧附近慢车道及人行道地面塌陷的致灾原因是由于万新大厦工地有厚达4m的呈流塑状淤质黏土,在基建施工持续振动下液化,再加上地下供水管多次断裂,水流冲刷及潜蚀作用等原因最终导致地面塌陷。

4. 地表渗水

输水管路渗漏或场地排水不畅造成地表水下渗或化学污水下渗,也能引起地面塌陷,2001年6月14日,天河区黄浦大道冼村路段由于施工道路箱渠漏水造成长4m、宽2m的地面塌陷,经济损失10余万元。

5. 地铁等地下隧道盾构掘进

盾构掘进过程中,由于不良地质、机械故障等因素引起掌子面的不稳定而坍塌,进而引起地面塌陷。1996年11月9日,华贵路122～13号约50m地面塌陷,经济损失约400万元。致灾原因是由于该处土体为流塑状、太饱和状淤泥、砂层,极其松软,地铁施工掘进,表层土体失稳,导致地陷。2001年2月11日黄浦大道西冼村路段,由于修建地下通道沙土流失导致地面塌陷,直接经济损失达100万元。

五、地面塌陷的形成机理分析

综上所述,本区发生的岩溶塌陷都是在特定地质条件下,因某种外因(自然因素或人为因素)诱发和演变为地质灾害的。由于不同地段地质条件相差很大,岩溶塌陷形成的主导因素也有所不同。经综合分析认为,调查区岩溶塌陷成因机制主要有以下几种。

(一)地下水潜蚀致塌

在地下水流作用下,岩溶洞穴中的物质和上覆盖层沉积物产生潜蚀、冲刷和淘空作用,结果导致岩溶洞穴或溶蚀裂隙中的充填物被水流搬运带走,在上覆盖层底部的洞穴或裂隙开口处产生空洞。若地下水位下降,则渗透水压力在覆盖层中产生垂向的渗透潜蚀作用,土洞不断向上扩展最终导致岩溶塌陷。采矿排水、矿井突水或大流量开采地下水,都可导致地下水水位大幅下降,对岩溶洞穴或裂隙充填物和上覆土层的侵蚀搬运作用大大加强,促进了岩溶塌陷的发生和发展。据调查分析,区内所发生的岩溶塌大多属于这种类型。无论是广花岩溶盆地开采岩溶地下水导致的塌陷,或是发生于花都区赤坭镇、增城市派潭镇、恩平市横陂镇等石灰石采矿场在大量抽排地下水过程中发生的塌陷,均是地下水潜蚀致塌的。

(二)振动致塌

振动作用可使岩土体发生破裂、位移和砂土液化等现象,降低了岩土体的机械强度,从而引发岩溶塌陷。如坑梓镇信用社前道路的岩溶塌陷就是由于汽车振动,使土洞上覆土体破裂崩落而导致;坑梓镇文化宫北侧工地,在没有抽水的情况下发生,是由于钻探振动而导致塌陷的(塌陷坑呈漏斗状,平面近圆形,直径6.0m,深约1.0m)。

(三)荷载致塌

在溶洞或土洞发育的隐伏岩溶区,地面人为荷载(如建筑物)一旦超过了洞顶盖层的强度,就会出现压塌洞顶盖层和地面塌陷现象。深圳龙岗区盛平某工厂宿舍倒塌和坑梓镇农贸市场在建的两层民房塌陷,均属此类。

六、结论

(1)珠江三角洲地质环境复杂,多雨的气候背景、活动的断裂构造、广布的淤泥质地层、剧烈的人类活动都导致地面塌陷的出现,其塌陷类型主要包括自然因素和人为因素两种。

(2)广州市地面塌陷灾害时空分布规律性明显,近10年来表现为波浪状上升态势,年内分布集中发生在汛期(4—10月);空间上,岩溶塌陷主要分布在广花盆地内花都区、白云区和从化市等隐伏岩溶区,工程地面塌陷主要分布在广州市中心城区。

(3)岩溶塌陷主要是由于过量抽取地下水或矿山疏干排水作用、地下采空、暴雨触发所致。工程地面塌陷主要是人类工程行为所致,主要致灾因子有:排水疏干与突水(突泥)作用。

第四节　断裂活动性与地震危险性

珠江三角洲经济区人口密集,经济发达,加上软土分布广泛,场地烈度增加,如果发生地震,即使只有中等震级,所造成的损失可能也不亚于边远地区的大地震。随着20世纪90年代中国进入地震活动活跃期,珠江三角洲地区已被列入我国21个地震重点监视防御区之一,1997年我国第三代烈度区划图确定该区和珠江口外近海为6～6.5级地震的潜在震源区,地震烈度Ⅶ度范围。

珠江三角洲位处环太平洋地震带,其内分布有多条不同方向的区域性基底断裂,控制着三角洲盆地的形成和演化。是否存在发生强烈地震活动的潜在可能的活动断裂,关系到珠江三角洲地区城市安全和经济社会的可持续发展,关系到区域地震设防烈度和防震减灾战略体系的重建。正因为如此,珠江三角洲经济区断裂活动性和地震危险性问题与其他经济区相比较更显重要,急需给出客观公正的评价,以利于这个重要经济区的长远规划、产业布局和社会稳定。

本次研究系统梳理了已有研究成果,总结了珠三角地区对断裂活动性和地震危险性的基本认识和存在的问题,从珠江三角洲经济区新构造的基本特征和历史地震情况提出进行断裂活动性调查评价的必要性;选择经过经济区核心部位NW向断裂带——沙湾断裂带进行了调查,并对其活动性进行了初步评价。在此基础上,对珠江三角洲经济区断裂活动性和地震危险性进行了初步评估,提出了对策建议。

一、珠江三角洲断裂活动性和地震危险性的基本认识

（一）研究总结

珠江三角洲断裂活动性和地震危险性问题的研究可追溯到 20 世纪前期（Schofield，1920；吴尚时等，1947；曾昭璇，1957；叶汇，1963）。中国科学院南海研究所和广州地理研究所于 50—60 年代对珠江三角洲进行了较为详细的地貌、第四纪地质调查，探讨了该地区上升地貌和沉降地貌与新构造运动的相关关系。

珠江三角洲的形成受控于 NW、NE 及 EW 向三组断裂，故此断块升降、断块间差异运动以及断层活动是三角洲形成演化的控制因素。李平日等（1982）根据珠江三角洲第四系 62 个样品的 ^{14}C 测年结果，综合分析认为，珠江三角洲是晚更新世中期（Qp_3）以来的沉积，其边缘部位形成时代较老，全新世是盆地形成的主要时期，而表层 3～4m 松散堆积物则是 2500a 以来的沉积。珠江三角洲的近期地壳运动，继续着三角洲以前的断块运动特征，表现在除五桂山断块和边缘断块的隆起和三角洲腹心部分的下沉外，还发现有由西往东（西江、北江三角洲）和由东往西（东江三角洲）的挠曲现象，从而导致地震活动集中在西江以东断裂，河道向东偏流，万顷沙地区淤积加快，以及潭江改道等现象（黄玉昆等，1983）。从虎门地区断裂构造形迹判别，NW 向、NNW 向断裂切割北东向断裂，属于区内形成时代较晚的断裂。NNW 向断裂切割第三系砾岩，断层裂隙未见岩、矿脉充填，而且对河道的发育起较明显的控制作用，推断其主要活动于第三纪末期或第四纪初期（薛佳谋等，1989）。

20 世纪 90 年代以来，对珠江三角洲区域稳定性评价、构造运动与地震等研究等得到一系列成果（张虎男，1990；陈伟光等，1991；黄玉昆等，1992；陈国能等，1995；陈伟光，1998）。陈伟光等（1991）根据不同地貌体形成时代的测定，讨论了珠江三角洲晚第四纪以来构造活动的时空序列及速率，认为中更新世晚期—晚更新世早期该区域地质环境相对稳定，广泛发育红壤风化壳，晚更新世晚期的垂直差异运动建造了现在珠江三角洲的沉积基底，全新世以来三角洲外围趋于稳定，或略有沉降，平原地区继承性沉降。珠江三角洲及其外围热释光年龄和第四系沉积物的分布表明，自晚更新世以来区内断裂基本上处于比较稳定的状态，狮子洋东西两侧的北西向断裂在晚更新世—全新世早期有过明显活动（陈国能等，1995）。从地震危险性分析，西江、北江三角洲晚更新世时以继承性沉降为主，新构造运动以继承性为主，新生性不明显，但存在发生 6 级以下破坏性地震的可能性（陈伟光，1998）。

进入 21 世纪，珠江三角洲地区地震、活动断裂及区域稳定性评价研究呈现繁荣景象（陈伟光等，2001；宋方敏等，2003；姚衍桃等，2008），其研究成果为本课题研究提供了思路及借鉴。近年来，中国地质调查局武汉地质调查中心在珠江三角洲地区开展环境地质调查评价，其采用物探、土壤氡气测量及地质工程揭露等手段（曾敏等，2012，2013；董好刚等，2012a，2012b），对该区域活动断裂进行了客观评价。值得指出的是，其对西淋岗断裂的认识（董好刚等，2012b）并非为第四纪新构造运动的证据，为深入研究珠江三角洲北部活动断裂提供了有益借鉴。

（二）存在问题及开展断裂活动性调查的必要性

虽然有众多学者（黄玉昆，1983；张虎男，1994；李纯清，1998；宋方敏，2003；卢帮华，2006；任镇寰等，2007）对广州地区的断裂做了大量的研究，并取得了丰厚的研究成果，但是由于该区断裂大部被第四系覆盖，并且由于受当时研究技术、手段等条件的限制，前人的研究有不少问题有待进一步解决。

（1）珠三角断裂大部隐伏于第四系之下，所以对其主要断裂的展布位置一直以来就有争论。较为明确地对主要断裂的主体分布进行定位十分必要。

（2）前人对珠三角主要断裂的研究还不够系统，包括断裂的分布和活动性研究，对其活动性一直存在争议，对于第四纪特别是晚第四纪以来的活动性研究有待加强。

（3）前人发现了一些切割断裂第四系的直接证据，并认为这些断裂的活动性较强。这些断裂的活动性评价对于断裂的邻近区域地震地质研究，对于整个珠三角区域的安全性有重要的现实意义，深入研讨这些错动地层的原因及其活动性需要做出更科学的评价。

（4）珠三角NW向主要断裂的活动性评价尚缺乏系统的地质、地貌、地球物理、年代学、地球化学方面的证据。主要断裂的构造活动期次尤其是第四纪以来的活动期次问题尚缺乏针对性研究。西江断裂、沙湾断裂等NW向断裂中生代以来的活动历史如何，各活动期次之间存在怎样的差异，带内各断裂活动历史是否一致等问题还有待商榷。

珠江三角洲经济区在我国经济发展中具有举足轻重的地位，且该区人口密度大，因此对该区断裂活动性和地震危险性进行系统调查评价十分必要。

二、珠江三角洲断裂构造的活动性与历史地震

（一）断裂构造基本格架

三角洲在大地构造上为华南准地台的一部分。从加里东构造阶段便开始活动，经历了海西—印支构造阶段、燕山构造阶段和喜马拉雅构造阶段。主要表现为强烈的继承性断裂活动，并引起差异断块升降。在中生代燕山运动时，发生断裂和大规模的岩浆侵入活动，即地洼余动期块状断裂（地洼学说）。形成区内40°~60°方向和切过它们的320°~340°方向及东西向的区域性大断裂（图3-22），这三组断裂系统控制了断陷盆地及珠江三角洲的沉积范围（钟建强，1991）。

1. 北东向断裂

广州-从化断裂带（简称广从断裂带）展布于本区西北部，属于恩平-新丰区域断裂带的中段，总体呈NE30°~50°方向延伸，区内延长大于100km，波及宽度15~30km。断裂迹象明显，南东侧为低山丘陵地貌，出露大片前震旦纪变质岩及中生代花岗岩，西侧为广花盆地，区内分布有石炭系、二叠系、侏罗系和古近系。断裂带控制了古近纪龙归盆地的展布，复又切割了它。断裂在花岗岩中主要发育硅化岩、蚀变碎裂岩及断层角砾岩，局部见糜棱岩化岩石；在沉积岩及变质岩中则主要形成片理化带，并有硅化、绢云母化及绿泥石化，局部见构造透镜体及牵引褶皱。

市桥-新会断裂带，西南部延伸至新会市，东北端至番禺石楼附近，总体走向40°~50°。该断裂在石楼附近可见到它的次级断裂出露，断裂带在晚白垩世曾经发生显著活动，控制了新会盆地北西边界及它的沉积形成。

2. 东西向断裂

东西向断裂带主要为瘦狗岭断裂，属于广州-三水断裂带（简称广三断裂带）的东段。该断裂穿行于白垩系中，地表出露差，零星见有断裂迹象，以发育硅化岩、断层角砾岩为主，断裂倾向S，倾角50°~80°。东段瘦狗岭断裂西起广州白云山，往东经瘦狗岭、吉山-横沙新村，被NW向文冲断裂切割。断裂具多期活动，早期逆冲韧性剪切，称为南岗韧性剪切带，沿剪切带发育糜棱岩带；晚期发生脆性变形，沿断裂形成几十米宽的碎裂岩带。该断裂也是不同地貌单元分界线，北侧为低山丘陵

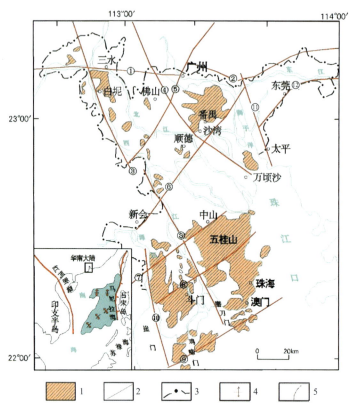

1.山地、丘陵；2.断裂；3.三角洲界限；4.海底扩张轴；5.俯冲带；
①广三断裂；②罗浮山断裂；③西江断裂；④沙湾断裂；⑤广从断裂；⑥市桥-新会断裂；⑦五桂山北麓断裂；
⑧五桂山南麓断裂；⑨深圳断裂；⑩崖门断裂；⑪萝岗-太平断裂；⑫东莞断裂

图 3-22 珠江三角洲断裂构造纲要图（据姚衍桃等，2008 有改动）

区，南侧为三角洲平原。广州地震大队的水准测量成果表明，垂直形变等值线沿断裂呈带状分布，南侧为沉降区，北侧为隆起区，现仍在不断隆起之中。瘦狗岭断裂在燕山早期已经存在，以韧性剪切变形为主，表现为逆冲剪切。燕山晚期断裂活动更为强烈。挽近时期断裂仍有活动，断裂北盘上升西移，南盘下降东移，将中新生代的三水断陷盆地切割成南、北两半，并呈逆时针向发生错移。沿断裂带常有小震群出现，断裂热释光年龄值为 28.5 万年。

3. 北西向断裂

主要有沙湾断裂带、化龙-黄阁断裂组、文冲-珠江口断裂。

沙湾断裂带，在花都—沙湾一线出露，总体走向 320°，倾向 SW，倾角 50°~80°。断裂主要发育于云开岩群、白垩系和花岗岩中。破碎带宽 20~100m，构造岩以构造角砾岩、碎裂岩为主。该断裂控制了三水盆地的东侧边界。对第四纪沉积及水系也有控制作用。

化龙-黄阁断裂走向 340°，断续出露长约 15km，西侧为震旦系变质岩，硅化破碎现象较明显。东侧为第四系的沉积物。断裂大部分隐伏于第四系之下。航磁异常于化龙一带呈北西向特征展布，显示该断裂的存在。

文冲断裂带，又称为狮子洋断裂，总体走向 330°，倾向南西，倾角 50°~60°，于广州文冲造船厂一带见该断裂破碎带，宽约 6m。据现有资料，断裂在黄埔一带以右旋方式切过瘦狗岭断裂。该断裂向南延伸部分被第四系覆盖或进入狮子洋水道，据现有研究成果显示，该断裂在全新世活动的活动导致了狮子洋水道的开启（陈国能等，1994）。

南岗-太平断裂,为珠江三角洲和狮子洋断块的东界,自广州南岗穿过东江三角洲前缘,经太平一带延伸至珠江口,走向300°~330°,为倾向南西的正断层,倾角65°~80°。在南岗一带卫星影像显示较明显的线性特征.大部分地区潜伏于第四系之下,仅在基岩裸露的南岗、太平一带见断裂露头。

几组断裂交叉,把地壳切割成菱形断块。断裂两侧发生差异性震荡运动,断状隆起为山地,块状断陷为盆地。

(二)新构造运动基本特征

受南海扩张的影响,珠江三角洲发育NE、NW和EW向3组断裂,它们不仅控制三角洲的外部轮廓,同时也控制着河道延伸方向、古海岸线和第四系沉积物的展布。珠江三角洲受三组断裂的切割,形成多个垂向上具有不同运动方向或运动速率的断块(图3-23)。晚第三纪以来,不同断块的垂直差异性升降运动、局部水平运动及扭动、新活动断裂产生和老断裂复活、地震活动等,都是区内新构造运动的具体表现。

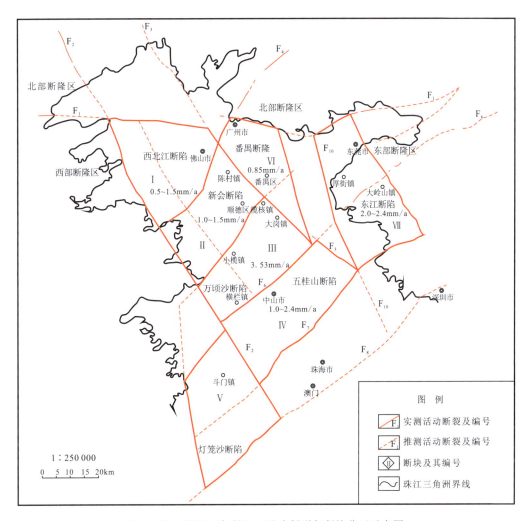

图3-23 珠江三角洲地区活动断裂与断块分区示意图

F_1:瘦狗岭断裂;F_2:西江断裂;F_3:沙湾断裂;F_4:古劳从化断裂;F_5:市桥新会断裂;F_6:五桂山北麓断裂;F_7:五桂山南麓断裂;F_8:深圳断裂;F_9:崖门断裂;F_{10}:萝岗太平断裂;Ⅰ:西北江断陷,下陷速率为0.5~1.5mm/a;Ⅱ:新会断陷,下陷速率为1.0~1.5mm/a;Ⅲ:万顷沙断陷,下陷速率为3.53mm/a;Ⅳ:五桂山断隆,下陷速率为1.0~2.4mm/a;Ⅵ:番禺断隆,隆起速率为0.85mm/a;Ⅶ:东江断陷,下陷速率为2.0mm/a

新构造运动主要表现为地壳形变及断块的差异升降。地壳形变是挽近期构造运动的具体反映,是地壳多种活动形式之中显现出来的构造形迹之一。地壳形变的主要标志是地壳的垂直变形。区内突出表现在:东部以船湾、莲塘、龙岗、秋长一线为界,东上升,西下降;西部以小塘、明城、水口、赤坎、斗山、龙颈一线为界,以西上升,东面相对下降;北以派潭、神岗、太平、花都、赤坭为界,北面上升,南面下降。沉降区大致自广州向番禺、顺德、鹤山等地延伸,呈北西向展布,并于大沥东、九江东北面分别形成NNW、近NS向的两个沉降中心,其沉降速率均大于2.5mm/a。

根据广东省地震局1954—1989年3~5期的大地水准测量资料及编制的地形变速率等值线图(图3-24)表明:珠江三角洲外围,深圳—惠阳、花都—四会—开平(西)、恩平一带为抬升区,地壳上升速率0.5~1.0mm/a;惠州—增城、广州—高明—台山、东莞—中山—珠海等地,总体为大面积沉降,下降速率1.5~2.0mm/a。钻探揭示和沉积层同位素年龄测定估算:晚更新世晚期,中山、珠海一带平均沉降幅度为22.0~50.0m,沉降速率估算为1.5~2.0mm/a,最大为2.4mm/a;三水、东莞一带平均沉降幅度16.0~20.0m,平均沉降速率估算为0.5~0.7mm/a。由此可知,晚更新世晚期以来,三角洲内南部的沉降量大于北部,有自北向南掀斜之势。全新世之后,断块继承性沉降,古三角洲被现代三角洲掩埋,中山、顺德一带沉降速率估算为0.9~1.5mm/a,番禺、珠海等三角洲前缘地带则为4.0~7.0mm/a。大地测量和近年广东省地震局编的深圳大外围垂直地形变速率图的平均速率(表3-26)与估算值相比较,抬升区的平均地形变速率较接近,上升速率明显低于沉降区;沉降区内的平均沉降速率则与估算值相差较大。

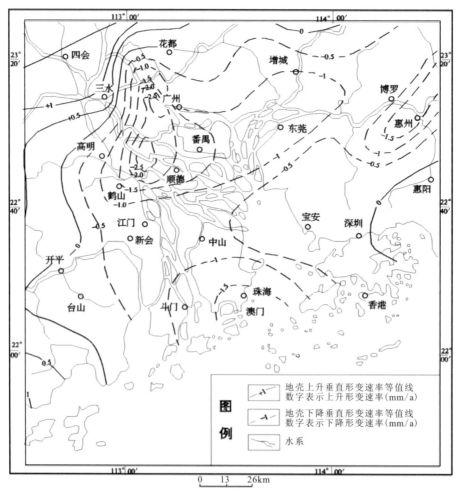

图3-24 珠江三角洲地区现代构造活动图

表 3-26 珠江三角洲现代垂直地形变速率表

资料来源		垂直地形变速率(mm/a)			
测量年代	测量地域	北部区	广州-佛山地区	顺德地区	珠海地区
1966—1973	杭-广-南大地测量		−1.2～−1.0	−4.0～−1.0	
1954—1965	杭-广-南大地测量	0.9～1.9	−3.9～−0.9		
1953—1987	深圳大外围(地形变平均速率)	0～0.5	−2.0～−1.0	−3.0	−7.0～−3.5

新构造运动特征表明，大多数在第四纪形成或重新活化的基底断裂把三角洲切割成一系列的断块，并且在垂直运动上以沉降为主导，为珠江三角洲的第四系沉积创造了空间。断块差异升降活动导致：早全新世，三角洲东、西、北缘和五桂山等断隆区地壳上升，三水、东江等断陷区地壳下降；中全新世早期断隆和断陷以上升为主，中全新世晚期断隆以上升为主，断陷缓慢下降；晚全新世以来断隆上升，断陷下降。据1954年、1960年、1965年水准测量，珠江干流以北地壳平均上升速率为1.8mm/a；以南则下降约40mm，平均下降速率为3.6mm/a。目前，三角洲平原仍在沉降，其速率为0.59～0.88mm/a，近海地区沉降速率为3.44～3.60mm/a。而平原外围的东、西、北缘地区则以1.03～1.8mm/a的速率继续上升，珠江三角洲岸段是我省沿海地区地形变化最明显者。

珠江三角洲受三组断裂的切割，形成多个垂向上具有不同运动方向或运动速率的断块，其中灯笼沙断陷以斗门凹陷为中心，受深圳断裂、西江断裂和五桂山南麓断裂所截切。从晚更新世至现在，该断陷的沉降幅度已经超过60m，形成了研究区内最厚的第四系(平均30～40m)。1905年在西江断裂与深圳断裂的交会处发生了5级地震，灯笼沙断陷为Ⅶ烈度区。番禺断隆是珠江三角洲内以丘陵为地貌特征的隆起，它受广三断裂、沙湾断裂和市桥-新会断裂围限。与其他断块相比，番禺断隆的地震活动较强，有多次中强地震记录，其中1824年在市桥西北发生了一次5级地震。

(三)珠三角历史地震情况

本区大致处于华南地震区的东南沿海地震带的中段。该带主要受南海NNW-SSE向构造应力场的推挤，地震活动多集中在地震带的南、北两侧，北西、北东向断裂构造的交接复合部位(图3-25)。历史上有感地震主要发生在广州、顺德、中山、新会、台山、四会、博罗等地，而1970年以后的地震则多分布在恩平、台山的合山、上川岛、下川岛、珠海的斗门、高栏岛、三灶岛和深圳等沿海的北东东向小震密集带。但是，地震的频率低、强度不高。历史记载震级$M_L \geqslant 3$的地震215次，$M_L \geqslant 4.75$的地震13次。担杆岛震级5.75的最强地震，就发生在沿海地震带南侧，与浅海-海南岛地震带接触带上。

地震序列与东南沿海地震带总体特征相似，可划分为1370—1690年、1690年至今两个地震活动周期，能量大释放时间(1584年、1874年)间隔为290年。据1970—2000年的地震资料统计，$M_L \geqslant 2$的地震212次，年均频次7次，说明地震活动水平并不高。其中$M_L \geqslant 3$者为59次(不包括南海海上发震4次)，$M_L \geqslant 4$者4次。地震活动的空间分布具有以下特点。

(1)由沿海至内陆，地震活动由强渐弱，破坏性地震主要分布在珠江三角洲南、北西侧，中部少。

(2)最强的地震受NE向活动断裂控制，如担杆震级5.75、广州及佛山等震级4.75～5的地震多数发生在滨海断裂、瘦狗岭-罗浮山断裂、广州-从化断裂附近，并呈带状从西至东有1584年肇庆地震震级5.0、1683年南海市震级5.0、1915年广州西震级4.75、1372年广州震级4.75的地震分布，且常发生在NE、NW或EW两组断裂交接复合部位。例如：广州两次震级为4.75、1905年磨刀

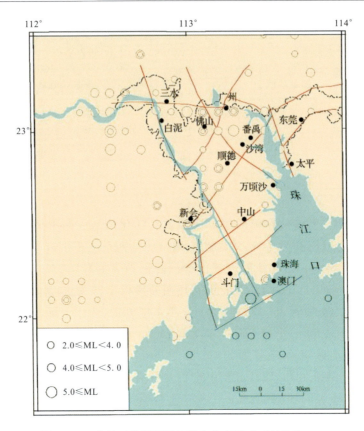

图 3-25 珠江三角洲断裂与震中分布图(据魏柏林等,2002)

门震级 5、1909 年肇庆震级 4.75 的地震,分别发生在广从断裂与罗浮山-瘦狗岭断裂、莲花山-深圳断裂与西江断裂、广州-三水断裂与高要活动断裂交会地段。

(3)震级大于或等于 4.5 的地震多数分布在珠江口断裂以西。

(4)震级 2~4 的小震主要集中在高要、肇庆、恩平、台山、上下川岛、宝安等珠江三角洲外围、并沿高要、恩平-苍城、西江等活动断裂呈北东、北西向条带状分布,珠江三角洲中部平原佛山、中山等地较少。据前人地震的数值分析,台山、恩平附近地震活动的频度($N>11$)高,其次是肇庆、高要地区。

(5)从 1970—2000 年地震频度空间分析,1990 年后,珠海、斗门和深圳、担杆岛附近两个区域的地震活动频度有增强之势。

综上所述,珠江三角洲的地震活动主要集中在肇庆、广州、佛山、台山、恩平附近,将来仍有发生地震的可能。珠江口外万山-担杆列岛是潜在发生强震的震源区,但震级≤6.5,震中附近地震烈度≤Ⅷ。因此,对上述地区必须加强地震的监测和预报,做好防灾减灾工作。

三、典型断裂活动性研究及其他主要断裂活动性特征

(一)白坭-沙湾断裂活动性初步评价

沙湾断裂带又称白坭-沙湾断裂带,该断裂带白花都白坭穿过番禺沙湾延入万顷沙地区,是珠江三角洲地区十分重要的一条断裂带。

关于白坭-沙湾断裂的活动性一直存在争议。黄玉昆等(1983)提出,在三角洲断块分区中白坭-

沙湾断裂控制了三角洲中部断隆区的西边界和中部断陷区的东边界，是中部断隆区和断陷区的分界线。张虎男等(1994)认为，北西向断裂的活动强度相差较大，在其影响带内的花岗斑岩，几乎没有应力作用的迹象。而白泥-沙湾断裂构造岩的分布不仅有一定的宽度，还可细分为若干不同的岩性-变形带，所以可推断其经过了多期活动，活动性较强。宋方敏等(2003)对白坭-沙湾断裂的两盘4个可对比钻孔的相对高度及测年计算得出，晚更新世以来，两盘相对位移速率为0.38~0.39mm/a，判定其为弱活动性构造。但也有学者认为，白坭-沙湾断裂目前是北西向断裂中最为活跃的一条断层，且这条断层与多次历史地震有关。据地震记录，沿该断裂在邻区曾多次发生小规模地震，如1997年9月23日至26日，该断裂带内隔坑断裂附近的三水麦村、奉恩村、隔坑村一带连续发生3次地震，ML=3.7~4.2级，震中烈度达Ⅵ度，造成1637间房屋受损，为罕见的低震级高烈度震例。这是珠江三角洲地区近年来发生的最大一次地震，说明断裂在现代仍有活动，是区内十分重要的现代发震断裂带。

沙湾断裂是否为具有发生强烈地震活动潜在可能的活动断裂，关系到珠江三角洲地区城市安全和经济社会的可持续发展，关系到区域地震设防烈度和防震减灾战略体系的重建。为了科学评价沙湾断裂的活动性，在本次研究中对沙湾断裂进行了1:5万地质地貌填图，在此基础上进行了研究。研究的主要内容包括断裂与第四纪地质地貌特征的耦合性、基岩断层典型点山前第四系浅层地震和化探探测、断层带内物质的年代测定、断裂通过处探槽开挖等工作，发现了断裂第四纪活动的许多证据。

1. 与第四纪地貌的耦合显示断裂或断块第四系活动性

调查中发现了两处具有明显第四系地貌反差的剖面：十八罗汉山剖面(四级台地，图3-26)和西淋岗剖面(二级台地，图3-27)。其中十八罗汉山剖面还有现代垮塌现象并形成断层崖地貌。根据相应级别台地形成年龄推算最晚一次活动时间可能为中更新世左右(50~80万年)。

图3-26 十八罗汉山剖面的地貌反差明显　　图3-27 西淋岗剖面两侧地貌反差明显

2011年我们对沙湾水道进行了水上浅层地震工作，解译成果验证了沙湾断裂的主体与北西向的蕉门水道分布具有很好的一致性(图3-28)，沙湾断裂在蕉门水道同步拐弯也说明了沙湾断裂第四纪的活动性。

珠三角最明显的两个沉降中心及白坭-沙湾断裂带区域的第四纪等厚线都呈北西向展布，同时，出露地表的岩体长轴方向为NE及NW向，这反映了第四纪沉积受北西向断裂控制显著。

白坭沙湾断裂带也控制了该区域的水系发育。沙湾断裂分支西海断裂基本平行于西海之西南的潭洲水道、顺德水道呈NW45°方向展布，洪奇沥断裂沿洪奇沥水道展布，沙湾断裂沿蕉门水道展

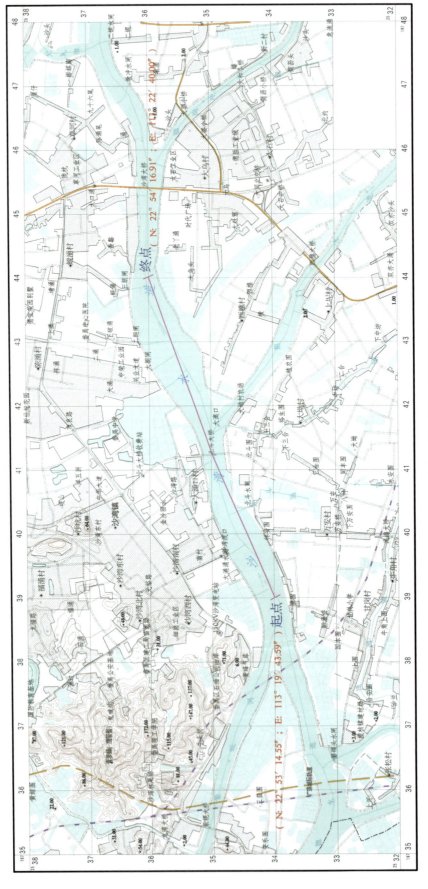

图 3-28 沙湾水道水上物探测线位置及解释成果图

布。因河流能敏锐地觉察到基底断块运动引起的地面变化,并力图使河道的发展与其相适应,所以潭州水道、顺德水道、洪奇沥水道以及蕉门水道极有可能是受这些断裂的控制,形成了现在这样的地貌特征。同样,河流汊道发育也是基底断块活动的结果,而河道分汊往往出现在沉降中心附近。本区域辫状河非常发育,也说明该区域断块调整频繁,构造活动较为强烈。

2. 西淋岗和眉山二级抬升阶地显示新构造运动的时间为晚更新世后

西淋岗和眉山采石场附近发现明显的中更新世至晚更新世地层抬升现象,据经纬仪测量,推测眉山晚更新世高度约15m,地层具有5°~10°向北倾斜(图3-29),是否为构造抬升或断裂活动的结果需要做进一步的工作。

图3-29 眉山腐木淤泥全景图

3. 最晚一次活动时间晚于晚更新世

2011年,项目组在大岗雁沙物探和化探资料表明,断裂切割了晚更新世地层,钻探断裂验证未成立;广东省地质调查院等前人的物探成果表明断裂甚至切割了全新世地层,钻探验证切割了三角层,但限于区域局限,需更进一步验证。

2012年,对十八罗汉山剖面、沙湾水道断裂露头开展了物探工作,物探方法采取浅层地震与高密度电法相结合,互相印证,十八罗汉山剖面高密度电法揭示在离地面高程以下30m左右的范围存在断层破碎带,第四系底部断裂两侧基岩面有5m左右高差。

沙湾水道探测结果表明,断裂通过水道,破碎带宽度100m左右,且与北西向蕉门水道具有明确的响应关系。该断点左侧Tg波组出现错动,出现3m左右的落差,推测垂直断距2m左右,上断点深度为26m,位于第四系内,剖面上断裂倾向西,倾角75°左右。断点下降盘地层厚度和基岩埋深略有增大,反映该断裂发育时对沉积具有影响,断点错断至第四系底,为一高角度正断点。

4. 第四纪以来沙湾断裂带内各断裂都有过不同程度的活动

已有资料数据显示,中更新世时期,该断裂可能有过两次较大的区域性活动(F008、F021以及F011、F014),时间分别为距今100万年左右以及50万年左右。

根据丁原章等(1983)研究,香港河沥贝地区晚更新世NW向断层新活动开始于晚更新世后期(大约距今6万年);黄竹洋滑坡经历5万年、3万年和1.7万年多次事件,均为晚更新世后期,且以距今5万年的滑坡规模为最大;南山的滚石和崩积物全部形成于晚更新世后期,而且仍然以5~3万年为最重要[(57.9±8.4)~(34.8±5.1)ka];贝澳的崩积物全部属于晚更新世产物,其年龄为(53.3±9.6)~(51.3±7.4)ka(OSL)和(22.1±1.5)~(68.1±4.1)ka(CN)。而据对灵山大岗旁侧方解石脉的测年结果显示(陈国能等,2008),破碎的方解石脉为 5.09±0.35 万年,未压碎的方解石脉的 TL 年龄为 7.13±0.49 万年和 5.66±0.40 万年,可推断此处一次较大的活动也发生于距今 5～6 万年。武汉地质调查中心在罗汉山取方解石脉测年结果为 10 万年左右,且方解石脉反映断裂镜面和擦痕。这些数据表明(表 3-27),在距今 5～6 万年时期,亦即珠江三角洲形成的初期,珠三角地区曾发生过一次较大规模的构造运动,且白坭-沙湾断裂带在这一时期也处于强烈活动期。

表 3-27 主要断裂测试年龄表

序号	地点	断层物质	年龄(ka)	测试方法	数据来源
1	黄山鲁	构造岩	174	TL	广东省地震局
2	黄山鲁	构造岩	102	TL	广东省地震局
3	黄山鲁	构造岩	283	TL	广东省地震局
4	番禺横江	断层泥	535.4	TL	佛山市地质局
5	沙湾水泥厂	构造岩	484	TL	佛山市地质局
6	大岗采石场	未压碎方解石	71.3	TL	中山大学
7	大岗采石场	压碎方解石	56.6	TL	中山大学
8	大涌采石场	断层泥	115.38	TL	中山大学
9	罗汉山	方解石	113	ESR	武汉地质调查中心
10	罗汉山	方解石	901	ESR	武汉地质调查中心

5. 化探数据表明沙湾断裂目前活动性中等偏弱

根据本次对沙湾断裂带中段土壤氡气测量成果(表 3-28),断裂经过地区土壤氡气浓度一般介于 5～30kBq/m³ 区间,高于广州地区土壤氡气背景值(8kBq/m³),6 号测线中最大土壤氡浓度值位于 1♯异常带,为 31.2kBq/m³,是背景值的 13.6 倍。在测线中,西侧异常密集,又是陈村断裂隐伏区域,根据氡气异常变化,1♯异常带中 5-15 号点处为推测断裂位置。8 号测线中 2♯异常带均值 5.0kBq/m³,是背景值的 2.2 倍。此测线东侧即为沙湾断裂隐伏区域(可能在江中通过),且异常点带密集,集中反映沙湾断裂于东侧通过且倾向南西的特点。21 号测线 3♯异常带位于测线西侧,为推测沙湾断裂隐伏区域,均值为 14.4kBq/m³,是背景值的 2.2 倍,60 号点位以西的异常点密集,根据氡气异常变化的趋势,13♯异常带中 35-50 号点处为推测断裂位置。22 号测线中 4♯异常带均值 13.0kBq/m³,是背景值的 2.2 倍。22 号测线东侧即为大乌岗断裂隐伏区域,且异常点带密集,尤其是东侧 110-180 号点处,为推测断裂位置。

另外我们收集了其他数据,白坭-沙湾断裂带整体活动性中等,都宁冈地区氡气测量结果反映该地区活动性略强。上述特征同一断裂不同地段氡异常特征不同,或者说同一断裂不同地段的活动强度存在不同。

表 3-28 北西向断裂位置土壤氡异常值

断裂编号	断裂位置	氡异常值（kBq/m³）	异常均值（kBq/m³）	异常下限（kBq/m³）	异常均值与异常下限比值	断裂活动强度
F009	碧江	18.4～38.8	24.2	18.4	1.3	中等
	桂江大桥	8.9～15.3	12.0	8.8	1.4	中等
	平胜	14.8～23.9	18.0	14.5	1.2	中等
	石洲南	16.1～29.4	21.6	16.0	1.4	中等
F015	都宁岗	16.6～33.9	24.7	8.8	2.8	中等
F013	西海	16.2～25.4	18.7	14.3	1.3	中等
	人生围	20.0～38.1	25.4	18.4	1.4	中等
F010	西海南	20.1～40.7	27.4	14.3	1.9	中等
F019	三洪奇	15.8～26.0	19.0	14.3	1.3	中等
F018	大岗	70.6～88.6	78.8	64.3	1.2	中等

6. 断块调整与地震活动

研究表明，地表水流对于地表形态的变化甚为敏感，因此现代水系的发育很多时候可以直接反映基底断块的活动特征。如图 3-30 所示，西江和北江的支流均向东分叉，说明西江断裂和白坭-沙湾断裂所夹持的西北江断块，以及白坭-沙湾断裂和化龙-黄阁断裂所夹持珠江断块，其地面高度

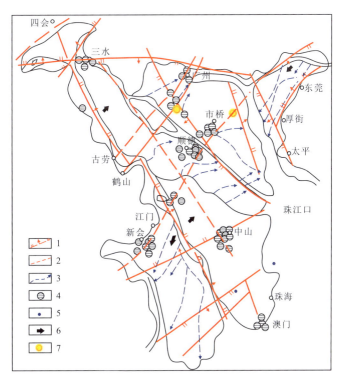

图 3-30 珠江三角洲水系流向及断块活动示意图

1. 正断层；2. 性质未明断层；3. 次级河流分叉方向；4. 历史地震震中；5. 温泉出露点；6. 基底断块倾斜方向；7. 第四系剖面出露点

均为西高东低,由此反映了这两个断块的现代活动,表现自南西向北东倾斜活动,与狮子洋断块的快速下沉遥相呼应。断块的调整引起断块的边界即断裂的活动,引发地震。这与张虎男(1990)的研究(广州地区历史地震的特点,在一定程度上反映了断块倾斜引起的层间滑动)是相通的。

自有地震记录以来,广东省发生过多次与白坭-沙湾断裂相关的地震。

1997年9月23和26日,在广东省三水市南边镇发生ML3.7级和4.4级两次地震。后者的震源烈度达Ⅵ度,强震造成了很大的破坏,为罕见的低震级高烈度震例。这是珠江三角洲地区近80年来发生的最大一次地震。这次地震发生在珠江三角洲西北部的三水虢地北部,极震区处于EW向高要-惠来断裂、NE向恩平-新丰断裂和NW向白坭-沙湾断裂的交界地带附近(图3-31)。

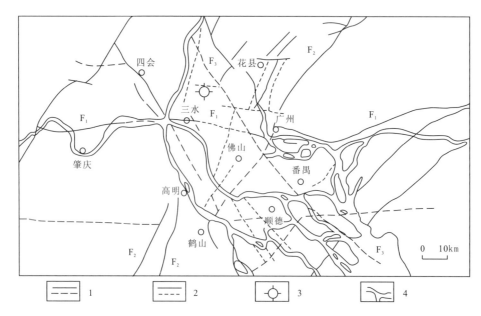

图3-31 三水4.4级地震震中附近主要断裂分布

1.主要活动断裂;2.一般活动断裂;3.震中;4.河流;F_1:高要-惠来断裂;F_2:恩平-新丰断裂;F_3:白坭-沙湾断裂

在白坭-沙湾断裂中段,历史上发生过多次破坏性地震。其中1683年10月10日的南海5级地震和1824年8月14同的番禺5级地震,震中均在白坭-沙湾断裂与NE向断裂的交会部位附近,且等烈度线的长轴方向均为NW向,与白坭-沙湾断裂的走向一致,进一步表明白坭-沙湾近期的活动性。

由上分析可知,西江断裂及白坭-沙湾断裂所挟断块西高东低,断块由西向东倾斜。

同时,西江断裂目前处于松弛应力场作用下,导致该断块向东倾压,白坭-沙湾断裂受该断块的影响,目前处于应力挤压状态,即能量积蓄阶段。根据其第四纪以来较强烈的活动性,判断其近期产生地震或诱发地震的可能性较大,应该把其作为一条重要的活动断裂做进一步研究,必要时可以做断层监测,防患于未然。

7. 结论

(1)白坭-沙湾断裂整体第四系仍具有一定活动性,中等偏弱强度,断裂带与周边北西向断裂共同控制了该区域的第四纪沉积及水系的发育。

(2)断裂带中段罗汉山剖面测年数据表明,白坭-沙湾最晚活跃期为中更新世晚期至晚更新世中早期。

(3)白坭-沙湾断裂带与地震活动有关,且由于该区域断块仍处于调整时期,故该断裂将继续活动,需做进一步的活动断裂监测。

(二)其他主要断裂活动性基本特征

1. 高要活动断裂带

该断裂为四会-吴川深断裂带的东北段,由四会大沙经广利、高要向区外延伸,区内长约67km。受NE、EW向断层的切割,沙头镇西断层呈东西向展布,倾向南,倾角70°～80°;沙头镇至大沙一带,走向NE,倾向南东,倾角50°～70°。断裂带两侧,岩层动力变质强烈,四会西部及石狗圩一带糜棱岩化带宽5～8km。著名的西江羚羊峡就发育在此断裂破碎带上。其形成主要是由于西江干、支流故道受栏柯山隆起影响不断上升而日益缩小,江水主流线转向羚羊峡断裂破碎带发生河流袭夺所致。断裂带附近高要、四会地震活动较频繁,1445—1909年发生4次震级4.75～5的历史地震,1971—1973年震级3.0～3.4的3次现代地震也发生在高要、肇庆两地,与高要大断裂的活动有关。

2. 恩平-新丰活动断裂带

挽近期仍有继承性活动。它包括恩平-苍城(简称恩苍)、金鸡-鹤城(简称金鹤)、广州-古劳、广州-从化(简称广从)4条活动断裂。恩苍、金鹤活动断裂:位于鹤山—恩平之间,两条近于平行的深断裂,同属恩平-新丰活动断裂西南段。复活始于燕山期,沉积作用仅限于两深断裂间的断陷中。燕山运动二幕时,它们分别将寒武系逆推于中泥盆统、中上侏罗统之上,沿断裂带普遍发育绢云母片岩,片理面与断裂走向平行,沿构造裂隙、片理面充填有燕山期后的石英脉和黄铁矿脉;喜马拉雅期两次活动,沙湖见古近系被埋深80m,倾向北西300°,倾角35°。受断裂活动影响,恩平、开平、台山、新会、鹤山地震活动较频繁,自1506—1918年,活动断裂附近发生的地震仅20余次,其中震级$ML\leqslant3$、$ML<4$地震有13次。震级$4.0<ML<4.75$地震8次。现代地震主要发生在恩苍活动断裂南段恩城镇西南,1972—2002年共发生震级2.0～4.0地震40余次,其中震级3.0～4.0的17次,最大震级4.5发生于1989年9月18日中午,较恩平市历史记载的8次震级3.0～3.5的地震频度高强度大,也表明断裂活动有增强趋势。

广州-古劳活动断裂:从广州延至高鹤古劳,北与广从活动断裂相接。断裂走向NE35°,倾向NW,倾角40°～60°,隐伏于第四系之下。本断裂活动,使三角洲断陷盆地分割成三水、新会-东莞两个菱形断陷盆地,并伴有古近纪西樵山、三水等地火山喷发活动。此外,断裂两侧第四系沉积物及其等厚线NE、NW向展布明显差异,说明距今7500～5000年间三角洲的最大海侵期断裂仍有较明显的活动。

广从活动断裂:发育在广州、从化之间,是白云山隆起与花都断陷的分界线,位于恩平-新丰活动断裂的中段。总体走向NE,倾向NW,倾角40°～50°。广州白云山、五雷岭附近,走向10°～20°,倾向W,上盘为下侏罗统,下盘为下古生界,是一条正断活动断层。从化神岗附近,构造岩发育,糜棱岩化、硅化带宽达10余米。断裂切割至古近系,神岗一带断裂上盘的断层崖高出下盘约15m,南段断裂两侧的第三系沉积厚度悬殊,沿断裂带有广州三元里温泉、从化温泉等多处温、热泉活动。同时,它还是本区最重要的发震构造之一,尤其与瘦狗岭、广州-三水断裂交接复合部位,地震活动历史悠久,密度和强度较大。广州、佛山附近均是地震密集地段,共发生震级3～4.0的地震30多次,震级4.75～5.0破坏性地震3次。地壳形变亦较明显,据陈田场跨断裂短水准监测资料,1992年3月开始,上、下盘高差变化有连续增大趋势,至1998年9月,高差最大为5.6mm。这些都说明广从断裂的活动至今仍然存在。

3. 罗浮山-瘦狗岭-三水活动断裂带

该断裂带自博罗县罗浮山（长宁）经白石、新塘至广州瘦狗岭，向西隐伏于第四系之下经三水一直延伸至高要市广利附近。断裂受北西向断层切割影响，产状发生明显变化：长宁镇以东，断裂走向 NE70°，倾向 SE160°，倾角 40°～60°；长宁镇以西，走向 60°～80°，倾向 SE，倾角 45°～70°。其中，广州-三水、瘦狗岭断裂近于东西向展布，构造上位于高要-惠来东西向深断裂带的中段。该活动断裂自全新世以来都有明显的活动，主要表现如下。

(1) 全带震级大于 4 的地震多达 54 次，温泉 36 处。与广从、文冲断裂交会处，曾发生 4～4.75 级地震多次。

(2) 是广花凹陷与三水断陷盆地、白云山断隆与广州断陷盆地的分界线，下盘上升、上盘下降为主，使上、下盘形成明显的地形反差。

(3) 鸡笼岗一带可见较新鲜的三角面，断层陡坎呈 EW 向。

(4) 断层的上盘，第四系沉积厚度较大，且等厚线呈 EW 向展布。

(5) 汞气测量异常值高达 0.78～1.012mg/L。

(6) 热释光年龄测定为 0.550～2.630Ma。

(7) 1992 年 3 月—1998 年 9 月，对瘦狗岭活动断裂进行跨断层短水准监测。资料表明，上、下盘高差变化最大为 1998 年 3 月的 +3.34 mm，断层活动趋势增强。

4. 莲花山-深圳活动断裂带

该断裂带属东亚断裂系。是一条经历过多次构造阶段长期发展的中等—弱活动的构造带。强烈活动于中生代，控制着新生代断陷盆地的分布，活动性逐渐趋于稳定。虽然，挽近期仍有一定程度的活动，但强度和幅度都不大。控震构造是 NE—NNE 向断裂，NW 向断裂则是发震构造，发震部位在两断裂交会地段。地震以浅震为主，最大为 1590 年 10 月 28 日发生于惠州的 4 级地震。西南段断裂带由北缘的深圳断裂带、南缘的平海（即海丰）断裂和介于两者中间的汤湖、赤石-沙田海断裂带组成。

深圳断裂带自深圳市区经横琴、三灶、上川等岛屿向西南延伸，总体走向为 NE40°～60°，倾向 NW，倾角 40°～70°，长约 400km。它由惠阳淡水进入深圳后，分九尾岭、横岗、莲塘和盐田 4 条断裂呈散开状展布。晚第四纪以来，断裂活动主要反映在地震活动和断层气异常溢出、地表构造形变上。通过前人氡、汞断层气的检测和地质、地貌特征、地壳形变等多方面研究，说明晚更新世至今，深圳的北东、北西段断裂构造活动性均较微弱。地震活动强度低，1970 年以来，共发生弱震 150 余次，最大震级为 3.6，属弱活动断裂带。据深圳市地质局（《深圳市黄贝岭 F_8 断层微量位移监测研究报告》，2004 年）最近 5 年对该断裂监测数据，该断裂目前处于缓慢释放应力蠕动状态，且一直沿着一个方向滑动，趋向性蠕动速率为每年 0.17～0.35mm。

5. 滨海活动断裂带

此带属南海断裂系。主断裂自南澎列岛向西延伸至区内，在担杆岛及上、下川岛南侧通过，宽达 20 多千米。断层产状为走向 NE70°，倾向 SE，倾角 70°，是一条张性或张剪性断裂。北侧为滨海岛链隆起，南侧为陆架北缘断阶带。珠江口及上、下川岛地形陡坎明显，地形地貌反差较大。它是华南沿海地区最强的一条活动断裂，强烈活动于渐新世—上新世。珠江口地震危险性主要源于该断裂带的影响，于该断裂带之区外段曾发生震级 ≥7 破坏性强震 3 次，区内最强的担杆地震（震级 5.75）就发生在断裂带的北侧，因而是一条强活动断裂带。潜在震源区大致在万山群岛至担杆岛附近海域,其理由是:发震构造 NEE 向断裂与 NW、NNE 向断裂交会处,又是沿海岛链带与水下岸坡带的转折段,与地震活动性最强的南澎地震危险区的构造背景相似;万山-担杆岛附近海域处于泉州、南澎、南三岛东部海域 6.25 级以上大地震中间的空档段,强震有可能从东、西两头转移到中间地带;历史上曾发生一系列小震活动,1970—1979 年沿带震级 1~5 的地震就多达 958 次以上;滨海地震带经历了两个地震活动周期,现正处于第二活动周期的剩余释放阶段,释放的能量恰好还差一个震级 7.5 地震的能量。但是,前人分析认为,万山-担杆岛附近海域潜在震源区的潜在地震震级不会大于 6.5。

6. 西江活动断裂带

珠江三角洲的西缘以此断裂为边界,断裂以西为高鹤断隆,以东为三水断陷、新会断陷、灯笼沙断陷,属东南沿海断裂系。沿绥江、西江下游发育,走向大致 NW320°,倾向北东,倾角大于 70°,最大达 87°。在江中发现有 6 条以上大致平行的断裂,从两岸向江中为断阶状陷落,沿断裂带发育有构造角砾岩、硅质岩。活动时代较新,挽近期活动明显,控制了西江河谷的发育。断裂两侧地形反差大,差异性运动显著,导致北东岸第四纪地层厚度较大,阶地发育;南西岸则常见有基岩陡崖和断层三角面,第四系厚度较小,阶地相对不发育。据断裂北段邻近西江同级阶地砂样热释光测年,由下而上距今为 $(19.93±1.33)×10^4 \sim (3.46±0.25)×10^4 a$,属中更新世晚期—晚更新世晚期的沉积,说明晚更新世晚期断层上盘有过一次抬升。南段的断裂形迹断续见于下盘,断裂带常错断其他方向的构造线,在磨刀门西侧小霖山麓和三灶岛白家角,见走向 NW 的断层错断走向 NE 的岩脉、石英脉,就是例证。西江断裂磨刀门段主断面位于西江主航道,^{14}C 测年和钻探等研究,认为该断裂形成于早、晚更新世之间,在中更新世中期有过一次相对较强的活动。此后,断裂活动渐趋微弱。断裂规模较小,切割较浅,活动强度较弱,震级 4.75~5 的地震各发生过 2 次。据广东省地震局 1992 年 3 月—1998 年 9 月,对西江断裂横坑里段江门场地跨断层短水准监测,断层两盘的高差变化从 1997 年下半年开始较明显,至 1998 年 9 月止,高差最大为 1997 年 11 月的 +2.38 mm,说明断裂活动较 1997 年前有所增强。

7. 沙角活动断裂带

位于珠江口东侧,与西侧的化龙-黄阁断裂平行,组成珠江口活动断裂带。主要依据航、卫片解释和重力异常推断,断裂带自广州萝岗北西向穿过东江三角洲前缘,经太平、沙角入伶仃洋。走向 NW40°,倾向 NE,倾角较陡。是珠江三角洲的东部边界,断裂东侧(上盘)为东江断块、宝安断隆;西侧(下盘)为万顷沙断陷、伶仃洋断块。珠江下游河谷的发育与此断裂的形成和活动密切相关。自晚白垩世起,断陷接受巨厚的红色碎屑岩和数十米的第四系沉积。至第四纪晚期,除局部次级断陷继续沉降外,大部分地区转为间歇性抬升,在虎门一带发育有海拔 20~30m、50~60m、80~90m 三级侵蚀阶地,下横档岛标高 3~5m 处见冲洪积砾石层,断裂切割的最新地层是新近系,说明其在第三纪末期仍有较强的活动,两盘错动速度为 0.05~0.1mm/a。断裂带附近历史上未发生过地震,现今也未观测到地震,属东南沿海断裂系的弱全新活动断裂带。

8. 崖门活动断裂

自新会沿崖门水道向南延伸入海,在大杧岛与荷包岛之间与深圳断裂带交会。它为珠江三角洲西南部边界。西侧是高鹤断隆,东侧为新会和灯笼沙断陷、五桂山断隆。断裂走向 NW355°,倾向 NE,长约 67km,控制着崖门水道的发育,河口溺谷呈喇叭状。地形反差中等,沿带有微震记录,地震活动性较低,属微全新活动断裂。

四、珠江三角洲断裂活动性及地震危险性问题初步评价

综合已有研究成果和对广从断裂活动性的讨论，对珠江三角洲经济区断裂活动性和地震危险性可得如下结论。

(1) 珠江三角洲断陷盆地是一继承型活动盆地，其新构造运动弱于新生型而强于完成型断陷盆地。受周边和内部 NE、NW 向断裂的切割，使盆地分割成多个次级断陷和断隆。断块的差异升降是本区新构造运动的基本特征。

(2) 已有构造物质热释光测年表明，三角洲周边和内部断裂年龄为 2～36 万年。其中，8～12 万年、18～22 万年、35～36 万年三个年龄峰值，反映出断裂的最新活动多在中更新世至晚更新世中期，晚更新世后活动渐弱。新构造运动研究成果也支持此结论。

(3) 已有研究和现代监测数据表明，珠江三角洲经济区现代地震活动微弱，地震基本设防烈度为Ⅵ～Ⅶ度，是地壳相对稳定的区域。从现有资料来看，珠江三角洲未发现切割晚第四系的活动断裂，也无大于或等于 6 级历史地震记录。

(4) 对佛山市西淋岗第四纪错断面的研究否定了广从断裂晚更新世以后的活动，西淋岗第四纪错断面非构造成因，更不能界定为晚更新世以后的活动断裂。

白坭-沙湾断裂中段沙湾镇附近探槽开挖的直接证据和罗汉山剖面测年数据表明，白坭-沙湾最晚活跃期为中更新世晚期至晚更新世中早期，中等偏弱强度，断裂带与周边北西向断裂共同控制了该区域的第四纪沉积及水系的发育。白坭-沙湾断裂带与地震活动有关，且由于该区域断块仍处于调整时期，故该断裂将继续活动，需做进一步的活动断裂监测。

(5) 珠江三角洲经济区人口密集，经济发达，加上软土分布广泛，场地烈度增加，如果发生地震，即使只有中等震级，所造成的损失可能也不亚于边远地区的大地震。随着 20 世纪 90 年代中国进入地震活动活跃期，珠江三角洲地区断裂活动性和地震危险性调查评价不容忽视。正因为如此，珠江三角洲经济区断裂活动性和地震危险性问题与其他经济区相比较更显重要，急需给出客观公正的评价，以利于这个重要经济区的长远规划、产业布局和社会稳定。

(6) 据珠江三角洲断陷盆地全新世后断块活动强弱、地震活动强度和地震危险性，初步将其划分成如下三个级别。

① 一级危险区。南海近岸断陷地形地貌反差较大，断块沉降速率达 3mm/a，断裂活动从中更新世至晚更新世，持续时间较长，历史上发生过 5.75 级地震，预测今后有可能发生 6 级地震，断块活动较强，划为一级地震危险区。

② 二级危险区。西江、北江和珠江口断陷新构造运动较强，升降速率平均 0.5～1.0mm/a，第四系厚度 40～50m，局部 60～70m，断块活动性中等，划为二级地震危险区。

③ 三级危险区。东江断陷第四纪以来，继承性缓慢沉陷，第四系沉积厚度 20～30m，断块活动较弱，历史地震少，地震危险性小。

市桥-广州断隆受罗浮山-瘦狗岭、白坭-沙湾、化龙-黄阁 3 组弱活动断裂控制，晚更新世以来未发生过断裂错动。断块以间歇性抬升为主，晚更新世后广州一带抬升速率略小于 1mm/a，断块活动较弱，地震少且强度低，地震危险性也相对较小。

新会断陷及五桂山断隆地壳活动性较弱，历史地震小于 4.75 级，垂直升、降的构造运动速率小于 1.0mm/a，地震危险性较小。

第五节 软土地面沉降

珠江三角洲经济区软土分布广泛,面积近 8000km^2,约占经济区总面积的 19%。珠江三角洲软土主要由西江、北江、东江在珠江口受内海岸浪流及潮汐水动力作用逐渐淤积而成,属第四纪沉积物,其主要成分为淤泥、淤泥质土。由于其独特的地质、地理成因而具有明显的区域性特征,使得珠江三角洲软土成为全国报道过的工程中遇见的最软的软土,具有承载力低、受荷后变形大、时间效应明显、与建筑物共同作用能力强等特征,对工程建设非常不利。软土引起的地面沉降与地段失稳对堤防工程、道桥工程、工业与民用建筑工程、机场工程等都有很大影响。在城市化进程不断加快的背景下,广泛发育的软土已经成为制约珠江三角洲经济区城市建设的重大地质环境问题。

一、软土分布特征

(一)软土平面分布的特征

从地理特征上看,软土主要分布在河谷平原及三角洲顶端。自三角洲顶端至前缘厚度增大,层次增多;滨海平原及滩涂普遍分布一层含水量很高的稀淤泥,局部为两层。

珠江三角洲为晚更新世以来形成的较新的三角洲,曾发生两次海侵。陆相位于古海岸线以北,即沿黄埔—广州文化局—河南七星岗—佛山—澜石一线以北分布,该线与广从断裂基本一致;海相层沿广州黄埔经济开发区—市桥—大良—江门—新会一线以南至滨海地区分布,该线恰好与市桥—新会断裂相吻合;海陆过渡相则夹于上述两线与两断裂之间。与之对应,珠江三角洲软土分布自北而南可分为 3 个区(图 3-32):①广从断裂以北的河流冲积平原松软土区;②广从和新会断裂之间的河流冲积平原松软土与滨海海积软土过渡区;③新会断裂之南的滨海海积软土区,为最不利的工程地质分区。

从行政区域上看,珠三角地区软土主要分布在城镇最为密集的平原区。全经济区和平原区软土分布面积分别为 7969km^2、6555km^2,各占相应陆地总面积的 19% 和 58%,其中珠江三角洲平原区软土占全区软土面积的 82.25%(图 3-32、表 3-29)。

从表 3-29 可知,若以县(区)级为计算单元,软土分布比例最大的依次为顺德区、佛山市区、番禺区、江门市区、斗门区、中山市,面积百分比分别高达 86.85%、73.27%、64.43%、62.78% 和 62.15%。按地市级软土分布百分比,中山市、珠海市、佛山市位列前三位,各为 62.15%、52.87%、40.78%;按软土分布面积排序,佛山市、江门市、广州市则居前三位。

滨海平原海相淤泥质软土普遍分布,属软弱地基。对沿海城市建筑、工业基地、码头海港、铁路公路路基,以及机场等各类建筑物不利,是选线选址阶段就必须查明的主要地质问题。因人工围垦乃至吹填实现"填海造陆",也产生了一系列工程地质问题,如软基沉降等(图 3-33)。

珠江三角洲地区软土分布区地面非均匀沉降十分普遍,以处于三角洲前缘地带的珠江口两岸填海、围垦或促淤成陆地带最为典型。两岸填土区的住宅或厂区累计沉降量一般为 0.3~1.5m 不等,直接建造于软土硬壳上的低层建筑常与地面整体下沉、歪斜开裂,以基岩为持力层的中高层建筑物则往往出现地板陷落、悬空吊脚等现象。软土区地面形变严重影响地面建筑工程、堤围水利工程、地下供水、供电网络等基础设施的正常使用,造成南部沿海数以亿元计的经济损失。

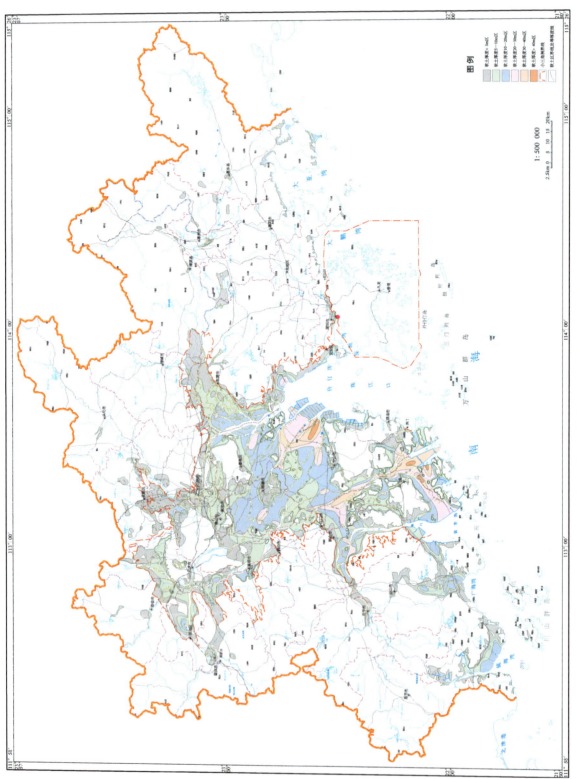

图 3-32 珠江三角洲经济区软土分布图

表 3-29 珠江三角洲经济区软土面积统计表

厚度分级		<5m	5～10m	10～20m	20～30m	30～40m	>40m	总软土面积	行政区面积	百分比(%)
全经济区		3277.03	1846.00	1930.73	628.68	248.01	38.86	7969.28	41 358.70	19.3
三角洲平原区		2167.52	1713.22	1759.83	627.45	249.66	37.20	6554.88	11 281.00	58.1
惠州市	市 区	11.90						11.90	405.59	2.9
	惠东县	69.90	5.35	10.67				85.93	3519.16	2.4
	博罗县	96.56	0.36					96.93	2951.41	3.3
	惠阳市	89.16						89.16	2073.09	4.3
深圳市	市 区	43.57	15.03	2.03				60.63	393.72	15.4
	宝安区	72.60	18.43	5.43	4.94			101.39	694.39	14.6
	龙岗区	10.50						10.50	844.80	1.2
	东莞市	234.47	193.43	141.32	12.24			581.47	2443.07	23.8
广州市	市 区	278.24	106.38	0.97				385.59	1411.96	27.3
	从化市	7.25						7.25	1994.52	0.4
	增城区	126.04	2.94	0.25				129.23	1738.18	7.4
	番禺区	93.97	101.00	369.19	160.64	27.81	0.78	753.39	1169.37	64.4
	花都区	126.75	0.26					127.01	965.09	13.26
肇庆市	市 区	93.79	70.74	13.34	1.08			178.94	703.00	25.5
	四会市	65.63	54.52					120.15	1167.61	10.3
	高要市	145.98	23.56	1.79				171.32	2231.43	7.7
佛山市	市 区	24.15	31.98	2.47				58.61	79.98	73.3
	高明区	15.26	7.13	23.10				45.50	1076.59	4.2
	三水区	188.26	101.84	7.62	0.54			298.26	836.84	35.6
	南海区	282.08	221.35	25.11	1.62			530.15	1202.98	44.1
	顺德区	130.32	151.10	386.92	30.84			699.18	805.06	86.9
	中山市	158.02	261.93	460.34	157.65	65.68	20.00	1123.61	1807.80	62.2
珠海市	市 区	100.05	58.56	52.71	64.48	64.45	8.18	348.44	797.73	43.7
	斗门区	89.20	85.80	117.96	108.08	53.32	9.90	464.26	739.51	62.8
江门市	市 区	16.80	49.15	34.54	18.31			118.80	187.55	63.3
	新会区	182.23	155.80	138.00	67.04	36.75		579.83	1595.17	36.4
	恩平市	18.40						18.40	1686.77	1.1
	开平市	34.61	0.02					34.63	1662.03	2.1
	台山市	444.83	129.32	136.96	1.23			712.34	3150.65	22.6
	鹤山市	26.51						26.51	1023.70	2.6

注：除百分比外其余项单位均为平方千米。行政区为陆地面积。

资料来源：广东省地质调查院《珠江三角洲经济区1：25万生态环境地质调查成果报告》。

沙滩泥化　　　　　　　　　　　　　　不均匀沉降

图 3-33　沙滩泥化及不均匀沉降

（二）软土分布的垂向变化特征

珠三角地区软土主要是晚更新世—全新世时期（分别为 3.2~2.2 万年、7500~5000 年、2500 年以来）的沉积物。在垂直方向上，可分为上部第一层、中部第二层、下部第三层厚度不等的 3 个软土层。广州番禺南部、佛山东南部、江门东部、中山北部普遍发育 3 层软土，其他地段主要为第一和第二软土层。上部第一软土层为全新世泛滥平原相和三角洲沉积相砂质黏土、粉砂、细砂，富含蚝壳，深灰—灰黑色，软—流塑性，含水量为 36.8%~84.6%，滨海则多呈稀淤泥，极易触变流动，承载力一般小于 60kPa，厚度一般为 1.5~21.92m，最厚 42.70m，是本区分布最广泛、厚度最大的土层，但强度最差。中部第二软土层，早—中全新世陆相过渡到三角洲浅海相沉积，底部为中细砂、粉砂，含贝壳碎片，深灰—灰黑色，常夹粉细砂层。含水量一般为 26.9%~82.8%，承载力一般小于 75kPa，厚度一般为 1.50~11.0m，最厚 37.45m。下部第三软土层为晚更新世三角洲沉积前古河流沉积相砂砾层、砂质黏土层，海相含贝壳碎片，河漫滩相则多含腐木，深灰色—灰黑色，含水量一般为 28.3%~56.2%，承载力一般小于 95kPa。厚度一般为 0.25~20.40m，最厚 26.28m。

软土厚度<5m、5~10m、10~20m、20~30m、30~40m、>40m 的区段面积分别为 3277km²、1846km²、1930.73km²、628.68km²、248.01km²、38.86km²。软土厚度超过 30m 的面积为 286.87km²，绝大部分位于珠江三角洲平原内，珠海市、中山市、江门市区、番禺区依次占 135.86km²、85.67km²、36.75km²、28.59km²；软土厚度超过 40m 的分布区总面积 38.86km²，中山市、珠海市分布面积最广，分别是 20.00km²、18.08km²，番禺区为 0.78km²。

二、软土沉降的危害

（一）软土沉降危害的对象

由于软土特殊的工程物理性质，珠江三角洲平原是东南沿海软土地基沉降最典型地区。软土沉降造成的损失严重。

软基地面沉降不仅影响工业与民用建筑的安全，而且影响水利工程（包括堤围工程）、道桥工程、地下供电、供气、供排水管网等基础设施的正常使用，甚至产生破坏性的影响，从而不可避免地影响城市建设与社会经济发展（图 3-34、图 3-35）。

图 3-34 三宝沥旧水闸桥墩开裂情况　　　　图 3-35 三宝沥新水闸北侧地面沉降情况

据评估,至 2003 年珠江三角洲因软基沉降造成的经济损失达 589 亿元,其中直接经济损失 103 亿元,间接损失达 486 亿元(图 3-36)。

1. 软基沉降对建筑物的影响

在珠海西区、广州南沙经济技术开发区、中山市横门镇、江门新会市等地境内的一些商业住宅小区或工业区在落成之初,地面都基本整平,但 2003 年都出现 0.3~1.7m 的累计地面沉降量(图 3-37),有的小区甚至还未落成便发生面积性地面沉降。直接建造于软土上覆黏性土层之上的低层建筑常与地基一道整体下沉或歪斜开裂,以坚硬基岩为持力层的中高层建筑物普遍架空、地板陷落,软土地面沉降导致上百栋楼房被迫中途停工而成为"烂尾楼",不仅造成高额经济损失,而且还导致商住楼无人问津,严重影响投资环境(图 3-38)。1994 年投入使用的新会区金门加油站,到 2003 年 1 月楼房已经悬空,地面呈非均匀性整体下沉,最大处 1.2m。采用砂桩排水固结的珠海市金湾区高尔夫球场 2001 年 11 月至 2003 年 7 月间沉降最大处累计地面沉降量已达 2.97m。

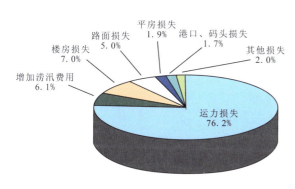

图 3-36 软基沉降经济损失结构　　　　图 3-37 2003 年前落成的珠海海华新村住宅区地面沉降

2. 软基沉降对基础设施的影响

因为具有渐进性和隐蔽性特点,软基沉降量随着时间的推移不断增大,对基础设施的破坏与影响不断加深,形成安全隐患。

在软土分布区,路与桥衔接处常出现差异沉降,桥头"跳车"现象相当普遍,存在交通隐患。主

图 3-38 地面沉降导致中山市横门镇上百栋楼房被迫中途停工

要是由桥梁不稳定、地面逐年下沉引起。路桥沉降差异量一般为 200~400mm,最大为 900mm。

在软土分布区修建的高速公路普遍存在路面波状起伏、路基侧向位移、路桥接触处不均匀沉降、路面开裂等现象,如广佛高速公路路面纵向变形破裂、珠海南屏大桥台后的滑动。珠海大道路面三等水准 2003 年与 1994 年测量结果对比,表明 10 年来珠海大道年平均沉降量为 0.37m,最大沉降量达 0.73m。软土地基不均匀沉降使得一些高速公路不得不在营运过程中进行维修(图 3-39)。据广东省交通厅提供的数据,平均 1km 高速公路路面维修费达 130 万元/年。根据此数据计算,仅新台高速牛湾段 7km 的路面维修一年就需花费 910 万元,珠海大道 30km 左右的路面维修费用则需近 4000 万元/年。

因差异性软基沉降危及防洪基础设施的情况也并不鲜见(图 3-40)。调查发现,广州市南部、中山市东部超过 50% 建成时间超过 5 年的水利工程因持力层为软土层而受到不均匀沉降影响,修建时间越早者所受影响越大,部分水闸完全废弃而不得不就近重修新的水闸。代表性的例子有三宝沥旧水闸(长 60m 左右)多个桥墩因地面非均匀沉降沿中间完全开裂(裂隙宽度最大约 8cm)而被废弃。

图 3-39 新台高速公路牛湾段维修中　　图 3-40 珠海市一水闸引桥因软基非均匀沉降遭到破坏

江门新会市、珠海西区都发生了非均匀软基沉降引发排水管网破坏的事件。2002 年 10 月新会区客运港供排水系统报废,加上办公楼架空与主楼前地面面积性下沉而每两年就要补填一次,不仅造成了较大的经济损失,而且对港口形象与投资环境造成了负面影响。珠海西区由于软基沉降损坏地下排水管道,已影响到一些居民的正常生活。

（二）软土及软基沉降危害主要特点

珠三角地区软基沉降主要发生于城镇建设、公路、水利工程等新填土-建设区，或直接采用软土作为基础持力层的建筑物。对于城市发展的大面积填土区而言，软基沉降的分布是面状的，而公路、水利工程（堤围）的软基沉降灾害多呈线状展布，具体建筑物的沉降灾害则为点状分布。珠江口附近软土厚度大、形成时间短，是软基沉降的重点区段。以位于崖门水道、虎跳门水道、磨刀门水道、洪奇沥水道两岸附近软土区与珠江八大口门附近三角洲前缘地带围垦区的面积性地面沉降，以及珠海大道、顺德大道、新台高速、广佛高速、广珠高速等高速公路与中山市、珠海市、佛山顺德区、广州番禺区境内公路沿线地面沉降最为明显和典型。

三、软土沉降的成因类型与形成机理

（一）软基沉降成因类型

珠三角地区软基沉降形成的原因主要取决于内因和外因两个方面。软土的物理力学性质差是其沉降的内因；外因主要包括由自然或人为因素引起的地下水位下降、上覆荷载作用、工程排水、固结等处理措施几个方面。软基沉降类型根据成因可分为自然固结沉降和人为工程沉降两种（图3-41）。

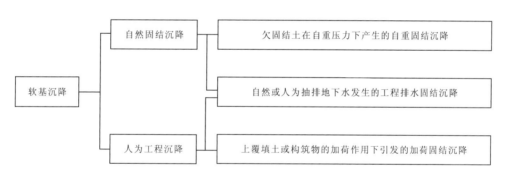

图3-41 软基沉降成因分类图

自重固结沉降是指新近沉积的欠固结土在自重压力下产生的自重固结沉降。多发生于珠江八大口门外缘，尤其是近期促淤成陆区，以人工围垦淤积造成的自重沉降为主。

工程排水固结是指人为抽排地下水或自然因素导致地下水位下降，软土中孔隙水压力降低而加速软土固结产生的沉降。本区以建筑工地为加速软土固结进行砂桩处理地基，或建筑场地疏干排水作业所引起的沉降较为常见。

加荷固结沉降是本区的主要沉降类型，这类沉降大多是在软土上填土建筑导致软土附加应力产生增量，改变了软土的应力平衡状态，引起压缩、排水、固结而发生地面沉降。

（二）软土沉降成因机理

1. 珠江三角洲的形成和演化决定了软土的分布和特性

从形成上看，珠江三角洲是由三次海退和三次海侵的三次旋回、六个阶段形成的，三角洲的软土是由晚更新世以来三次海侵形成的，珠三角地区软基沉降发生的范围与软土分布范围一致。第四纪沉积物多以海相、河相沉积为主,类型多为淤泥、淤泥质黏土、淤泥质砂、黏土等,这类土具有高含水量、大孔隙、低密度、低强度、高压缩性、低透水性、中等灵敏度等特点,决定了软土沉降的必然性。

从演化上看,现有研究认为珠江三角洲最老的沉积年龄为 4~6 万年,属晚更新世。一般认为珠江三角洲晚更新世—全新世地层自下而上可划分为六个组:石排组(Qp_3^{2-1})、西南组(Qp_3^{2-2})、三角组(Qp_3^3、Qh^1)、横栏组(Qh^1)、万顷沙组(Qh^2)和灯笼沙组(Qh^3),并认为存在古、老、新三套三角洲沉积(表 3-30),较新的形成时代也决定了其沉降的必然性。

表 3-30 珠江三角洲晚更新世—全新世地层及沉积旋回划分

时间(a BP)	地层	沉积物	沉积相	沉积旋回
2500	灯笼沙(Qh^3)	粉砂质黏土和淤泥	河海混合	新三角洲
5000	万顷沙(Qh^2)	中粗砂和黏土	河相	
7500	横栏组(Qh^1)	深灰色淤泥,底部为淤泥质砂	海相	
12 000 22 000	三角组(Qp_3^3、Qh^1)	顶部为一不连续的花斑状风化黏土,中部为砂砾和中粗砂,下部为黏土和粉细砂	河相	老三角洲
32 500	西南组(Qp_3^{2-2})	淤泥和粉砂质淤泥、黏土	海相	
40 000	石排组(Qp_3^{2-1})	砂砾和中粗砂	河相	前三角洲

2. 软土沉降形成的自然因素和人为因素

在自然条件和人为因素作用下,软土层的沉降一般经历瞬时沉降、固结沉降和次固结沉降三个阶段。瞬时沉降是地基受到荷载后立即发生的沉降,是由土体产生的剪变形所引起的沉降,这部分变形是不可忽略的。固结沉降是地基受荷后产生的附加应力,使土体的孔隙压缩,由于孔隙水的排出而引起土体体积减小所造成,是软基沉降的主要阶段。次固结沉降是地基在外荷作用下,经历很长时间,土体中超孔隙水压力已完全消散后,在有效应力不变的情况下,由土的固体骨架长时间缓慢蠕变所产生的沉降。软基沉降发育与软土物理力学性质、软土沉积时代、厚度与埋藏情况、填土以及工程活动情况有关。

1)软土自身条件对沉降的影响

珠三角地区软土属第四纪沉积物,主要为海相淤泥和淤泥质土,由于沉积年代较短,以及其独特的地理地质成因,形成了典型的区域性软土,具有其独特的物理力学性质(表 3-31)。

(1)含水量高、天然孔隙比大、饱水程度高、渗透性低。含水量(w)一般大于 35%,平均 58.6%,有的区域 w 高达 90%,部分泥炭土的 w 达 200%。孔隙比 e 一般在 1.01~2.68,平均为 1.6。土体饱和度 $S_r = 94\% \sim 100\%$,平均 98.5%。土层的垂直方向的渗透系数在 $10^{-8} \sim 10^{-6}$ cm/s,使得土体在荷载作用下固结速率小,变形稳定所需时间长。水平方向的渗透系数一般在 $10^{-5} \sim 10^{-4}$ cm/s,明显高于垂直方向。

(2)压缩性高、抗剪强度低、承载力低。珠江三角洲软土一般处于正常固结状态,部分软土处于欠固结状态,压缩系数 a_{1-2} 平均 1.17MPa,其值随着土层的深度有所提高,内摩擦角为 2°~29.5°,平均 8.38°。地基承载力一般在 20~130kPa,平均 68kPa,如不进行加固处理很难满足工程需要。

(3)软土呈蜂窝状、絮状结构,灵敏度高,土的灵敏度 S_t 为 3~6,个别高达 7~9,软土扰动后强度显著下降,甚至呈流动状态。

表 3-31 珠江三角洲软土的物理力学性质指标统计表

指标	样本容量 n	分布区间	平均值 μ	标准差 σ	变异系数 δ
含水量 $w(\%)$	525	33.9~98.8	58.57	13.97	0.24
孔隙比 e	407	1.01~2.68	1.6	0.38	0.23
液限 w_L	529	22.6~65.0	45.69	8.47	0.19
塑限 w_P	520	12.0~48.0	25.35	5.06	0.2
塑性指数 I_p	529	0~39.0	19.95	6.06	0.3
饱和度 $S_r(\%)$	33	93.6~100	98.5	2.06	0.02
聚力 C_q(kPa)	181	1~27	8.36	5.07	0.61
内摩擦角 φ_q(°)	212	2~29.5	16.27	4.83	0.3
压缩系数 a_{1-2}(MPa^{-1})	465	0.14~3.31	1.17	0.5	0.43
压缩模量 E_{1-2}(MPa)	216	0.9~14	2.46	0.89	0.36
承载力基本值 f_0(kPa)	100	20~131	67.87	21.99	0.32
灵敏度 S_t	16	3~9	4.7	1.79	0.38
垂直渗透系数 k_v(10^{-6}cm/s)	92	0.01~4.02	0.87	0.11	0.13

一般来说,软土形成时代新、埋藏浅、软土厚度大的区段,软土孔隙比大、含水量高、压缩系数大,易于产生压缩,地面沉降量大,对工程的影响大,反之亦然。通过典型钻孔路段软土厚度与地面沉降量对比,得出软土厚度与地面沉降量成正比(图 3-42)。

2)人类活动对软基沉降的影响

人类活动的影响主要体现在如下两个方面:一方面是人为加载急剧加速了软土固结的速度,就是前文提到的加荷固结沉降,导致了软土区出现大面积软基沉降与工程建筑损坏。主要有填土加载、建筑物加载和机械动荷载 3 种情况。

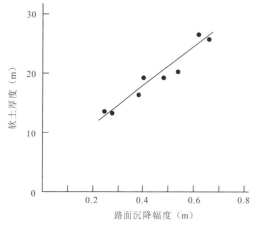

图 3-42 软土厚度与地面沉降量的关系

填土加载引起的沉降是在珠三角地区最常见的一种,随着经济区城市化进程不断推进,建设用地需要进行大面积的削高填低工程,修筑公路、铁路等交通路线需要填筑路基,不仅增加了软土荷载,也打破了软土的平衡状态。在软土分布区填土建筑,当选择桩基础穿越软土以及深部基岩持力层时,由于建筑物稳定而地面继续沉降,往往导致楼房悬空吊脚、桥梁相对"突起";部分直接在软土硬壳层上建造的房屋,因缺乏桩基础和持力层支承,建筑物的自重荷载直接对软土加压,常造成建筑物整体下沉或不均匀下沉。

另一方面,人为抽排地下水引起的沉降。由于过量抽排地下水,引起地下水位下降,降低了含水层的浮托力,在上覆土体自重力作用下,软土中孔隙水压力降低而加速软土固结产生的沉降。珠三角地区以建筑工地为加速软土固结进行砂桩处理地基,或建筑场地疏干排水作业所引起的沉降较为常见。

3. 新构造运动的长期影响作用不容忽视

新构造运动决定了软土分布范围。除了前述根据古海岸线的 3 个分区以外,断块差异升降造成了新的软土分布不均。自中更新世以来,珠江三角洲 NE、NW 和 EW 向三组断裂重新活动、相互截切,使得断块发生差异升降运动,形成断隆和断陷(图3-43)。在断块沉降和第四纪海平面变化的联合作用下,在断陷内的凹陷,接受上、下三角洲堆积两套地层,形成三角洲平原,奠定了珠江三角洲第四系沉积基底。这些堆积较松散和饱含水,在外力作用下常发生变形或流动。

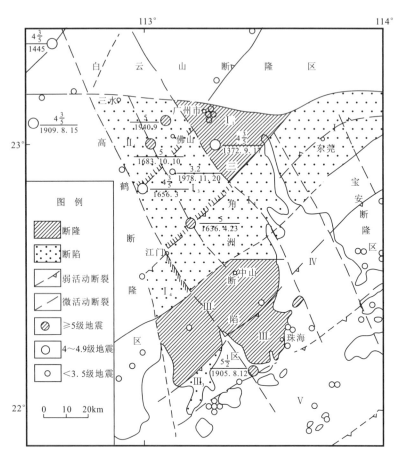

图3-43 珠江三角洲断块分布图

Ⅰ:东江断块;Ⅱ:西北江断块;Ⅱ₁:三水断陷;Ⅱ₂:番禺断隆;Ⅱ₃:顺德断陷;Ⅱ₄:万顷沙断陷;Ⅱ₅:新会断陷;
Ⅲ:五桂山断块;Ⅲ₁:五桂山断隆;Ⅲ₂:珠海断隆;Ⅲ₃:灯笼沙断陷;Ⅳ:伶仃洋断块;Ⅴ:万山群岛断块

东江断陷、三水断陷、顺德断陷、万顷沙断陷、新会断陷、灯笼沙断陷沉积中心第四系厚度20～60m。其中万顷沙凹陷沉积中心第四系厚度50～60m,是三角洲第四系发育最全的凹陷,灯笼沙断陷中心第四系厚度超过60m,是三角洲内第四系厚度最大的断陷。这两处断陷正是最易发生软基沉降的地区。

珠三角地区新构造运动,继续着三角洲以前的断块运动的特征,除表现为边缘断块的隆起和三角洲腹心的下沉外,还有由东西两侧向三角洲中心的挠曲、向南掀斜的趋势,虽然缓慢,但在三角洲长期规划中仍是一种不可忽视的因素。

四、珠江三角洲经济区软土沉降的易发性评价

综合分析该区的地质地貌、人类活动、新构造运动、已发生的地面沉降灾害,并参考前人对该区软土的易发性分析,我们对该区软土的易发性进行了评价(图3-44),其中斗门、南沙、中山、江门等为高易发区,顺德及南沙部分区域为易发区,佛山、广州等为弱易发区。

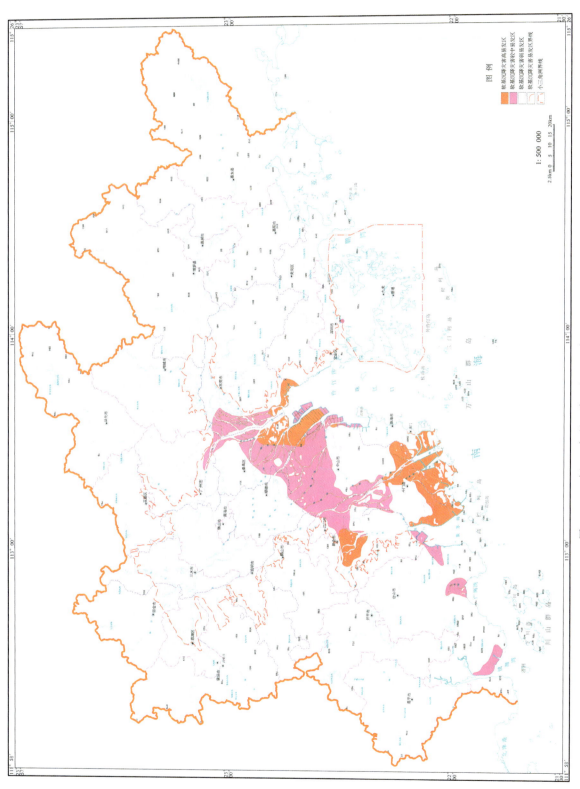

图 3-44 珠江三角洲经济区软土沉降灾害易发性分区

第六节　崩滑流地质灾害

一、崩塌和滑坡

(一)崩塌、滑坡分布的特点

崩塌、滑坡是本区较为常见的地质灾害,按其形成原因可分为自然和人为两大类型。其中自然地质作用形成的崩塌、滑坡按动力地质作用的方式再分为山地边坡滑塌和岸边滑塌两亚类。前者多见于低山—丘陵山区地带,多发生于地形标高较大的陡坡上,主要分布于惠东东北部及花都北、从化、深圳等地,常在边坡陡峻处发生崩塌,多以倒石堆形式堆积于坡脚,于从化鳌头镇—花都梯面镇国道106沿线、惠东白盆珠水库周边山坡崩塌最为发育,成群集中分布,部分崩塌体已被水流冲走造成水土流失,滑坡多沿地层倾斜方向于变质岩片状结构面、碎屑岩软硬相间岩层的软弱层面产生顺层滑动,块状岩类则多在残积土与母岩接触面发生,惠东县安墩镇、马山镇等地最常见,以土质顺层滑坡居多;后者是水动力作用导致崩塌或滑坡,主要发生于江、河、海、湖、库的岸边,由水流冲击作用导致边岸滑塌,台山广海一带海岸和西江岸段常见。人为作用导致的崩塌、滑坡则多发生于人类活动剧烈地带,多发育于人工边坡,以依山开发建设场地边坡、修筑道路的路堑边坡、矿山工程边坡常见。以本次调查的崩塌、滑坡按成因分类统计,其分布情况见表3-32。

表3-32　崩塌、滑坡按成因分类统计表

成因类型	人为因素			自然因素		合计
	道路工程	建设场地	矿山工程	地表水体边岸	中低山、丘陵台地	
崩塌(处)	24	17	19	7	6	73
滑坡(处)	12	6	5	3	4	30

以本次调查的崩滑现象统计,在73处崩塌中,崩落体体积最大的70 000m³,为台山市广海镇山嘴码头段海堤崩塌,体积≥10 000m³的仅5处,按地质灾害灾变等级划分:属小型的68处,占93%,中型的5处,占7%。30处滑坡中,滑坡体体积最大的500 000m³,为博罗县长宁镇下石下村滑坡,体积≥100 000m³的4处,等级划分:属小型滑坡26处,占87%,中型的4处,占13%(表3-33)。

表3-33　崩塌、滑坡按灾变等级划分表

分级		特大型	大型	中型	小型
崩塌	体积($10^4 m^3$)	>100	100~10	10~1	<1
	调查点(处)	0	0	5	68
滑坡	体积($10^4 m^3$)	>1000	1000~100	100~10	<10
	调查点(处)	0	0	4	26

(二)崩塌、滑坡成因分析

岩土类型、地质构造、地形地貌、水文气象、人类工程活动等是形成崩塌、滑坡的基本因素。

1. 岩土类型

岩土是产生崩塌、滑坡的物质条件。一般而言,块状、厚层状的坚硬脆性岩石常形成较陡峻的边坡,若构造节理和(或)卸荷裂隙发育且存在临空面,极易形成崩塌。如调查区硬质岩类的花岗岩分布区产生较多崩塌现象,以从化鳌头镇—花都梯面镇一带及惠东白盆珠水库周边花岗岩分布区为甚,其残积层厚度一般大于5m,岩性为砾质黏性土,含多量砾粒,黏结性差,遇水易离解崩落,造成崩塌成群出现。软质层状岩类,特别是具有软弱夹层,如果倾向与坡向一致,岩层倾角小于坡角时,易产生滑坡,如钙质泥岩夹石膏岩、砂页岩夹煤岩等。惠东县马山镇一带的三叠系地层分布区,是本区的滑坡多发区,主要原因是该地层岩性为薄层状砂页岩夹碳质页岩及煤岩,具软弱夹层,层向与坡向一致,雨水易顺层间界面下渗,导致块体沿软弱面移动而形成滑坡。

2. 地质构造

各种构造面,如节理、裂隙面、岩层界面、断层等,对坡体的切割、分离,为崩塌、滑坡的形成提供脱离母体(山体)的条件,同时,构造面又为雨水进入斜坡滑塌面提供了通道。因此,构造活动强烈地带也是崩塌、滑坡易发地段。如惠东莲花山脉—海岸山脉由于受莲花山深断裂带切割,岩土破碎,是崩塌、滑坡多发区。

3. 地形地貌

地形地貌是决定崩塌、滑坡发生的一个特定的环境因素。起决定作用的主要是坡度,坡度大于55°的高陡斜坡、孤立山嘴或凹形陡坡是崩塌形成的有利地形。由本次调查发现,崩塌源坡面坡度通常大于60°,特别是人工开挖的边坡,坡度一般为70°~80°,局部陡立近直角,是这些边坡易产生崩塌的主要原因。坡度大于10°、小于45°、下陡中缓上陡、上部成环状的坡形易产生滑坡。

4. 水文气象

降雨是崩塌、滑坡的主要诱发因素。雨水的入渗既可使岩土体自重增加,也导致层(或构造面)间摩擦力降低。调查结果表明,区内绝大多数的崩塌、滑坡均发生于雨季或降雨期间。本区属亚热带季风气候区,每年的5—9月为雨季,雨量多而集中,是崩塌、滑坡的多发季节。

5. 人类工程活动

人类工程活动是造成崩塌、滑坡的主导因素之一,从调查区来看,人类工程活动频繁的地区是崩塌、滑坡多发区。如道路工程、建设场地、矿山工程等,人类工程活动往往形成陡立边坡,坡脚由于开挖而失去平衡,从而导致崩塌、滑坡。

(三)崩塌、滑坡的危害

1. 道路工程沿线崩塌、滑坡造成的危害

调查区交通发达,各级路网纵横交错,山区公路沿线不同程度地遭受着崩塌、滑坡的危害,轻则淤埋路侧排水沟,影响排水功能;重则堵塞交通,威胁行车安全。如发生于2001年4月5日的南海

市平洲镇三山村（县道开挖边坡）滑坡，由于开挖边坡附近有恩平-新丰深断裂通过，岩层裂隙发育，岩体风化强烈，呈半岩半土状，修路开挖坡脚使其失去原有平衡，在连降暴雨后产生山体滑坡。据调查，在山体产生明显滑动前，路人听到岩体错动时发出的清脆响声。实地调查可见滑体后缘拉裂缝密集，滑体舌部有水流渗出，滑坡体宽 100m，厚约 15m，长 220m，滑体体积约 $30×10^4 m^3$，填埋县道长达 10m，致使交通受阻达 3 天。调查时有关部门已清除了掩埋路面的岩土体，但滑体还有进一步滑动的可能，对该路段的交通安全构成了极大的潜在威胁。

崩塌、滑坡对铁路造成的危害亦较严重。规模小的崩塌、滑坡可造成铁路路基上拱、下沉或平移，大型的则可掩埋、摧毁路基，导致行车中断、列车出轨等事故的发生，损失惨重。据《广东省防灾减灾年鉴》，1994 年 8 月 3 日 16 时 30 分，广深铁路樟木头站北约 1km 处发生山体滑坡，约 $5000m^3$ 山泥顷刻间掩埋了铁路，致使行至此间的广州至深圳的 17 次客车的机车头及三节车厢撞入塌土中，过往列车因此全部受阻，幸无人员伤亡。灾害发生后，经铁路部门紧急抢险排障，6 小时后开通上行线，16 小时后全线开通。致灾原因是由于开挖新路堑坡度较陡，未作完善的护坡措施及天雨等原因所致。

2. 建筑场地崩塌、滑坡造成的危害

由于人们对崩塌、滑坡潜在的危险性认识不足，一些建筑场地由于边坡过陡，雨季常造成土体失稳而发生滑坡、崩塌，主要是雨水入渗使土体含水量增高，自重增加，黏聚力降低所致。调查发现，造成的人员伤亡和经济损失往往不是与规模成正比，也就是说，在缺少防范的情况下，一个很小的崩塌可造成较大的危害。如：2003 年 5 月 5 日发生于深圳市石岩镇料坑村附近，顺兴工业区建设场地边坡上的崩塌，崩塌体仅 15m×3m×0.4m，一场暴雨导致一个临时工棚被压，造成 3 人死亡，7 人受伤的重大事故，按地质灾害灾情及危害程度分级，该崩塌事故属较大级，而崩塌体规模属小型。

建筑场地开挖导致的滑坡，往往影响工程进度，对相邻工程建筑物的安全构成影响。据《广东省环境地质调查报告》，1987 年 7 月 18 日，深圳石化公司水贝工业建筑施工场地的人工边坡，在连续几天降雨后，发生东西长 70m，南北宽 40m 的顺层滑坡。滑坡体体积 $(0.6～1)×10^4 m^3$，致使滑坡后缘的国防公路路面出现 2 条长数米，宽 5～10cm，深 1m 以上的大裂缝，威胁道路交通安全，并且严重妨碍了工程建设进度。另据本次调查，发生于该类边坡上规模较大、潜在危险性较高的是从化市江埔镇白田岗滑坡，由于兴建厂房开挖边坡过陡，导致边坡失稳，在雨水浸润下发生滑坡。滑坡体长 85m，宽 200m，高 60m，斜面呈阶梯状，严重威胁前沿一座面积约 $300m^2$ 的楼房的安全，滑体所造成的水土流失亦较严重，淤积滑坡前缘 105 国道排水沟，使其失去排水能力。

3. 矿山工程崩塌、滑坡造成的危害

露天采矿（包括取土场、采石场等）不仅形成高危边坡，而且造成的危害也较为严重。如 2002 年 9 月 18 日，发生于深圳市龙华镇民治村螺余坑的滑坡，滑坡场地为位于半山坳的一个废弃采石场，石场停采后作为附近采石场的弃土填埋场，废弃土填埋高达 40m，加上滑坡发生前深圳范围连降暴雨，弃土饱水自重增加，在多种因素综合影响下发生滑坡。滑动土体体积达 $50\,000m^3$，属大型土体滑坡。当时斜坡下空置场地约 $2000m^2$ 范围内有临建窝棚 20 多间，住有从事饲养业的人员，灾害发生导致多间窝棚被滑坡体掩埋。据统计，此次山体滑坡灾害共造成 4 人死亡，31 人受伤，其中 7 人重伤，被压死、掩埋的猪、鸡、鸭无法统计。

4. 岸边崩塌、滑坡造成的危害

在江河边岸所发生的崩塌、滑坡，多属规模小、危害大类型。主要发生在调查区西江岸段，是调

查区崩塌、滑坡易发岸段之一。最近发生的有西江北岸高要市禄步镇水泥厂码头滑坡等。

在海岸地带发生的崩塌、滑坡，主要是海岸边坡由于长期受到海浪猛烈冲击，并且在潮涨、潮退作用下（冲刷下来的泥土易被潮水带走），使部分海岸坡脚内蚀悬空，使上部岩土体失稳所致。其规模一般较大，造成的损失亦较严重。如2003年7月23日发生于台山市广海镇山嘴码头段海岸的崩塌，是由于受到强台风"伊布都"袭击，狂风暴雨急浪强烈冲击海岸，导致发生大型崩岸现象。崩塌体体积达70 000m³，近600m人工海堤和路面完全被毁，破坏力强大，经济损失严重。调查时发现，沿线海岸由于受强台风"伊布都"影响多处发生崩岸现象。2008年8—9月间的深圳水库山体滑坡，对人民群众生命财产构成威胁。东部沿海公路存在多处边坡塌方、山泥倾泻等潜在地质灾害，威胁交通和行人安全（图3-45、图3-46）。另外，大规模的开挖坡体建筑，也存在着潜在危害。如盐田区大梅沙沿海一带开发速度快，从开挖断面可以看出建筑物下方山体存在着较多构造破碎带，如不加以正确处理，势必对在建工程构成潜在危害。

图3-45　梅沙路溪冲崩塌隐患点

图3-46　金沙湾北道路开挖风化后滑坡

另外，由于大量人类工程建设开展，采挖海沙、河沙现象明显，一方面改变水流、海流环境，破坏了原有自然的冲淤平衡，引发洪水等自然灾害，另一方面造成水下岸坡失稳，容易引起水下滑坡及涌浪等次生地质灾害，影响堤坝稳定，并威胁水上生产生活活动和船只安全。

二、泥石流

（一）泥石流的分布特点

泥石流也被人称为"山泥倾泻"，是山区沟谷中，由暴雨激发的、含有大量泥砂石块的特殊洪流。调查发现，区内已发现泥石流24处共107宗，规模均属小型。以惠东莲花山-海岸山脉等山高坡陡的侏罗系火山喷出岩（JKn、JKb、Jr）分布区为易发区，其次为台山、新会、花都等地花岗岩分布区。本区的泥石流具有群发性、集中分布的特点，发生泥石流地带附近往往有多宗泥石流同时出现。如：莲花山一带火山喷出岩分布区，泥石流成群出现；台山市白沙镇东兴里泥石流，则在附近发育有20多条泥石流沟；开平市蚬岗镇春兴村一带10多宗泥石流并存。

(二)泥石流的形成条件

1. 水源条件

水既是泥石流的重要组成部分,又是泥石流的重要激发条件和搬运介质(动力来源)。本区泥石流的水源主要是暴雨、长时间的连续降雨等。因此,泥石流发生的时间规律与集中降雨的时间规律是一致的,具有明显的季节性,每年的5—9月降雨季节泥石流多发。具体的发生时间多在降雨过程中或在连续降雨之后。

2. 岩性条件

岩石的风化残积土是本区泥石流的主要固体物质来源。如火山喷出岩分布区泥石流发生频率高,主要原因是岩石受构造、风化作用影响,节理裂隙发育,残积土厚度不大,与风化岩的接触界面明显,多为结构松散的碎石混黏性土,一旦遇上雨量充沛的季节,残积土中的黏土矿物就会遇水膨胀-软化,在汇水条件有利和坡度较陡处的风化岩、土就会沿山沟一泻而下形成泥石流。由于其风化岩土薄、汇水面积小,故泥石流规模较小。

3. 地形地貌条件

在地形上具备山高沟深、地势陡峻,沟床纵、坡降大,流域形态便于水流汇集。陡峻的地形不仅给泥石流的发生提供了动力条件,而且在陡峭的山坡上植被难以生长,在暴雨作用下极易发生水土流失,从而为泥石流提供了丰富的固体物质。如本区惠东莲花山-海岸山脉等山高坡陡的侏罗系火山喷出岩(JKn、JKb、Jr)地区,就明显具有上述特点,是该地区泥石流出现频率较高的原因之一。在地貌上,泥石流的地貌一般可分为形成区、流通区和堆积区三部分。

(三)泥石流造成的危害

据调查,区内已发的泥石流绝大部分发生于火山喷出岩分布的山区,发生时间均为大雨—特大暴雨期间,因此本区发生的泥石流几乎全部是暴雨激发型。如果按固体物质提供方式进行分类,则大部分应归属崩塌型泥石流。区内的泥石流具有规模小、频率高、集中发育、石块与泥土混合流动的特点。造成的危害主要为淤积山塘水库、溪流,淤埋农田,毁坏农作物、近山民宅及简易公路等。在花岗岩分布区虽然泥石流较为少见,但在特定区域一旦发生泥石流,无论规模或造成的灾害都要比火山喷出岩区的大,这类泥石流的流动物质多以泥土为主,主要是花岗岩风化残积土层厚度大、山体大和汇水面积大之故。如1997年5月8日8—9时发生于从化市鳌头镇的泥石流,分布及影响范围波及附近黄茅、洲洞、石咀、高脊等村庄6.6km×6km范围,除以泥石流为主外,伴有滑坡、崩塌等综合性地质灾害,且与洪灾同时发生。共有100多处泥石流,致使6000多间房屋倒塌,7500人无家可归,35km长的公路及30座桥、涵洞遭破坏,60km河堤被冲坏;1.8万亩农田被泥、砂、石覆盖而无法耕种;死亡62人,失踪10人,受伤150人,损失3.5亿元。据现场调查分析,该泥石流的形成属自然因素引发,该地当天凌晨2时起至8时降暴雨400 mm以上;地势较陡,地形有利于水流的集中;地层岩性为花岗岩,表层风化严重,表面松散,遇水冲刷很快造成崩塌、滑坡,水、石、泥汇集便形成泥石流。

1997年5月8日上午9时,花都区梯面镇五联村一带,由特大暴雨激发的一宗泥石流,造成一幢二层楼房被冲毁,致使房内10人同时遇难,淤埋山坡坡脚大部分农田。

第四章 海陆交互带重大环境地质问题

第一节 海平面升降及岸线变迁

一、海平面升降

全球约10%的人口生活在海拔不足10m的海岸带地区(McGranahan et al,2007),其中近3亿人集中生活在海拔较低的三角洲地区,这些地区人口密度大、生产力高和生物多样性丰富(Ericson et al,2006),是社会经济发展的核心区域。然而,随着全球变暖的日益加剧,这些低海拔地区将受到海平面上升及其导致的环境问题的严峻挑战(Nicholls,Cazenave,2010)。IPCC(Intergovernmental Panel on Climate Change)最新的第五次评估报告再次肯定了海平面不断上升的事实,模式预测到2081—2100年,海平面最高将上升0.82m(沈永平,王亚国,2013)。而且,由于极地冰盖消融的持续加剧(Allison et al,2009),到2100年全球海平面的上升幅度将达到约0.8m或更多(Pfeffer et al,2008;Siddall et al,2009)。另外,由于油气和地下水开采等导致的地面沉降,河流上游修筑人工堤坝减少沉积物供给等,使得这些低海拔的三角洲地区未来遭受海平面上升带来的洪水、风暴潮、咸水入侵等灾害的风险大大升高(Syvitski et al,2009;Nicholls,Cazenave,2010)。

珠江三角洲位于中国广东省中南部、南中国海北岸,是由西江、北江、东江等河流在珠江河口湾内堆积形成的复合三角洲(黄镇国等,1982)。珠江三角洲平原地势低洼,一般高程不足5m(珠江基面,下同),近半平原高程低于0.9m(李平日,1998),未来海平面上升也将对该地区的地质环境造成巨大威胁,对区域经济和社会的发展产生严重影响(李平日,1998,2009;李平日等,1993;黄镇国等,2000;Ericson et al,2006)。

与地质历史记录不同的是,近代海平面变化的研究基础是各验潮站的实测资料。始于1925年香港和澳门验潮站是华南潮位序列最长的站,根据两站1925—1996年的记录(图4-1),近72年海平面上升速率为(1.8 ± 0.1)mm/a,而且两地的构造相对稳定,故这一速率可代表该地区的绝对海平面变化速率或理论海平面变化速率(黄镇国等,1999,2000)。这一速率与IPCC第五次评估报告中全球平均海平面上升速率相当,1901—2010年期间,全球平均海平面上升的平均速率是1.7mm/a(沈永平,王亚国,2013)。然而,自20世纪初以来,全球平均海平面上升速率在持续增加,1971—2010年,全球平均海平面上升的平均速率已增加到2.0mm/a,1993—2010年达3.2mm/a(沈永平,王亚国,2013)。珠江三角洲海平面变化也呈现这一特点,来自大万山附近1°×1°经纬度网格区域高度计1993—2006年期间的卫星数据显示,珠江口绝对海平面上升速率为(3.0 ± 0.5)mm/a,与同时期全球65°N—65°S海区平均海平面的上升速率相近。而且,卫星观测数据与珠江口沿岸6个验潮站同期的潮位序列有很好的同步性和显著的相关性,在季节变化上也有相当好的一致性

(图4-2)(时小军等，2008)。

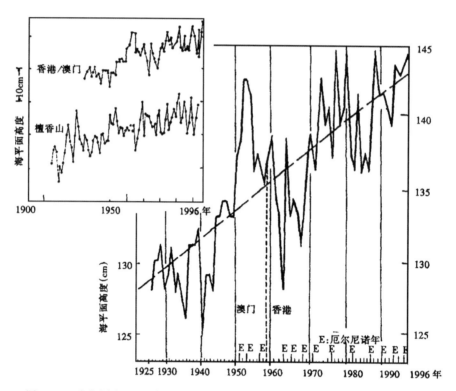

图4-1 香港/澳门近72年海平面变化曲线(1925—1996年)(引自黄镇国等,1999)

根据三灶站、大横琴站、赤湾站、大万山站、香港站、大埔窖等验潮站的资料,珠江三角洲海平面1975—2006年期间上升速率为1.8~4.3mm/a,平均为3.0mm/a;1993—2006年期间上升速率为0.6~6.9mm/a,平均为3.6mm/a(时小军等,2008)。各验潮站记录的是各地的相对海平面变化,其包含了地壳垂直运动、沉积物压实等的信息。尽管各站位的变化速率存在较大的差别,但其平均速率也清晰地反映出珠江三角洲相对海平面也呈现加速上升的趋势。

无论是验潮站的记录还是卫星资料均显示,珠江三角洲海平面不是平稳上升的,呈现出明显的波动变化特征。路剑飞等(2010)根据珠江三角洲网河区及口门位置的横门站、万顷沙站、黄埔站和浮标厂站4个验潮站38年的月均水位资料,利用小波方法研究表明,1957—1994年间,珠江口海平面存在2~8a的显著周期性变动,以及10a和20a左右的周期性变动。其中,2~8a的变化周期与厄尔尼诺-拉尼娜(EI Nino - La Nina)变化周期相近,显示出珠江口海平面变化与ENSO(EI Nino - Sowthern Oscillation,厄尔尼诺循环)间存在一定的关系。ENSO是全球气候年际变化中的最强信号。根据Ding等(2002)在香港附近海域的研究,EI Nino发生时,东热带太平洋上空存在低气压,形成自西向东的信风,促使海水向东流,导致东热带太平洋海平面升高而西热带太平洋海平面降低;而La Nina发生时,情况则相反。而Rong等(2007)对整个南中国海的考察,从海流、水温以及降雨变化等角度,认为EI Nino发生当年,一方面,经过吕宋海峡进入南海的水量减少,从巴里曼丹海峡出去的水量增大;另一方面,南海周边的逆时针的海流,导致南海中部中层水温降低,热膨胀减少;此外,南海上空大气对流减弱,使降水量减少。EI Nino之后,一般伴随着La Nina,以上情况发生改变,海平面又回升。1960—2006年期间的15次ENSO事件中,有10次珠江口出现了明显的相对低海平面,这与香港附近海域和整个南海的研究结果相似。而且,珠江口海平面异常与Nino 3指数呈现明显的负相关,最大负相关系数可达-0.68(时小军等,2008)。此外,珠江三角洲海平面变化还存在近40a的变化周期(陈特固等,1997)。

从海平面变化及其趋势来看,全球气候变暖导致的全球海平面上升仍然是近代珠江三角洲海平面变化最主要的影响因素(陈特固等,2008)。全球气候的变暖,不仅导致极地等冰川的大量融化,还使得海洋受热膨胀,特别是上层海洋,成为海平面上升的主要因素(沈永平,王亚国,2013)。不仅如此,珠江三角洲相对海平面还受到珠江入海径流量的影响,径流量变化$1000×10^8 m^3$,位于珠江三角洲河口区各验潮站的年平均水位相应变化4～6cm(陈特固等,1997)。在年际变化中,存在较强的ENSO信号,表明受到ENSO的影响。此外,填海造地、围垦滩涂、大规模采沙等人类活动也对珠江三角洲地区的水位变化有着较为复杂的影响。

二、岸线变迁

珠江三角洲地区位于南海北部,沿岸海平面在未来将继续上升,势必引发一系列地质环境问题,危及人类海岸带填海造地及所属工程建筑安全,制约珠三角地区社会经济的进一步发展。

(一)岸带造陆速率加快

珠江三角洲海岸的发育演变经历了缓慢淤积阶段和快速淤积阶段(图4-3)。

2000年以来,造陆速率由秦汉—唐初期间的$0.55km^2/a$逐渐发展至唐初以来的$1.78～2.41km^2/a$。大规模的人类经济工程活动使120余年来海岸发生异常变迁,以万顷沙至横门和灯笼沙至平沙农场最为明显。19世纪80年代初至20

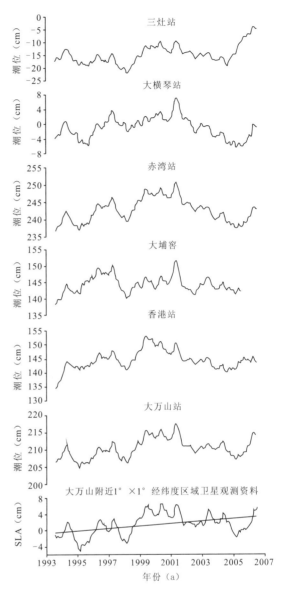

图4-2 1993—2007年期间珠江口6个验潮站与卫星观测海平面变化对照(引自时小军等,2008)

世纪80年代初,万顷沙、灯笼沙向海推进平均速率已分别达到63.3m/a与121.7m/a。20世纪60—70年代"以粮为纲"时期、80—90年代改革开放初期的大规模围海造地活动使本区尤其是珠江口地区海岸线快速向南海推进(全区向海推进面积增加$619.23km^2$,其中珠江口地段向海增加$552.95km^2$)。目前横门外中山市境内已围垦至二十三涌,南沙区境内已围垦至二十一涌,珠海市斗门区白藤湖围垦后导致泥湾门被封闭,珠海三灶岛、大横琴岛等岛屿已与内陆连接成片。

1965—2003年珠江三角洲海岸总造陆面积达$730.64km^2$,造陆速率为$19.23km^2/a$,造陆的速度呈越来越快的趋势。其中伶仃洋、磨刀门、黄茅海为海岸变迁的典型地段。伶仃洋两岸38年间共造陆$2483km^2$,平均速率为$6.42km^2/a$,其中1965—1990年$4.05km^2/a$,1990—2000年$10.33km^2/a$,2000—2003年$13.09km^2/a$。分析结果真实反映了伶仃洋的造陆速度呈越来越快的发展趋势(表4-1、表4-2,图4-4、图4-5)。

表 4-1 万顷沙-横门地段海岸线变迁统计表

1883年岸线位置	1830—1883年		1883—1936年		1936—1965年		1965—1990年		1990—2000年	
	岸线位置	速度(m/a)	岸线位置	速度(m/a)	岸线位置	速度(m/a)	岸线位置	速度(m/a)	岸线位置	速度(m/a)
蕉门及横门两侧岸线已基本形成，南沙附近平原1906年已存在，万顷沙只发展到七涌附近，沥心沙未出现	从三涌发展到七涌	55.6	从七涌发展到十一涌	60.3	向东北及向东南方向发展，从十一涌发展到十三涌	94.8	向东南方向发展，万顷沙从十三涌发展到十八涌，龙穴岛围垦、横门滩初具规模	330	万顷沙从十八涌发展到二十一涌、龙穴围继续向南推进、横门围已围成5围	万顷沙：200 龙穴岛：725 横门：600

表 4-2 灯笼沙—平沙农场地段海岸线变迁统计表

1883年岸线位置	1883—1913年		1913—1936年		1936—1946年		1946—1965年		1965—1990年		1990—2000年	
	岸线位置	速度(m/a)	岸线位置	速度(m/a)	岸线位置	速度(m/a)	岸线位置	速度(m/a)	岸线位置	速度(m/a)	岸线位置	速度(m/a)
磨刀门是一个深入的漏斗湾，白蕉、小林，大林尚是孤岛，灯笼沙尚未出现，磨刀门口东岸的滨线在蜘洲以西	灯笼沙已发展到第三围	228.0	灯笼沙推进到第五围磨刀门口东岸滨线的发展速度35.3m/a	84.0	灯笼沙发展到第六围，小林、大林以北平均发展速度175m/a	125.0	灯笼沙已发展到第七围	125.0	向西南推进到鹤洲，平沙向南推进1.5km	128.6	发展到横洲交杯，平沙向南推移最宽处达5.75km	950.0

(二)海岸异常变迁影响深远

海岸线频繁变动，海岸生态环境正遭受着巨大的冲击，结合海平面上升的叠加作用，对新世纪城市的可持续发展和人民对海岸资源的永续利用造成了极大的影响。

(1)直接导致湿地生态破坏：人类不断地在滩地上围垦，使不少湿地毁灭，许多水生物丧失了天然栖息地，特别是某些重要的珍稀生物繁殖区、鱼类产卵场和幼鱼保护区等因盲目围垦受到而破坏，引发海岸生物种群和数量的减少，造成目前的渔业资源日益衰退。围垦及填海造地还对区内珍贵的红树林造成了严重的破坏，珠江口地区红树林资源大量减少。

(2)河道水位升高，加剧洪涝灾害：口门围垦使河口缩窄和向海延伸，而上游来沙仍在新口门淤积，形成新的栏门沙和浅滩，致使泄洪不畅，导致洪区和潮水位抬高。经计算，河口每延伸100m河道水位就会上升0.5~1cm，这个数量是惊人的。河道水位升高，不仅加剧了洪水威胁，缩短了特大洪水的重现期，对城市人民的生命财产造成重大威胁，造成城市街道经常受浸、大片的低洼田处于洪潮的包围之中。

(3)增加河道及口门的淤积，影响港口、航道淤积：广州港淤积最严重的沥滘水道，每年最大回淤厚度达1m。1956—2000年44年间，广州出海航道累计疏浚泥沙约$7107 \times 10^4 m^3$，其中虎门以内约为$2000 \times 10^4 m^3$。

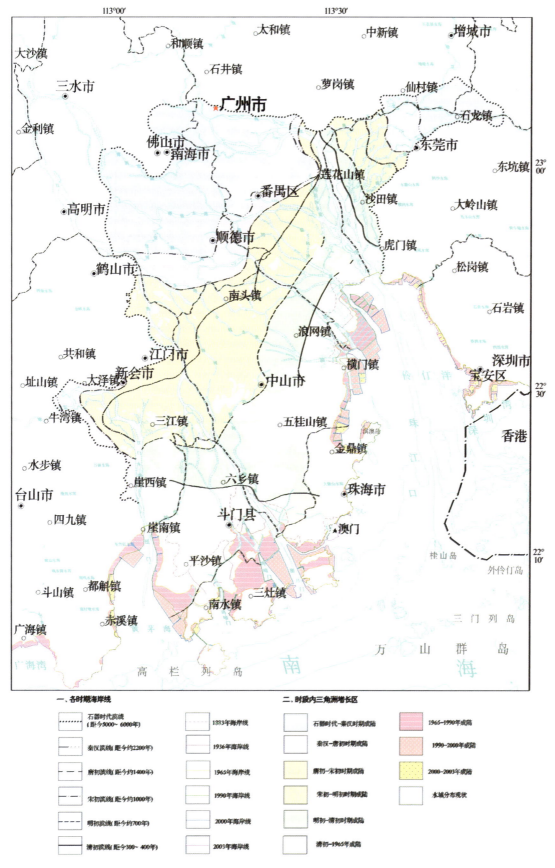

图 4-3 珠江三角洲 6000a 来海岸带变迁图

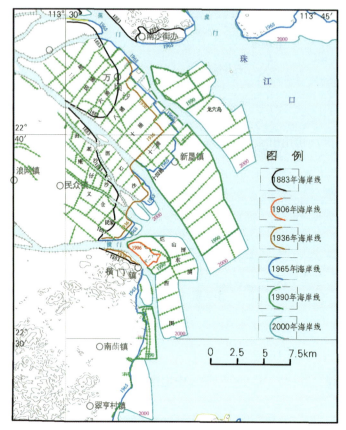

图 4-4 万顷沙 1883 年以来海岸带变迁图

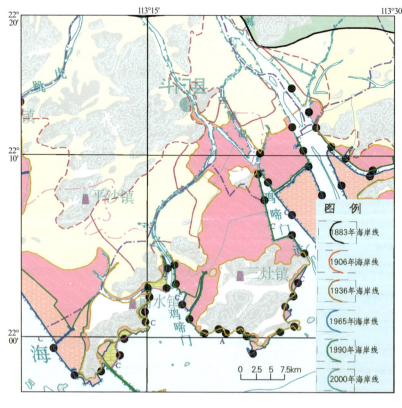

图 4-5 灯笼沙 1883 年以来海岸带变迁图

(4)污水滞留,加重河网的水质污染:随着珠江三角洲经济的快速发展,从珠江八大口门入海的污染物质越来越多,无论是地表河水还是近岸海水的水质污染形势都非常严峻。围垦和联围筑闸延长了出海河道的长度,束窄了口门及河床宽度,减弱了潮流的强度,越来越严重的河网污水得不到冲淡,加剧了河道的水质污染。

(三)海平面上升

1.8mm/a 可视为珠江口地区理论海平面的上升速率。

珠江口相对海平面上升除受全球气候变暖影响外,还受地壳运动、河口沉积物压缩、近期断裂活动、地震以及水文地理等因素的影响,黄镇国等(2000)综合考虑上述因素,预测珠江三角洲 2030 年相对海平面将比 1990 年上升 22~33cm。

珠江三角洲平原十分低平,高程小于或等于 2m(1956 年黄海基面)的约占三角洲平原总面积的 60%。海平面上升,极大地改变了珠三角的地质环境:大片低地将被淹没或受威胁,风暴潮灾害加剧,咸水入侵范围扩大,加剧珠江三角洲水质性缺水的形势,海岸侵蚀作用将加强,沿海城市环境面临新的恶劣形势。据国家海洋信息中心估计,当海平面上升 30cm 时(百年一遇的高潮水位),珠江三角洲约有 1719km^2 的地区将被淹没,广州黄埔、灯笼山等地 100 年、200 年、1000 年一遇风暴潮的出现频次将增加约 5 倍,后果将十分可怕。

第二节 海岸侵蚀与河口淤积

珠江三角洲局部海岸段海滩侵蚀和海岸沙坝向岸位移,伴生滨岸地质灾害。据有关报道,珠三角局部海岸段原来距离海岸线数百米远的村落如今离岸线仅数米。另外,一些淤蚀平衡地区在人为改变了原有动力系统后,海岸侵蚀有加剧的趋势,造成了一些景观资源的破坏。过度挖沙使部分海域的海床越挖越深,甚至造成海岸侵蚀,出现海堤崩塌。由于近年来围堤束水和填海造地,港口、河道、口门淤积影响正在不断增大。加之中上游水土流失,下游淤塞严重,改变了原来的自然排泄系统,对航道、岸滩、滩涂都造成了严重的影响。珠江三角洲侵蚀淤积型海岸带超过 500km,其中在长度上,淤积岸段:侵蚀岸段约为 5:1。

一、海岸侵蚀

珠三角地区侵蚀岸段多为基岩岬角,由东至西为港口镇炮台山、大亚湾斗头山、大鹏半岛虎头山、南澳镇大燕顶、尖峰顶、深圳南山区南山、东莞虎门镇沙角、珠海银坑、横琴岛大窝山、田头镇鹅头咀、广海湾鸡罩山、北陡镇打鼓山等,岸线长度约 100km。

另外,一些淤蚀平衡地区在人为改变了原有动力系统后,海岸侵蚀有加剧的趋势,造成了一些景观资源的破坏,如深圳市盐田区大鹏镇(乡)金沙湾度假区,原来以淤积为主,随着旅游建筑资源工程的开发,近年有侵蚀加重迹象。调查区地势低平,总体自东而西由海岸向陆地微倾,陆地地面标高一般为 0~2.0m,由北向南形成狭长的湾状海积潮滩,宽约 1.5km,潮滩向海域自然延伸形成宽缓的海底,平均坡度 0.4%~0.6%。原有海滩因修路和建筑逐渐向海延伸,侵淤破坏平衡被打破,海滩逐渐侵蚀,岸滩一些风景林有被破坏风险。临海部分岸滩坡度变大,侵蚀加重,直接影响到该区今后的可持续发展问题(图 4-6、图 4-7)。

图 4-6 受侵蚀破坏的海边景观树木　　　　图 4-7 临海坡度变陡

二、河口淤积

珠江三角洲八大口门都是淤积海岸,向海淤进较快,淤进速率达 40～160m/a,河口浅滩面积不断增长,由于人工围垦的加速,河口岸线全面向海推进。

以深圳市为例,深圳市海岸淤积现象主要分布于西部海岸。自 1962 年来,海岸线普遍向外推移数百米至 1000 余米,海岸外移速度为 17～55m/a。湾内淤积较严重,海滩以淤泥为主,可以预测,位于深圳湾和前海湾之间的蛇口、赤湾和妈湾等港湾海岸线有拉直的趋势,对妈湾、赤湾港口码头的建设存在潜在的危险。

第三节　海岸带生态功能退化

珠江三角洲海岸带是典型海陆相互作用的地带,海岸带淤积、侵蚀均受区域地质构造背景、物源区特征、新构造运动过程、海平面升降变化、地形地貌条件、气候因素及海洋水文动力特征等因素的相互制约。其中地质构造背景控制了海岸带的基本构造格架和轮廓;而地形地貌条件、气候因素及海洋水文动力特征等,则对海岸带塑造起着十分突出的作用。而在经济高速增长的动力推动下,人类活动日益成为海岸带地质环境影响因素中的重要组成部分。由人类实施的大规模人工围垦填海造地、采挖海砂、过度开采地下水及三废排放,大大破坏了海岸带地质环境,产生了一系列海岸带地质环境问题,影响了当地经济社会可持续发展,成为解决海岸带地质环境问题的重要目标。

一、大规模填海造地导致生态功能退化

填海造地是人类海岸带开发活动中的一项重要的工程,是人类向海洋拓展生存空间和生产空间的一种重要手段。填海造地在带来经济效益的同时,也带来了许多地质环境问题,如:改变海域水动力条件,港湾内纳潮减少;海水自净能力减弱,海水水质恶化;引起港湾内泥沙淤积等。

珠江每年带来约 1×10^8 t 泥沙倾注入海,使三角洲不断发育。据推算,每年平均向海面伸展约 27m。堆积特别旺盛地段伸展更快,如万顷沙 63m/a,灯笼沙 121m/a。这些泥沙还在三角洲前缘形成广阔滩涂。珠江口海域滩涂面积超过 100 万亩,主要分布于伶仃洋西岸(23 万亩)、磨刀门(30 万

亩)和崖门的黄茅海(25万亩),其余分布在伶仃洋东岸。这些滩涂土质肥沃,淡水源丰富,其中约1/3滩涂围垦条件已很成熟,是人多地少的三角洲地区相当宝贵的后备土地资源。

以珠江口东岸为例,此处基岩海岸较少,大部分为淤积型海岸,早期以自然淤积为主,形成近岸滩涂和红树林等生态景观,后来人类活动加强,滩涂被改造为人工围垦水塘,红树林减少呈点条状分布,海岸线快速向海推进,整个淤积型海岸发生迅速变化,在多时期遥感影像上尤为明显。

在近海地区,土地资源显得日益紧张,人类不断向海要地。现经人为改造,海岸带已发生较大变化,"填海造地"现象愈演愈烈,在遥感影像上也愈发清晰。红树林由于填海造成环境变化而日益减少,滩涂被人工围垦成水塘供人类进行养殖活动,在影像上呈现方块状网格,如沙井和太平等地尤为明显。在更多的区域,由于工程活动,海岸带被改造为码头、机场、民房等建筑,影像上更具几何特征,显示出人类大规模改造海岸带的现状,以深圳宝安机场、大铲湾码头等处为例(图4-8)。

沙井人工围垦水塘及淤积滩涂

小铲岛及大铲湾码头

宝安国际机场

人工改造码头

图4-8 海岸带人工改造实景照片

在珠江口东西两岸,填海造地普遍存在,以人工围垦和吹填为主,大部分先开挖成水塘进行养殖生产活动,不断淤积向海推进,土地平整处也已建设各种工业与民用建筑,水体污染、沙滩泥化、软基沉降等可见(图4-9)。

20世纪末以来,广东省持续实施了十大重点建设工程,其中珠三角地区是工程建设的集中区域,有一大批向海要地项目。据《广东省海洋功能区划》,全省将新形成填海区24个,面积达14 610.20m²。填海造地的需求变大,海岸带地质环境的压力也进一步增大。

近年来,由于重开发、轻保护和开发中的无序、无度状况及分散的、粗放的开发方式,造成了珠江口海岸带景观资源和生态环境的破坏。如:红树林和珊瑚礁遭受严重破坏,面积明显减少;滨海湿地退化,局部滩涂被填埋;沙滩泥化,邻近海域水质恶化;生物资源过度开发,生物多样性降低等,严重制约了当地经济、社会的可持续发展(图4-10~图4-13)。

人工围堤

填海造地

人工吹填

水污染严重

图 4-9 海岸带受填海造地影响实景照片

图 4-10 红树林稀疏

图 4-11 湿地堆放生活和建筑垃圾

图 4-12 小铲岛近海大量养殖生蚝

图 4-13 大铲湾堤坝变黑色

深圳市西海岸的大铲岛和小铲岛附近海域,曾是著名的对虾产卵地,由于开挖航道和填海,引起水流改变和洄游路线受阻,珠江口对虾产量从10多年前的$25×10^4$t,减至$10×10^4$t左右。

红树林是热带、亚热带特有的海岸景观。它不仅是生物的栖息地,而且能净化海水和防护海岸。1989年,9号台风袭击广东沿海,凡有红树林防护的堤段,海堤均安然无恙,而没有红树林的堤段,则海堤被毁造成灾害。广东原有红树林面积约$2×10^4$km^2,由于盲目填海造陆,现只剩$1.2×10^4$km^2。大量红树林被人为破坏,其结果是近岸海水污染加剧,促进了赤潮的形成。

二、过度开采地下水导致咸潮入侵

滨海平原和三角洲地带的地表附近主要为第四系松散沉积层,透水性强,地下淡水与海水之间水力联系通畅,且此地区一般地势低平,地下水位相对于海水水头没有明显优势。在自然状态下,含水层中的咸淡水维持相对稳定的动态平衡状态。但是人为过量开采地下水,使内陆淡水地下水位下降至低于海平面,平衡状态被打破,咸淡水相互作用的过渡带向内陆移动,造成了咸潮入侵。另外,在地表水补给不足的旱季,海水相对于内陆地表水和地下水的强势加强,并增大咸潮沿河口的上溯距离。长远地看,全球海平面上升,也使得海水更加强势。

根据IPCC(Intergovernmental Panel on Climate Change)(1995)推测,过去100年,世界海平面上升18cm,预测到2050年将升高20cm,2100年升高49cm。根据验潮站观测,我国海平面上升速率为1.2~1.4mm/a,与全球大体一致。

珠三角地区,由于过度开采地下水,造成了部分地区地面下沉,使海平面相对上升速率远远大于全球变化引起的上升速率。海平面上升将造成沿海低地淹没,加重海水入侵和风暴潮的损失;城市地面下沉会带来地面建筑物、地下设施的损坏,同时还导致海水倒灌、排洪不畅、沿岸沼泽化、生活水质恶化等问题。

第五章 地质环境承载力和功能区划方法研究

第一节 经济区地质环境承载力体系

本次研究珠江三角洲经济区地质环境承载力体系由地壳稳定性评价、土壤肥力评价、土壤环境质量评价、地下水防污性能评价、地面建筑地质环境适宜性评价、地质灾害易发性评价、特殊地质环境问题影响评价等地质环境的约束条件和支撑条件构建，后续不同功能地质环境承载力的高低将主要依据该体系各类评价结果进行判定。

一、地壳稳定性评价

地壳稳定性又称构造稳定性，是经济区地质环境承载力体系中重要的约束条件。地壳稳定性的评价主要依据断裂活动、断块运动、第三纪岩浆活动、地热活动、地震活动等方面的信息进行定性评判。本研究中珠江三角洲经济区地壳稳定性将主要利用前人研究成果作为后续不同功能地质环境承载力评价的基础。

（一）断裂活动及断块运动

1. 断裂活动

珠江三角洲经济区内大部分断裂挽近期的活动强度以弱活动为主，仅东部惠东的平海活动断裂和担杆-万山群岛的滨海活动断裂之活动性较强，而崖门、鸡啼门、北部湾、顺德和北江断裂活动微弱。

本区断裂活动的强弱，大致有 NE 向者较强，NW 向和 EW 向次之，近于南北向者活动最弱的规律。活动量的大小，因不同断裂或同一断裂的不同活动段而异。活动量最大的是西江断裂，官塘（四会-吴川）、恩平-新丰、白坭-沙湾断裂的活动量较大，罗浮山-瘦狗岭、博罗-横沥、莲花山-深圳活动断裂的活动量较小。经济区主要活动断裂或活动段现今地形变活动量列于表 5-1。

2. 断块运动

断块是由 NE、NW 和 EW 向 3 组活动断裂，彼此相互切割成不规则的菱形或格子状地块。断块抬升、沉降差异运动的结果，形成大小不等的断隆和断陷构造。根据活动断裂、基底构造和地貌类型，可将区内划分为珠江三角洲断陷区、万山群岛断块及高鹤、白云山、宝安等断隆、惠阳凹陷和海岸山断块。其中，前者又可划分为东江断陷、西北江断陷（三水断陷、番禺断隆、顺德断陷、狮子洋地堑断陷、万顷沙断陷、新会断陷）、五桂山和伶仃洋断块（图 5-1）。

表 5-1 主要活动断裂或活动段地形变活动量统计表

断裂带名称	活动断裂或活动区段名称	活动量 (mm)	活动时段 (a)	年变速率 (mm/a)	活动量允许误差倍数
官塘(四会-吴川)	四会-沙琅	15.0	1966—1979	1.2	2.4
恩平-新丰	鹤山-新丰南	26.5	1973—1979	4.4	8.8
	高明-阳江	20~35	1966—1979	1.5~2.7	3.0~5.4
罗浮山-瘦狗岭		6.0	1966—1979	0.9	1.8
博罗-横沥		4~5	1966—1973	0.6~0.7	1.2~1.4
莲花山-深圳	平海	20.0	1966—1973	2.9	5.8
	深圳中段-五华	2.0	1960—1975	0.1	0.2
	深圳南段-五华	4.0	1966—1973	0.6	1.2
白坭-沙湾	广州-番禺	68.0	1966—1973	9.7	19.4
西江	四会-斗门	78.0	1966—1979	6.0	12.0

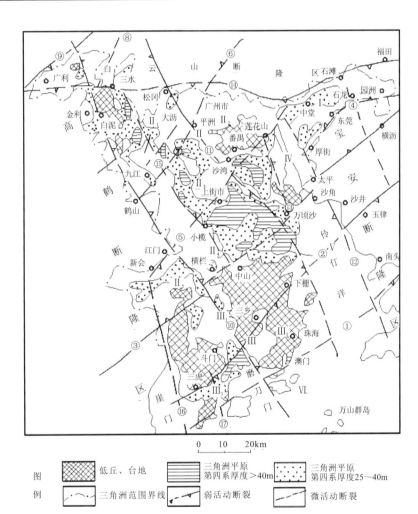

图 5-1 珠江三角洲活动断裂及断块构造图

三角洲断陷区　Ⅰ:东江断陷；Ⅱ:西北江断块；Ⅱ₁:三水断陷；Ⅱ₂:番禺断陷；Ⅱ₃:顺德断陷；Ⅱ₄:万顷沙断陷；Ⅱ₅:新会断陷；Ⅲ:五桂山断块；Ⅲ₁:五桂山断陷；Ⅲ₂:珠海断陷；Ⅲ₃:灯笼沙断陷；Ⅳ:狮子洋地垒断陷；Ⅴ:伶仃洋断块；Ⅵ:滨岸岛屿断陷；

三角洲活动断裂　①莲花山-深圳断裂；②平沙断裂；③博罗-横沥断裂；④东莞断裂；⑤新会断裂；⑥广从断裂；⑦广州-古劳断裂；⑧北江断裂；⑨鼎湖-北江断裂；⑩西江断裂；⑪白坭-沙湾断裂；⑫沙角断裂；⑬化龙-黄阁断裂；⑭罗浮山-瘦狗岭断裂；⑮三水-小榄断裂；⑯崖门断裂；⑰鸡啼门断裂

在断块沉降和第四纪海岸变迁综合作用下,堆积了珠江三角洲断陷内的第四纪松散松软沉积地层。其中,海积、海冲积成因的淤泥类软弱地基土在外力或软土触变或震陷,也是导致地壳不稳定的因素之一。三水、东江、灯笼沙等较明显沉降的断陷,沉积中心第四系厚度一般为 20~30m,最大厚度位于灯笼沙断陷,其值大于 60m,在地震作用下,常发生软土触变或震陷,也是导致地壳不稳定的因素之一。

(二)地热活动

区域性深、大断裂的活动,往往会导致地下能量的大量释放。能量释放的途径主要是岩浆活动、地下热水上涌和地震活动。

1. 岩浆活动

岩浆活动十分活跃,它包括岩浆侵入和喷发两种活动形式。岩浆侵入各构造运动期均有不同强度的活动,其中以燕山第三期的侵入活动最为强烈而广泛。

岩浆喷发俗称火山喷发,区内自震旦纪—第四纪均有多次活动。依其喷发时代,可分加里东、燕山和喜马拉雅三个火山喷发期。加里东火山喷发活动分震旦纪—寒武纪、志留纪两个喷发旋回,主要发生在西部,喷发活动较弱,规模小且分散。其中志留纪喷发旋回仅发生在开平东山镇的马山,火山岩厚度较大,但出露的面积小(约 15km^2)。从火山岩呈 NW 向分布和 S$m\check{s}$ 与 ∈g 地层接触,表明金鸡-东山断裂是引发马山火山喷发活动的关联构造。

燕山期火山喷发活动最强,波及的范围最大。依其活动的时代,可分中、晚侏罗世和早、中白垩世四个旋回。中酸性陆相火山岩主要分布在东部惠东、惠阳—惠州潼湖,深圳梧桐山—观澜、三水河口街办—鹤山棠下、开平水井—恩平恩桥东、番禺南村—佛山石湾—顺德、东莞茶山东—厚街等地火山岩沉积盆地中,受莲花山、樟木头、博罗-横沥、平海、东莞、西江、白坭-沙湾、恩平-新丰等活动断裂控制,火山喷发活动以 NE 向为主,次为 NW 向。

喜马拉雅期火山喷发活动,是本区最后一期岩浆活动。它包括第三纪、第四纪两个喷发旋回。古近纪火山喷发和岩脉侵入主要位于三水红层盆地中,火山口分别在南海市西樵山、三水市葫芦岗、驿岗。此外,广州南郊漱珠岗、东莞虎门口两侧、斗门南部也分别见古近纪流纹岩组成的古火山、凝灰质砂岩夹层、基性岩脉侵入到花岗岩体中。鸡啼门大桥工程钻探还发现,埋深 40m 左右有宽约 10m 的玄武岩呈脉状侵入到断层破碎带中,说明火山活动与鸡啼门微活动(最早活动时代经热释光测定 79 300±5900a 为晚更新世早中期)断裂(走向 NW330°,倾角 75°,破碎带宽约 28m,陆地延伸 15km,东南端入海)有关。第四纪火山喷发活动仅见于东北部博罗杨村—兰田一带,位于泰美红层盆地中,玄武岩呈北东向弧形狭窄带状展布。本期火山活动与 NW 向西江断裂、NE 向的罗浮山和博罗-横沥断裂、NNE 向珠江口断裂和鸡啼门断裂的活动性有较密切的关系,但喷发活动的强度较弱。

2. 水热活动

区域性深大断裂普遍切割较深,是地下热水活动的重要通道。伴随断裂活动,地下热水沿其大量上溢成泉。区内水热活动空间展布规律大致是 NE 呈带,局部 NW 呈线。主要控热构造带有广从、博罗-横沥、樟木头和深圳-莲花山活动断裂带。

广从控热构造带:分布有闻名全国的从化温泉。沿构造带出露的温、热水点较多,主要的有雷岗、三元里、南湖、龙归、珍泉、良口和从化温泉。其分布主要在广从断裂与 NW 向与 EW 向断裂交接复合部位。三元里瑶台和龙归隐伏地热田,水温 25~40℃,呈 NE 向延伸的等温线,表明热异常与大致呈 NE-SW 走向的广从断裂带一致,热水异常区的面积分别为 0.4km²、1.0km²。本带热水活动能量的释放,自南西往北东有逐趋增强之势。每年释放 15.97×10^{13} J 的能量,是恩平-新丰深断裂带地震活动释放能量的 5 倍多。可见,广从断裂带地应力能量的释放是以地下热水为主,地震活动释放的能量较小。

3. 地震活动及地震烈度分区

地震也是地下热能释放的重要途径之一。区内地震活动应变能量大释放时间:1584 年,肇庆 2 次 5.0 级地震,累计释放应变能为 $12.6\times10^7 E^{1/2}$ J;1874 年,担杆岛 5.75 级地震释放的应变能量为 $17.8\times10^7 E^{1/2}$ J。自 1370—2000 年,整个珠江三角洲经济区,总释放应变能为 $74.7\times10^7 E^{1/2}$ J。其中,1970—2000 年,地震应变能释放较低,30 年释放的能量总和仅 $3.6\times10^7 E^{1/2}$ J。1970 年、1989 年及 1997 年三次释放较大的应变能,与 1970 年龙门发生 4.4 级地震和台山 4.0 地震、1989 年 1—9 月恩平发生 3.4、4.5 级地震,1997 年 9 月三水发生 3.7 级、4.4 级和 12 月 3 日台山发生 4.2 级地震有关。

地震活动的空间分布:从沿海到内陆由 5.75 级逐渐减弱为小于或等于 5 级;内陆地震活动,以珠江口活动断裂为界,西部较东部频度和强度都较高,4.5～5.0 级地震较多。同时,三角洲内由于断块往复滑动时,滑动面产生应变能量积累和释放的结果,导致地震活动西迁和东迁往复多次。现代地震活动,再次西迁至三水-小榄活动断裂,估计今后的地震将主要发生在三水-小榄断裂与西江断裂之间。

依据本区地震活动空间分布的特点和地震震中烈度,将全区划分为小于Ⅵ、Ⅵ、Ⅶ、Ⅷ度四个地震烈度区(图 5-2)。

(三)构造稳定性分区

参考《珠江三角洲经济区 1:25 万生态环境地质调查成果报告》,综合区内断裂活动、地震强度和烈度、地震地面最大加速度和地形变速率、火山活动等各种影响构造稳定性因素,结合广东省地震烈度区划,将全区划分为:四会市威整—高要市禄步—恩平市那吉、花都区芙蓉—从化市东明和广州市萝岗—博罗县公庄—惠东县高潭等为构造稳定区;恩平—台山—三水大塘—花都—东莞—深圳—惠东等为构造基本稳定区;台山市海桥—赤溪沿海一带—珠江三角洲—深圳、惠阳,惠东沿海一带为构造次不稳定区;万山群岛—担杆岛为构造不稳定区。

二、经济区土壤肥力评价

土壤是发育于地球陆地表面,能生长绿色植物,具有生命活动,处于生物与环境间进行物质循环和能量交换的疏松表层。土壤不仅是一个独立的历史自然体,同时也是一个具有净化功能和自动调节功能的生命体。土壤在农林牧业、人类及生态系统中占有极其重要的地位,并发挥着强大的作用,它是植物生长繁育和生物生产的基地,是农业、林业及牧业生产的基础和基本生产资料;它是人类所需绝大部分热能、蛋白质与纤维素等的来源,是人类赖以生存的自然资源;它是地球表层自然地理环境的重要组成部分,所属的土壤圈作为自然地理环境的五大要素之一,与大气圈、生物圈、岩石圈和水圈之间发生着强烈的联系和相互作用,土壤圈覆盖于地球陆地的表面,处于其他圈层的交界面上,成为它们之间物质与能量交换的纽带,是地球各圈层中最活跃、最富生命力的圈层之一;它是陆地生态系统的重要组成部分;它是农业可持续发展的核心问题。

土壤肥力是土壤的基本属性和特征,也是农业功能地质环境承载力评价要素之一。因其本身

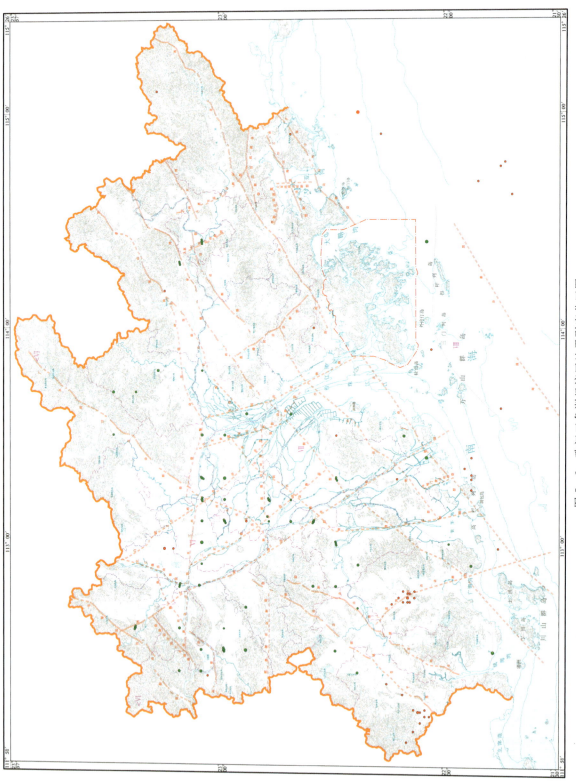

图 5-2 珠江三角洲经济区地震烈度分区图

的复杂性,关于土壤肥力的概念到目前为止仍意见很不一致。本研究中采纳美国土壤学会把土壤肥力定义为:在内外界因素(光照、温度与土壤物理条件等)都适合特定植物生长时,土壤以适当的量和平衡的比例向这种植物供应养分的能力,称土壤肥力,即土壤中的主要养分。

(一)土壤肥力评价流程

一般来讲,土壤肥力评价流程包括评价单元的选择、评价指标的确定、数学模型建立、综合评价分区等,具体见图 5-3。

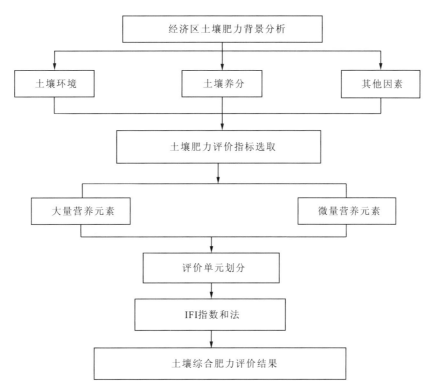

图 5-3 珠江三角洲经济区土壤肥力评价流程图

(二)土壤肥力评价单元划分

评价单元是土壤肥力评价的最基本单位,是由一系列影响土壤肥力的因素所构成,反映着一定的空间和实体,其划分应客观地反映土壤肥力的空间差异,同类单元具有一致的基本属性。

本研究过程中评价单元划分方法采用不规则单元网格划分法。即以评价因素的组合确定土壤肥力评价单元,其方法为先将各评价要素的单要素图件数字化,再利用 MapGIS 的多边形拓扑迭加功能对各单因素图层进行叠置分析,最后用生成的不规则图斑作为土壤肥力评价的单元网格。

(三)土壤肥力评价指标的确定

目前土壤肥力评价指标尚未有国家标准,评价指标多选取对土壤肥力有较大影响,且在评价区域内有较明显的变异的指标,且应以土壤养分含量为主,选择的评价指标且必须为可测的评价指标,使评价工作具有可行性。

在本研究中,单一指标无法反映土壤肥力的主要特征,我们将多个具有内在联系的指标按一定结构层次组合在一起构成指标体系,以便于更全面、更综合地反映复杂事物的不同侧面。本研究中选用了全面且较为容易获取的土壤肥力评价指标。氮、磷、钾称为农作物的大量营养元素,而将钙、铁、锰、锌、硼等划分为中、微量营养元素,本研究中土壤肥力评价主要通过评价上述营养元素的含量来达到区分土壤肥力的丰缺。

(四)土壤肥力单要素评价

土壤肥力单要素评价将主要根据地质调查成果报告《珠江三角洲多目标地球化学调查报告》及《珠江三角洲多目标区域地球化学生态环境评价》中的相关研究成果,土壤肥力评价各单要素分级标准见表5-2。

表5-2 土壤肥力评价分级表

元素	含量单位	一级丰富	二级适中	三级缺乏
N	($\times 10^{-6}$)	>1500	750~1500	<750
P	($\times 10^{-6}$)	>1500	700~1500	<700
K_2O	(%)	>2.4	0.6~2.4	<0.6
CaO	(%)	>0.28	0.14~0.28	<0.14
Fe_2O_3	(%)	>10	2.5~10	<2.5
Mn	($\times 10^{-6}$)	>1200	170~1200	<170
Zn	($\times 10^{-6}$)	>160	50~160	<50
B	($\times 10^{-6}$)	>100	6~100	<6

(五)土壤肥力综合评价

本研究土壤肥力综合评价采用指数和法计算出土壤肥力综合指数IFI(Integrated Fertility Index),肥力综合指数可以综合直观地表示土壤肥力状况。

指标权重指每个土壤肥力因子对土壤综合肥力的贡献大小,如何确定单项肥力指标的权重是肥力综合评价的一个关键问题。本书采用各指标间的相关系数来表示各指标的权重。其计算方法为:首先确定单项肥力指标之间的相关系数,然后求各项肥力指标与其他肥力指标间相关系数的平均值,并根据该平均值占所有肥力指标相关系数平均值的总和的比,作为该单项肥力指标在土壤综合肥力中的贡献率也即权重。

本研究土壤综合肥力综合评价采用指数和法进行计算:

$$IFI = \sum(W_i \times N_i)$$

式中,N_i 表示第 i 个土壤肥力要素的分值(第 i 单要素评价结果为丰富的 N_i 赋值为1,单要素评价结果为适中的 N_i 赋值为0.6,单要素评价结果为缺乏的 N_i 赋值为0.2),W_i 表示第 i 个土壤肥力指标的权重系数。IFI值越高表明土壤综合肥力越好。由公式可以看出,土壤肥力综合评价指标值由评分值和权重系数来决定。

(六)珠江三角洲经济区(平原区)土壤肥力

本研究收集了《珠江三角洲多目标地球化学调查报告》中珠江三角洲经济区(平原区)农业土壤质量(即肥力)评价结果(图 5-4)。

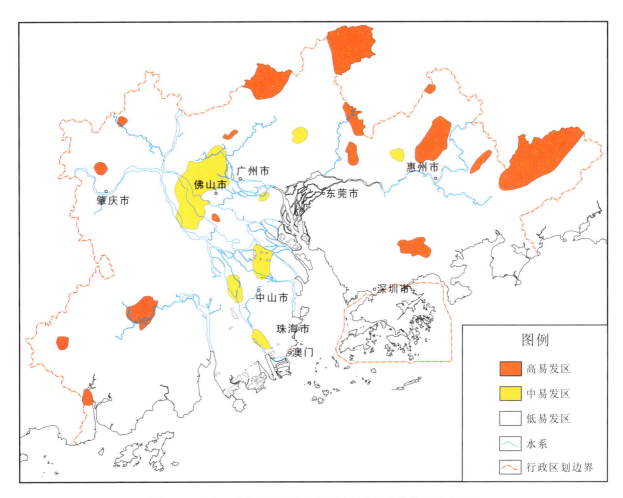

图 5-4 珠江三角洲(平原区)土壤肥力综合评价结果分区示意图
(资料来源:《珠江三角洲多目标地球化学调查报告》,广东省地质调查院)

1. 综合丰富区(一级)

珠江三角洲经济区(平原区)综合丰富区 45 处,总面积为 874km², 占平原区总面积的 9.66%。综合丰富区有如下三类:一是受成土母质控制,如三角洲沉积潴育性水稻土,各种植物营养和有益元素平均含量高于浅层土壤平均值,易形成 K_2O、CaO、S、Na_2O、Cl 或 K_2O、CaO、SiO_2、Cl 丰富区。二是受人为因素影响形成丰富区,成土母质本底元素含量不高,由于人类活动、人为改造环境使部分元素形成丰富区,该类丰富区分布在城市及其周边地区。三是人工围垦成田的珠江沿岸和滨海近代围垦区,该类丰富区海拔高程低于 0m,地下水位高,地处内陆河流入海口(如珠江入海口等),咸淡水交汇,河流带来的大量陆源物质,随物理化学环境改变而沉积,形成较大面积的 K_2O、CaO、S、Na_2O、Cl 丰富区。

2. 综合适中区（二级）

珠江三角洲（平原区）综合适中区分布广，面积 7476km²，占珠三角平原区总面积的 82.66%。适中区各种植物营养和有益元素平均含量略高于浅层土壤平均值。经济区（平原区）大面积分布的三角洲沉积物、洪冲积物发育形成的三角洲沉积潴育性水稻土、河流冲积潴育性水稻土均属此类。珠江三角洲主要的粮食和经济作物种植区属于适中区。

3. 综合缺乏区（三级）

珠江三角洲（平原区）土壤肥力综合缺乏区 19 处，总面积 694km²，占珠江三角洲（平原区）总面积的 7.67%。综合缺乏区大致可分为两类：一类是部分缺乏区的成土母质、地貌、水文特征基本相似，所处区域都是低山、丘陵地貌，坡度较陡，成土母岩为花岗岩或砂页岩，土类大部分为赤红壤，地下水位低，不利于元素的富集，往往形成 N、P、Mn、Cu、Zn、Co、Mo、Na_2O 等元素的缺乏区。这类缺乏区一般面积较大。另一类缺乏区分布在平原地区，地势平坦，如增城的石滩、三江等地。土类为洪冲积潴育性水稻土和三角洲沉积潴育性水稻土，缺乏区分布在两种土类交界处。这类缺乏区一般面积较小。

三、经济区土壤环境质量评价

土壤是植物生长的基地，同时也是人类赖以生存的物质基础。近些年，人类不合理地施用农药、进行污水灌溉、工业排污等致使各类污染物质特别是重金属物质通过多种渠道进入土壤。当污染物进入土壤的数量超过土壤自净能力时，导致部分地区土壤质量下降，甚至恶化，严重影响土壤的生产能力和净化能力。健康或质量好的土壤是净化空气和水环境的过滤器，但是若管理不好，则会污染空气和水，不仅停止生产营养丰富的食物，还会影响到人类自身的健康、正常生活。

到目前为止，我国区域土壤环境质量评价标准普遍采用《国家土壤环境质量标准》（GB 15618—1995）。根据国家土壤环境质量标准的定义，一级标准为保护区域自然生态、维持自然背景的土壤环境质量的限制值；二级标准为保障农业生产、维护人体健康的土壤限制值；三级标准为保障农林业生产和植物正常生长的土壤临界值，其所涉及的内容主要为土壤重金属的污染情况。

（一）土壤环境质量评价流程

土壤环境质量评价涉及评价因子、评价标准和评价方法。本书评价因子为《国家土壤环境质量标准》（GB 15618—1995）中的主要重金属污染物镉、汞、铅、砷、铜、铬、锌、镍，共 8 种重金属元素；评价标准采用《国家土壤环境质量标准》及污染分级标准；综合评价方法采用内梅罗综合污染指数法，分别对经济区各评价因子污染现状及综合土壤环境质量现状进行评价。具体评价流程见图 5-5。

（二）土壤环境质量评价因子及分级标准

到目前为止，我国尚没有适用于评价区域土壤环境质量的地方标准，区域土壤环境质量评价标准多采用《国家土壤环境质量标准》（GB15618—1995）。参考《珠江三角洲多目标地球化学调查报告》相关成果，结合国家土壤环境质量标准的定义，各元素（Cd、Hg、As、Pb、Zn、Cu、Ni、Cr）土壤环境质量评价标准采用 pH 值为 6.5～7.5 所规定的三个级别，同时因三级土壤不适合进行农业生产（各级标准定义见表 5-3），因此本研究中定义三级土壤的下限即为轻度污染的下限，并进一步定义污染的下限为三级土壤的上限；而中—重度污染则无法保障农业生产，对人类生活也产生不良影响。

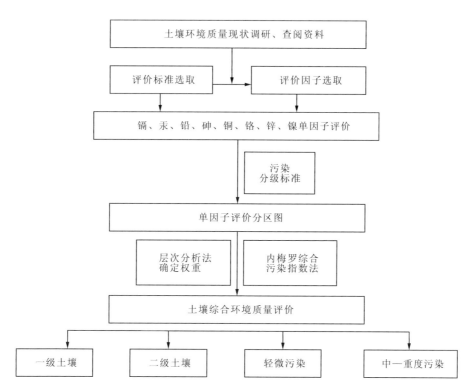

图 5-5 珠江三角洲经济区土壤环境质量评价流程图

表 5-3 土壤环境质量分类和标准分级

类别	土壤环境质量分级适用范围	级别	标准分级含义
1	主要适用于国家规定的自然保护区(原有背景重金属含量高的除外)、集中生活饮用水源地、茶园、牧场和其他保护地区的土壤,土壤质量基本上保持自然背景水平	一级	为保护区域自然生态、维持自然背景的土壤环境质量限制值
2	适用于一般农田、蔬菜地、茶园、果园、牧场等土壤,土壤质量基本上对植物和环境不造成危害和污染	二级	为保障农业生产,维护人体健康的土壤限制值
3	主要适用于林地土壤及污染物容量较大的高背景值土壤和矿产附近等地的农田土壤(蔬菜地除外),土壤质量基本上对环境和植物不造成危害和污染	三级(轻微污染)	保障农业生产和植物正常生长的土壤临界值
4	适用于部分高背景值土壤和受重金属污染的土壤,土壤质量会对环境乃至人类的日常生活造成不良影响	污染	无法保障农业生产,对人类生活也产生影响

Cd、Hg、As、Pb、Zn、Cu、Ni、Cr 各单因子评价分级将依据表 5-4 中的单元素土壤环境质量评价标准及收集到的地球化学重金属污染资料进行分级分区,形成 MapGIS 格式图形分区文件。

表 5-4 单元素土壤环境质量评价标准($\times 10^{-6}$)

元素	一级上限	二级上限	三级上限(轻微污染)	污染(中—重)
Cd	0.2	0.3	1.0	>1.0
Hg	0.15	0.5	1.5	>1.50
Pb	35	300	500	>500
As	15	25	30	>30
Cu	35	100	400	>400
Cr	90	300	400	>400
Zn	100	250	500	>500
Ni	40	50	200	>200

注：珠江三角洲经济区土壤大部分pH值为6.5~7.5。

（三）土壤环境质量综合评价

单元素污染分区评价图仅能反映某一土壤重金属元素污染状况。为客观、全面、综合地反映出经济区土壤环境质量，我们采用内梅罗污染指数法对经济区土壤环境质量进行综合评价。

污染分指数是指某一污染物影响下的环境污染指数，可以反映出各污染物的污染程度。通过计算单项重金属的污染分指数，按单项污染分级标准对重金属元素污染程度进行分级。

（四）珠江三角洲经济区（平原区）土壤环境质量

本研究收集了《珠江三角洲多目标地球化学调查报告》中珠江三角洲经济区（平原区）农业土壤环境质量评价结果(图5-6)。

根据图5-6，珠江三角洲经济区平原区重度污染区面积19.1km²（占全区面积的0.19%）、中度污染区面积240km²（占全区面积的2.40%）、轻微污染区面积3928km²（占全区面积的39.27%）、正常区面积5817km²（占全区面积的58.15%）。珠江三角洲环境污染普遍、严重，综合污染区面积占全区面积的41.85%，中度污染—重度污染均位于居民聚居区或其周围。

四、地下水防污性能评价

地下水防污性能评价是经济区地质环境综合属性的重要组成部分，它不仅取决于含水层的固有属性，还取决于造成地下水污染的各种人类行为。本次研究在综合分析珠江三角洲经济区城市特色和地质环境特点的基础上，将利用多学科（地质学、环境科学、系统科学、生态学等）有机结合建立地下水防污性能评价指标体系。

（一）评价对象与评价思路

1. 评价对象

地下水防污性能分为两类：一类是固有（本质、天然或内在）防污性能，即不考虑人类活动和污染源的影响而只考虑水文地质内部因素的防污性能；另一类是特殊防污性能，即地下水对某一种特殊污染物的防污性能。相对于特殊防污性能而言，固有防污性能对某一固定地区来说是一定值，而

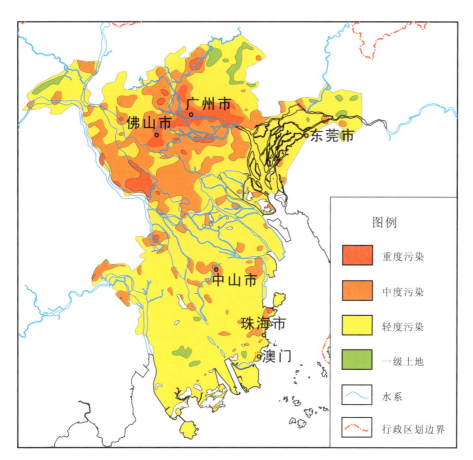

图 5-6 珠江三角洲经济区土壤环境质量评价结果分区示意图
(资料来源:《珠江三角洲多目标地球化学调查报告》,广东省地质调查院)

特殊防污性能却随着污染物的类型和人类活动的不同而不同。珠江三角洲经济区承载力评价体系将以地质环境客观属性即固有防污性能作为评价对象。

2. 评价思路

地下水防污性能评价的重点是评价指标体系的选取和典型评价模型的分析,本次评价将以美国 DRASTIC 评价模型为基础,提出适合珠江三角洲经济区实际情况的模糊综合评价模型。具体的评价流程见图 5-7。

(二)防污性能影响因素分析

影响地下水防污性能的自然因素主要包括土壤、地形地貌、地质、水文地质等,具体见图 5-8。

1. 土壤

该因素是指渗流区上部具有显著生物活动的部分,土壤对污染物的吸附效应主要是根据其厚度和有机质含量来考虑的。土壤的厚度、结构、成分、有机质含量、湿度等特性决定了土壤的自净能力,而土壤的自净能力又是决定地下水防污性能的一个主要方面。一般来说,土壤层厚度越厚,有机质含量越大,土壤的自净能力越强,则地下水防污性能越强,反之,则地下水防污性能越弱。

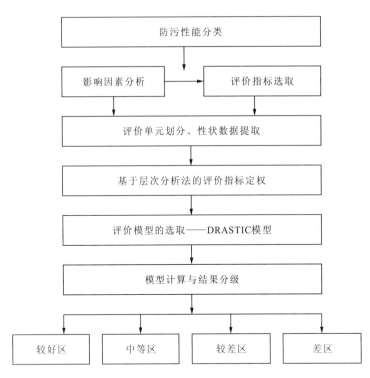

图 5-7 珠江三角洲经济区地下水防污性能评价流程图

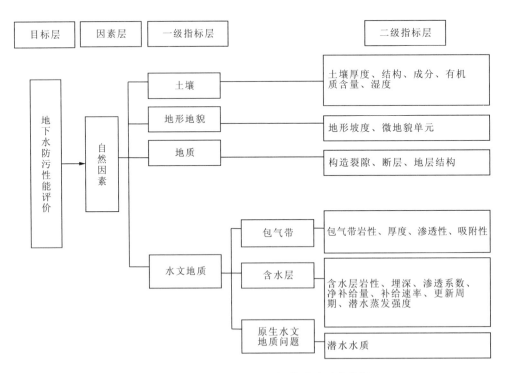

图 5-8 经济区地下水防污性能影响因素分析

2. 地形地貌

该因素的影响主要表现为影响污染物的迁移和积累过程。相对而言,在地势较高、地形切割强烈、水平方向水循环交替迅速的地区,污染物不易在地下水中聚集累积;在地势平缓,水平方向水循环交替作用较弱,垂直方向渗透性较强的地区,污染物易迁移进入地下水而累积起来;在地势平缓,水平方向径流缓慢,垂直方向渗透性弱的地区,污染物部分进入地下水中;但是在一般的低洼地区,由于地势低,可汇集周边的污染物,含水层则易被污染。

3. 地质

地质因素包括地质构造(构造裂隙)、包气带岩性和地层结构等指标。

1)包气带岩性

包气带岩性是影响污染物向含水层迁移和积累的主要因素。例如,山前洪积扇顶部和河流漫滩以砂砾石、砂为主,颗粒粗,渗透性强,污染物迁移性较强;洪积扇中部及边缘地带由细砂及砂质黏土组成,介质黏粒含量增高,渗透性变差,吸附性增强,不利于污染物的迁移。

2)地层结构

地层结构是指包气带岩性的组合情况。根据包气带地层岩性组成特点,可划分为单一结构、双层结构和多层结构。单一结构又可分为单一的砂卵砾石层和单一的黏土地层。单一的砂卵砾石层,介质疏松,透水性强,地下水极易污染。单一的黏土层,介质颗粒细,且比较致密,污染物不易进入地下水。双层结构是指上细下粗的岩性地层,由于上覆细颗粒层较薄,地下水易受污染。多层结构地层由于出现粗颗粒和细颗粒互层,相对于双层结构使得污染物不太容易进入地下水。

4. 水文地质因素

水文地质因素主要是从包气带的自净能力和含水层本身对污染的净化性能两方面考虑。

1)包气带自净能力

包气带自净能力的大小取决于岩性、厚度、渗透性和吸附性能等。包气带岩性颗粒越细,渗透性越小,对污染质的吸附能力越大,包气带的自净能力就越强;包气带厚度越厚,自净能力越强,地下水防污性能越强。反之,包气带厚度薄,岩性颗粒粗,渗透性大,自净能力就弱小,地下水防污性能越弱。该因素包含指标有包气带岩性、厚度、渗透性、吸附性等。

2)含水层净化能力

污染物进入含水层后,污染物迁移的范围和速度取决于含水层的性质,因此含水层性质也是影响地下水防污性的一个因素。含水层的净化性能由含水层的稀释能力和污染物在含水层中的滞留时间等因素影响。该因素包含指标有含水层岩性、埋深、渗透系数、净补给量、补给速率及更新周期等。

3)原生水文地质问题

包含指标有潜水水质等。地下水水质是反映地下水系统功能的重要指标,从侧面反映了地下水受气候及人类活动影响的程度。在水质较差的地区,反映地下水水体的负荷能力相对较小,所以水质越差的地区防污性能越小,反之防污性能越大。

(三)评价单元划分与性状数据提取

珠江三角洲经济区腹地为三角洲平原,东、西、北部低山丘陵环绕,地层从震旦系至第四系均有出露。在实际工作中,区域地貌类型较单一,且呈区域性分布,故本次评价采用不规则网格划分法,以各类地质环境条件的突变边界作为单元的边界,如:以地形地貌相对突变边界(如山脊、山谷)为单元边界,以岩性突变边界作为单元边界等。

本次地下水防污性能评价采用参数指标法,这就要求尽可能准确地提取各个指标的性状数据。由于我们现有获得的数据和资料有限,各个评价指标均没有现成的数据供我们直接利用,所以每个指标的量化过程都是在对不同来源和不同形式数据资料的分析和汇总的基础上,充分借助 MapGIS 的图形处理、图像处理及空间分析等模块,从各类多源性数据中提取有用信息,然后对每个指标按评价单元进行数据提取,并绘制各评价指标单因子图,以此做到提取数据的真实有效。

在试点评价时,将根据试点地质资料情况,确定每类指标数据的具体提取方法,本研究主要通过收集区域性图件,将以图件数据提取信息为主。

(四)评价指标的选取及评分

经济区地下水防污性能评价将选择对地下水防污性能影响最大且资料容易获得的水文地质因素作为评价指标;针对珠江三角洲平原区河网分布密集的特征,突出河网这一与其他地区不同的地下水防污性能评价因子。

1. 地下水埋深(D)

地下水埋深决定着地表污染物到达含水层之前所经历的各种水文地球化学过程,并且提供了污染物与大气中的氧接触致使其氧化的最大机会。通常,地下水位埋深越大,地表污染物到达含水层所需的时间越长,污染物在途中被稀释的机会越大,污染物进入地下水的可能性就越小,含水层被污染的程度也就越小。具体评分情况见表5-5。

表5-5 地下水埋深评分表

地下水埋深范围(m)	评分
0~0.5	10
0.5~1	6
1~3	3
>3	1

2. 含水层岩性(A)

含水层中的地下水受含水层介质的影响,而污染物的运移路线及运移路径的长度决定着污染物消亡和迁移的过程。通常情况下,含水层介质的颗粒越大或者裂隙、溶洞越多,则介质的稀释能力越小。

评价区域地下水防污性时,每次只能评价一个含水层,在多层含水系统中,应该选择一个典型的具有代表性的含水层进行评价。确定含水层之后,把该含水层中最主要的含水介质作为评价因子。含水层介质评分情况见表5-6。

3. 土壤类型(S)

评价中涉及的土壤介质平均厚度为2m或小于2m。土壤介质对渗入地下的补给量具有显著的影响。通常情况下,土壤中的黏土类型、黏土的膨胀性、土壤的颗粒大小对含水层中地下水的防污性能有很大影响。

表 5-6 含水层岩性评分表

含水层岩性	评分
灰岩溶洞	10
中细砂层	6
风化岩	3
花岗岩	1

当某一区域的土壤介质有多层土壤组成时,可以采用以下 3 种方法选择土壤介质类型:①选择占优势的具有代表性的土壤层作为土壤介质;②选择最不利的具有较高防污性能的介质进行评分;③选择中间介质作为评分标准,如有砾、砂和黏土存在时,可选择砂作为评分介质。土壤介质评分见表 5-7。

表 5-7 土壤类型评分表

土壤类别	评分
砂类土壤、风化土	10
人工填土	6
砂质黏土、淤泥质土	3
黏土	1

4. 河网密度

珠江三角洲平原区地表水系发育,河网密集,地下水在丰、枯水期和涨、落潮期均受河流侧向补给、排泄影响较大。同时,河网越发育的地方,河网对包气带的剥离破坏程度也越大。一般情况下,距离河流越近,地下水越容易受到河流的影响,而越容易受河流影响的地下水体,其防污性能就越差。评价区内,大小河流错纵交织,河道分布的疏密不同,其对地下水的防污性能各异,河网密度等级地下水防污性能评价评分标准见表 5-8。

表 5-8 河网密度等级划分与评分表

河网密度	评分
密集	10
较密集	5
稀疏	1

5. 地形坡度(T)

地形控制污染物被冲走或较长时间留于某一地表区域并渗入地下,它影响土壤的形成和污染物的稀释程度。对于易于污染物渗入的地形,其相应地段的地下水的防污性越低。坡度越大,含水层防污性越高。详细评分见表 5-9。

表 5-9 地形坡度等级划分与评分表

地面坡度	评分
0°～4°	10
4°～12°	6
12°～20°	3
>20°	1

6. 模型计算和结果分级

应用 DRASTIC 方法进行地下水防污性能评价时,在确定各单元的上述各评价因子的评分和权重基础上,用易污性指数将各个因子综合起来,用综合指数法的加权平均法计算 DRASTIC 指数,即地下水防污性能指数。

一旦确定了 DRASTIC 防污性能指数,就可以确定各水文地质单元的地下水相对防污性能大小。具有较高防污性能指数的区域的地下水系统相对易于受到污染。

DRASTIC 防污性能指数计算在评价中可以通过 Excel 实现。将评价结果作为属性字段连接进入评价单元的 MapGIS 区文件中,提取各单元格评价结果属性数据,利用 MapGIS 空间分析模块生成防污性能评价分区图。

为便于研究区区域地下水防污能力的比较,将通过计算获取的 DRASTIC 防污指数按等区间划分的方式进行分级。指数较高的相对应的防污能力较低,而指数较低的相对应的防污性能较高。

五、地面建筑地质环境适宜性评价

城市地面建筑适宜性评价是指一定类型的土地作为地面建筑用地时的适合性。一般是从地质环境角度,将地质环境优劣程度与不同高度、不同形式的地面建(构)筑物建造对地质条件的要求进行比较,以确定土地的适宜度。地面建筑概念涵盖的范围较广,包括了所有地面以上的建(构)筑物。考虑到一些道路或市政工程大多呈点、线性分布,本研究中重点关注面上的地质环境优劣程度,是在大面积、大范围尺度上,对地面建筑地质环境适宜性进行区域性划分。

地面建筑地质环境适宜性评价,可为经济区土地利用规划的制定提供地质学依据,具体表现在:①对规划期间适宜建设地面建筑的土地进行分级,以确定市区、工业区延展方向;②对现有地面建筑用地进行评价分级,为已制定的城市用地规划提出调整建议和意见。

随着珠江三角洲经济区建筑高层化、密集化的趋势日益明显,建筑物荷载的强度和规模越来越大,对地质体的应力状态的改变也越来越强,上部荷载密集使地基土体压密,造成地面变形(地面沉降等),同时也对建(构)筑物安全性产生不利影响。故有必要基于地质环境角度对珠江三角洲经济区地面建筑开发利用进行适宜性评价,并以此作为城市地质环境承载力和工业地质环境承载力评价的基础。

(一)工作思路

为了使适宜性评价结果能更直接地反映经济区地质环境状况,在明确系统目标和系统环境因素的基础上,从最优化角度出发,利用层次分析法进行指标权重分析,并采用综合指数法分别进行了计算,得到地面建筑地质环境适宜性评价结果(图 5-9)。

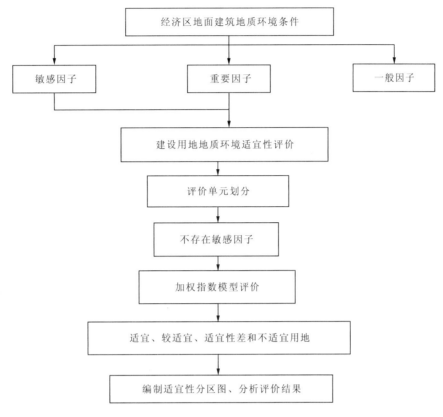

图 5-9 珠三角地面建筑地质环境评价流程图

(二)地面建筑地质环境适宜性评价影响因素

针对珠江三角洲经济区的具体情况,分析其城市发展与地质环境之间的相互影响、制约关系,找出当前珠江三角洲经济区地面建筑建设面临的主要地质环境问题和必要考虑的因素,是评价过程的基础与关键。整理分析珠江三角洲经济区的区域地质、工程地质勘察取得的大量成果资料,综合分析珠江三角洲经济区地面建(构)筑物建设与地质环境之间的相互影响关系,主要考虑以下地质环境要素及因子。

1. 地形地貌

经济区中部为珠江三角洲平原,平原上散布着丘陵、台地和残丘,平原的东、西、北面边缘低山成片。一般来说,不同地貌形成不同的地层结构,使地质环境中的地基持力层以及承压含水层等处于不同的高程以及不同的接触关系。

地形坡度不仅制约着用地布局,并且关系到工程的难易程度,直接决定着工程建设的工程量、建设费用和施工过程中的危险性大小。一般来说,地面坡度越大,平整土地所耗费的人力、物力越多,交通运输也就越不方便,施工的危险性也随之增高。

2. 工程地质条件

场地的工程地质条件一方面直接影响着建筑物的稳定性,另一方面,又影响了工程造价。其相应的评价因子包括:基岩埋深、软土层厚度、易液化砂土分布。

基岩埋深：对工程建设来说，基岩地基比第四系的地基更稳定。基岩的埋深直接决定建筑物的稳定性和基础工程的资金投入量。对于一般低层和多层建筑的基岩直接出露或埋深在3m以内，或对于高层建筑的基岩埋深在10m以内，就可直接将建筑置于基岩上，采用浅基础；若基岩太深，则需采用深基础，将增加工程施工难度和工程造价。

软土层的厚度：软土层强度低，压缩性较高的软弱土层多数含有一定的有机物质。由于软土强度低，沉降量大，建设工程易发生软土地基的沉降问题。珠三角软土分布集中在城镇密集区，自珠江三角洲顶端向河口地带，软土厚度增大、层次增多、固结程度变差，成因由河漫滩相向海相过渡，岩性由淤泥质土相变为淤泥。建于新近沉积的软土分布区的工程建筑，大多受到不同程度软基沉降的影响。

易液化砂土分布：易液化砂土是指饱和粉砂、细砂和粉土在地震或机械强振的烈度达到Ⅶ度时容易发生液化。易液化砂土主要分布在海积平原、海风积砂堤砂地和江、河沿线冲积平原中。

3. 水文地质条件

水文地质条件与工程建设有着千丝万缕的联系，但关系最为密切是地下水水位的埋深。地下水水位的埋藏深度直接影响建筑场地、地基稳定性与处理的难易程度。与建筑物的关系也非常密切，因为地下水位埋藏浅，影响开挖与建筑施工，不但增加了工程地下部分施工的难度，也增加了排水、防水层等工程费用和投资，还可能引起一些次生灾害如滑坡、地基失效等。

（三）评价单元划分和数据提取

珠江三角洲经济区腹地为三角洲平原，东、西、北部低山丘陵环绕，地层从震旦系至第四系均有出露。本研究中地面建筑地质环境适宜性评价单位采用不规则网格划分法，以各类地质环境条件的突变边界作为单元的边界，如：以地形地貌相对突变边界（如山脊、山谷）为单元边界，以岩性突变边界作为单元边界等。这种方法适用于地形、地质条件变化大的经济区地质环境评价，适合因素离散性大的区域。

地面建筑地质环境适宜性单因子数据将以从各种地质、水文地质、工程地质等基础图件中提取为主。

（四）指标体系建立

地面建筑地质环境适宜性评价要素的确定和相关评价指标的选取是评价的前提。本次研究参考《中国地质调查局工作标准——区域环境地质调查总则》(试行)(DD 2004—02)、《岩土工程勘察规范》(GB 50021—2001)、《建筑地基基础设计规范》(GB 50007—2002)及工程建筑用地相关的通用标准规范，通过对珠江三角洲经济区已有的地质环境调查成果进行系统整理分析，结合评价区域内不同的地质环境条件和不同高度建筑物对地质条件的要求的差异，进行评价指标状态等级划分。具体的分级原则如下。

(1)适宜性是指对地面建(构)筑物类型建设的适宜程度。相反，限制性则指对地面建(构)筑物类型建设的限制性程度，它们是地质环境质量的两个不同侧面，评价时必须将二者紧密结合起来。

(2)确定评价指标分级标准时，需要在充分的数据统计、资料整理分析的基础上根据具体情况，因地制宜地确定分级标准，另外，还应首先确定出各评价因子的极限临界，即最好状态和最差状态。

根据珠江三角洲经济区的地质环境条件，结合地面建筑与地质环境相互作用机制，选定如下因子进行评价。

重要因子初步确定为地貌类型、地形坡度、基岩埋深、软土层厚度、易液化砂土分布和地下水位埋深 6 个。各重要因子适宜性分级划分见表 5-10。

表 5-10 建筑用地地质环境适宜性评价重要因子等级划分及评分

评价因子		地质环境适宜性分级			
一级要素	二级要素	适宜(Ⅰ)	基本适宜(Ⅱ)	较不适宜(Ⅲ)	不适宜(Ⅳ)
地形地貌	地貌类型	平原区	平原区为主,夹丘陵	丘陵区为主	低山丘陵区
		4	3	2	1
	地形坡度	≤4°	4°～12°	12°～20°	20°～30°
		4	3	2	1
水文地质	地下水埋深	≥8m	4～8m	1～4m	≤1m
		4	3	2	1
工程地质条件	基岩埋深	≤3m	3～15m	15～30m	≥30m
		4	3	2	1
	软土层厚度	≤5m	5～10m	10～20m	≥20m
		4	3	2	1
	易液化砂土分布	无	轻微	中等	严重
		4	3	2	1

(五)综合评价

1. 评价数学模型

采用层次分析法(AHP)原理确定珠江三角洲经济区地面建筑用地适宜性评价指标的权重,具体的原理和步骤如下。

1)构建判断矩阵

请多位本课题组对地下水防污性能评价有一定研究基础的教师组成专家组,通过资料查阅、调研等工作对影响要素及因子的相对重要性进行评估。将各位专家构造的判断矩阵经集中分析后,得到综合判断矩阵,并由全体专家讨论修改直至所有专家对综合判断矩阵没有意见为止。

2)由判断矩阵计算比较评价因子的相对权值

根据判断矩阵,利用线性代数知识,求出 T 的最大特征值及所对应的特征向量,所求特征向量即为各评价因素的重要性排序。假设有一同阶正则向量 A,使得存在 $XA = \lambda_{max} A$,解此特征方程所得到的 A 经正规化后即为 $x_1, x_2, \cdots, x_m$ 的权值。

3)检验

由于客观事物的复杂及对事物认识的片面性,构造的判断矩阵不一定是一致性矩阵(也不强求是一致性矩阵),但当偏离一致性过大时,会导致一些问题的产生。因此得到 λ_{max} 后,还需进行一致性和随机性检验。

2. 评价结果及分级

统计评价结果 PI 值的分布,划分适宜性分区标准,分级标准应满足适宜性评价要求和目的,符合区内相同、区间相异原则,分区结果的图面应清晰,不同类型应占一定比例。

六、经济区地质灾害易发性评价

地质灾害造成人员伤亡、财产损失,严重危胁人民生命财产安全。珠江三角洲经济区地质灾害非常严重,居住在地质灾害风险区的居民往往终日人心惶惶,政府每年必须付出高昂的代价防治地质灾害,因此地质灾害无论是对居民的心理和政府的财力都提出了严峻的考验,其影响是综合的和巨大的。

珠江三角洲经济区地质灾害种类齐全,崩塌、滑坡、泥石流、地面塌陷、地面沉降、地裂缝、不稳定斜坡均有分布。经济区内共有地质灾害发生及隐患点超千处,其中崩塌、滑坡、泥石流、地面塌陷、软土沉降是最为普遍、数量最多的几类地质灾害。

经济区地质灾害易发性评价是经济区地质环境的自然属性,主要是指地质灾害的易发性,一般按灾种考虑,根据珠江三角洲经济区地质灾害的种类和数量,珠江三角洲经济区地质灾害的易发性主要考虑滑坡、崩塌、泥石流、岩溶塌陷和地面沉降 5 个灾种。地质灾害易发性评价指标的选择遵从代表性、独立性、主次分明性、层次性、易获取性和可操作性六大原则。评价过程中指标的选择,也将针对于不同灾害来进行选取。由于不同区域存在着差异性,地质灾害评价指标的选择在侧重点方面会有所不同。

珠江三角洲经济区地质灾害易发性的影响因素主要包括地形地貌、地层岩性及岩石组合、地质构造、新地质构造(地震)、气象水文、人类工程活动影响等。

(一)地形地貌条件

地质灾害的形成、分布与地形地貌有很紧密的联系。高山陡坡沟谷发育,在降雨和地表径流作用下,地面上层被冲刷、剥蚀、侵蚀易形成崩塌、滑坡及泥石流等灾害。斜坡地形的高差和坡度决定着由重力产生的滑力的大小,从而也决定着滑坡、崩塌体的规模和运动速度。

(二)地层岩性及岩石组合条件

地层岩性是产生地质灾害的基本物质条件,对崩塌、滑坡、泥石流发生的影响主要表现在地层结构和岩性两个方面。一般来说,岩性较软,则容易遭到破坏;地层岩性组合决定了岩土体类型特征,软硬互层最容易形成易滑面,造成灾害的发生;不同的岩土体类型具有不同的物理力学性质,因而产生的地质灾害类型及规模也就不同。

(三)地质构造与新构造活动条件

地质构造控制着我国山地的总体格局,新构造活动的强弱反映了该地区地壳的稳定性。地貌与构造共同控制着崩滑流灾害的发育程度。多数情况下,滑坡、崩塌、泥石流的形成与断裂构造之间存在着密切的关系,断裂的性质、破碎带宽度、节理裂隙的发育程度等都是影响崩滑流灾害的重要因素。新构造活动(地震活动为主)是崩滑流灾害的重要触发因素。突然的震动可在瞬间增加岩土体的剪切应力而导致斜坡失稳,引发崩滑流灾害。地震也可以通过对岩土体产生扰动,为地质灾害的发生创造条件。

(四)气象水文条件

气候因素是地质灾害发生的主要因素之一。如气温、降雨等,其中降雨与地质灾害形成关系最为密切,降雨量大小、强度、时间长短等均影响地质灾害的形成与规模。尤其是短期内大强度的降雨或长时期连续降雨均易诱发严重的地质灾害。

(五)人类工程活动影响条件

现阶段,人类活动已经成为改变自然的强大动力。但过度的人类活动破坏了地质环境原有的天然平衡状态,从而直接或间接诱发了崩滑流等地质灾害。这些人类活动包括植被的破坏、人工削坡、地下水过度开采等都会加剧或引发地质灾害。

珠江三角洲经济区有着较高地质灾害风险工作程度,开展过多次不同灾种的易发性研究,目前已有崩塌、滑坡、泥石流、地面塌陷、地面沉降等多灾种的易发性分区图件,珠江三角洲经济区地质环境承载力评价将直接采用单灾种易发性作为单要素评价因子,地质灾害综合易发性作为评价结果。

本研究评价单元采取不规则多边形网格法进行划分,根据不同灾种易发性分区界线进行划分,利用MapGIS软件的空间分析功能,将不同灾种各种易发性分区界线进行叠加,对评价区域进行不规则划分,形成地质综合易发性分区界线。

在已完成单个地质灾害易发分区评价图的基础上,利用取差原则,对地质环境单元中各个地质灾害信息进行叠加。

单灾种地质灾害易发区分为高易发区、中等易发区、低易发区三种不同类型区域,我们依次为三种区域赋值为3、2、1。

单元信息叠加结果(G)满足如下公式:

$$G = \{G_{滑}, G_{崩}, G_{泥}, G_{陷}\}_{\min}$$

式中,G为单元信息叠加结果,$G_{滑}$为滑坡灾害易发性赋值,$G_{崩}$为崩塌易发性赋值,$G_{泥}$为泥石流易发性赋值,$G_{陷}$为地面塌陷易发性赋值。其中:

G="3",即单元属于地质灾害高易发区。

G="2",即单元为地质灾害中等易发区。

G="1",即单元为地质灾害低易发区。

按上述方法,将单元地质灾害易发性数字化综合信息叠加结果用1、2、3表示,再次利用MapGIS里单元叠加功能,可得到综合地质灾害易发性分区。

本研究收集了珠江三角洲经济区崩滑地质灾害易发性分区图、泥石流地质灾害易发性分区图、地面塌陷地质灾害易发性分区图及地面沉降地质灾害易发性分区图(图5-10~图5-13)。

从图5-10~图5-13中可以看出,珠江三角洲经济区各类地质灾害分布较为分散,整个经济区均分布有崩塌、滑坡、地面塌陷、泥石流、地面沉降等地质灾害。其中崩塌、滑坡、泥石流地质灾害高易发性地区主要零星分布在经济区北部和东部丘陵地区;地面塌陷、地面沉降等地质灾害高易发区主要在三角洲平原区大面积分布。

七、特殊地质环境问题影响

珠江三角洲经济区特殊地质环境问题主要有风暴潮、原生水岩地球化学异常两种。之所以将风暴潮、致病原生水岩地球化学异常称为特殊地质环境问题,主要是其影响范围较为局限,风暴潮仅存在于海岸带,致病原生水岩地球化学异常主要存在于经济区部分县市的部分区域。特殊地质环境问题影响主要依据以往研究成果确定影响范围。

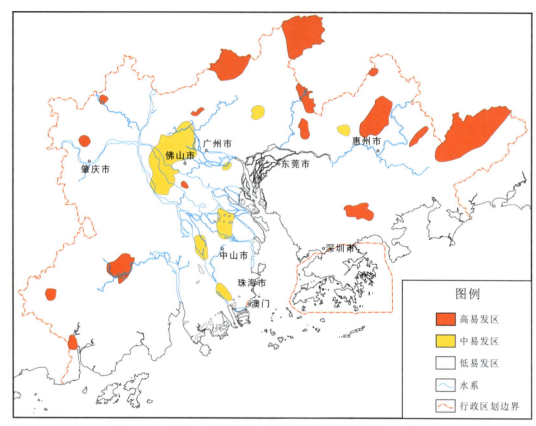

图 5-10 珠江三角洲经济区崩滑地质灾害易发性分区示意图

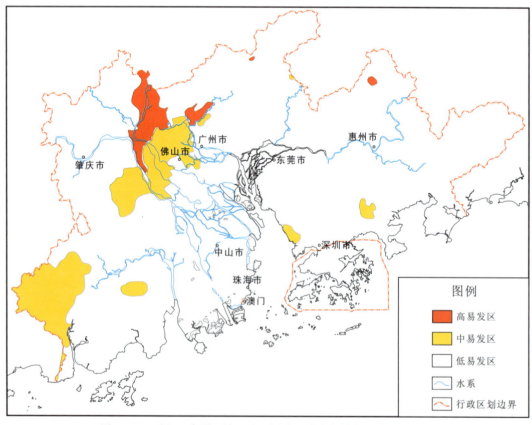

图 5-11 珠江三角洲经济区地面塌陷地质灾害易发性分区示意图

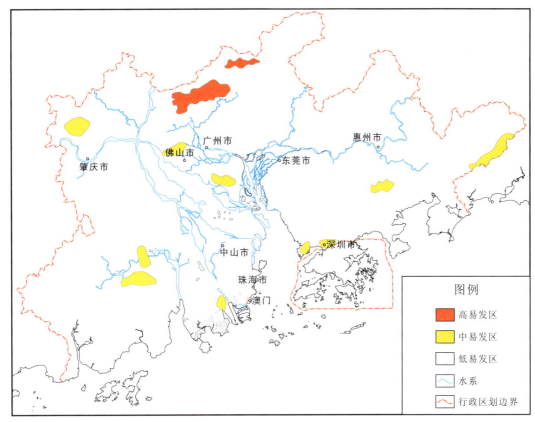

图 5-12 珠江三角洲经济区泥石流地质灾害易发性分区示意图

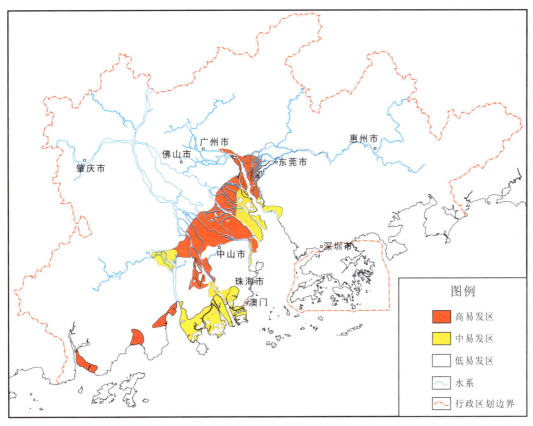

图 5-13 珠江三角洲经济区地面沉降地质灾害易发性分区示意图

(一)风暴潮

风暴潮可摧毁防波大堤、各种建筑、农田及农作物。国际自然灾害防御和减灾协会主席M. l. EI-Sabh(1990)认为:风暴潮在世界自然灾害中居首位,甚至在人员死亡和破坏方面超过地震。

广东沿海是我国遭受台风暴潮灾害最严重的区域,1949年以来广东每年平均受到5～6次强热带气旋袭击,发生较严重的潮灾1～2次。百年来曾发生10多次特别严重的风暴潮灾害,成了巨大的生命财产损失。珠江三角洲地区,几乎每年都有风暴潮发生。珠江三角洲经济区内滨海城市近年来多次受到风暴潮袭击,对南海沿岸的海上运输、渔业、海产养殖、农业、工业、城市建设等都造成了很大的危害。

珠江三角洲河网交错,水道纵横,由八大口门入海。珠江主要由西江、北江和东江汇流而成,珠江干流流经广州市,又经黄埔、狮子洋、虎门、伶仃洋与南海相连。伶仃洋呈喇叭口型,由外至里逐渐收窄,深度变浅。台风暴潮在珠江三角洲这样一个河网交错的地区扩散以后,风暴潮高潮位还能从珠江口沿珠江干流向上递增,潮波从外海传入,波能集中积聚,波幅增高,潮差沿珠江向上游逐渐增加至一定距离。当热带气旋在珠江口附近登陆或经过时,把海水由喇叭口型的伶仃洋向内推进,海水将沿珠江上溯并且很快地通过河网扩散,极有可能在珠江三角洲特别是珠江干流一线造成较严重的增水。

珠江三角洲经济区沿海岸各地区均采取了工程措施用于预防和降低风暴潮对经济区所造成的危害和损失。这些工程措施主要包括修筑防潮大堤和挡潮闸,而防潮大堤和挡潮闸的高度及牢固程度,将从很大程度上制约着风暴潮的危害程度。尽管如此,风暴潮对人类社会生产活动的影响巨大。珠江三角洲海岸线50年一遇的风暴潮涨水幅度普遍超过2m,将淹没大量区域,具有极大的危害性。

综合珠江三角洲经济区各临海区风暴潮增水幅度、淹没区范围、海岸形态、社会经济、土地利用、滨海构造物、承载堤围等条件,前人从系统学角度出发,对广东省沿海地区(阳江—汕尾岸段)风暴潮灾害易损性因子进行综合分析,建立广东省沿海地区风暴潮易损性评价指标体系。本研究将直接利用前人的易损性评价结果,珠海市、广州市番禺区、南沙新区和台山市风暴潮易损程度最高,中山市、东莞市、惠阳市区和海丰县次之,江门市、汕尾市区、阳江市区和阳东县易损程度中等,深圳宝安区、开平市和恩平市易损程度较低,广州市区、佛山顺德区、深圳市区和深圳龙岗区易损程度最低。

(二)原生水岩地球化学异常

珠江三角洲经济区部分区域在原生自然环境因素制约下,由于原生水岩地球化学异常,从而引发出一些与水岩性质有关的水土型疾病。这些疾病包括碘缺乏病(原称地方性甲状腺肿)、地方性氟中毒以及癌症等。据有关部门抽样调查及结合调查区碘的地球化学异常,地方性甲状腺肿的分布与地貌、岩石类型、水土中碘的含量有明显关系,地方性碘缺乏病多位于丘陵及低山丘陵区,而出露的岩石大部分为酸性岩浆形成的花岗岩、区域变质作用所形成的变质岩及强烈混合岩化作用形成的混合岩。地方性碘缺乏病在石灰岩地区及隐伏岩溶盆地区发病率也较高。

地氟病是一种生物地球化学性疾病,它的分布主要取决于地理地质环境中岩石、水、土、大气中氟的含量,深大断裂构造的展布以及高氟温泉的出露。它的发生主要是人体摄入或吸入过量的氟,并在体内不断积蓄,从而引起牙齿、骨骼、动脉、心脏以及神经系统等方面氟慢性中毒现象。当人体在高氟的环境中,长期饮用高氟水,造成体内氟积累,会破坏钙、磷代谢,影响骨骼的正常发育,轻者形成氟斑牙;重者造成骨质疏松、骨变形,甚至瘫痪。在氟病区,由于氟斑牙、"桶圈脚"、驼背病屡屡发生,直接影响着青少年入学、参军、就业和婚嫁。据以往有关部门调查数据,地氟病在珠江三角洲经济区惠州、东莞、广州、佛山、江门等五市五县均有分布。其中惠东县部分村镇居民氟中毒较严重,氟斑牙患病率100%,氟骨症患病率57.1%~72.2%。上述区域氟的聚集主要与深大断裂带的展布及温泉出露地有关,也与含萤石矿床的开采及含氟量高的岩石有关。

珠江三角洲经济区癌症的种类繁多,病因复杂。据有关研究,顺德市肝癌相对高发区的分布范围与地层岩性关系较明显,微地貌、水文条件及饮用水中所含微量元素均会对癌症高发产生影响。

综上所述,珠江三角洲经济区地方病严重影响经济区人类的健康,特别是部分疾病高发区。在后续功能区划中,存在此类问题地区均作为生态功能建议区。

第二节 不同功能地质环境承载力评价方法

一、不同功能地质环境承载力评价原则和思路

不同功能地质环境承载力评价主要目的有两个:一是可直接指导、规范经济区的地质环境保护工作;二是为后续功能区划及相关规划部门的产业布局调整、产业发展规划提供地质环境方面的依据。因此,在进行不同功能地质环境承载力评价时应遵循以下原则。

(一)相似性和差异性原则

区域地质环境特征、地质环境功能以及地质环境问题的地域差异性和相似性是客观存在的,地质环境综合承载力评价正是对其区内相似性和区间差异性加以识别,依据这种差异确定不同功能地质环境承载力的高低。

(二)综合主导性与简洁实用性原则

地质环境系统的形成过程及其结构、功能是极其复杂的,它既受各种因素的影响,更是多种因素综合作用的结果。但在各个因素之间,必然有一些因素起主导性、决定性的作用,其他因素只起调节、修正或协同的作用。因此,在进行不同功能地质环境承载力评价时,必须综合分析,找出起主导作用的因素,作为评价工作的主要依据。由于地质环境涉及到的自然因素和社会经济因素十分庞杂,本研究主要利用承载力评价体系(地壳稳定性评价、土壤肥力评价、土壤环境质量评价、地下水防污性能评价、地面建筑地质环境适宜性评价)中部分成果作为评价要素。因此本研究所开展的不同功能地质环境承载力评价工作不能做到面面俱到,要遵循简单方便、有效实用的原则。

(三)生态优先原则

在对经济区进行不同功能地质环境承载力评价时,对研究区域内的自然生态景观资源(包括原始历史文化遗迹、自然保留地、森林、草原、荒野、河流、湖泊以及具有一定生态敏感度的自然斑块等)需要加以保护,最大限度地避免经济区建设对区域生态环境的影响和破坏。

珠江三角洲经济区不同功能地质环境承载力评价将以自然属性为主,兼顾社会属性,社会属性作为制约、限定自然属性研究的框架。本研究中,经济区不同功能地质环境承载力评价是在第一节构建的经济区地质环境承载力评价体系的基础上进行的。经济区城市、工业、农业、生态功能地质环境承载力的评价将以承载力评价体系的地质环境支撑条件(包括土壤肥力、地面建筑地质环境适

宜性、地下水防污性能等)和地质环境约束条件(地壳稳定性、土壤环境质量、地质灾害易发性、特殊地质环境问题)为重要因子,同时综合考虑经济区人类活动状况及承载力体系中未涉及到的因素。珠江三角洲经济区不同功能地质环境承载力评价具体流程见图5-14。

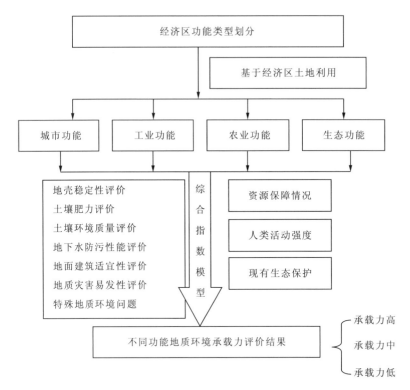

图5-14 珠江三角洲经济区地质环境承载力评价流程图

二、城市功能地质环境承载力评价

经济区城市化的进展速度加快带来了一系列的地质环境问题。基于城市功能的经济区地质环境功能承载力评价工作将对经济区城市发展目标、发展方向、空间布局起到很好的指导作用,有效地减少城市化进度过快所导致城市地质环境问题的出现。

城市是经济区的主体,其现在的发展主要思路是在现有的城市周边扩张。城市的建设和扩张我们主要考虑两方面的问题。

第一,地质环境对城市功能的约束性。城市是经济区人口最集中的区域,必须把确保人的生命安全放在首位,因此首先要考虑安全性要素。珠江三角洲经济区地质环境安全问题种类繁多、成因复杂且危害性有所差异。本研究中,地质环境约束性条件将主要考虑包括特殊地质环境问题(如风暴潮、原生水岩地球化学异常)、地质灾害易发性、土壤环境质量和地壳稳定性等。

第二,地质环境对城市功能的支撑性。城市功能还需具备适宜的地质环境条件作为支撑,这些支撑要素将主要通过土壤肥力、地下水防污性能、水资源保障程度、地面建筑地质环境适宜性等体现。

根据上述分析,本研究建立了城市功能地质环境承载力评价方案。评价方案的核心将通过选取地质环境承载力体系中对城市功能约束性和支撑性的结论、必要的地质环境单要素和人类活动要素建立承载力评价指标体系,并建立综合指数数学模型。各要素的权重值采用专家打分法确定。

利用综合指数数学模型计算结果和经济区地质环境实际情况,建立城市功能地质环境承载力评价分级标准(表5-11),分级标准共分为三级,分别是城市地质环境承载力高、城市地质环境承载力中等、城市地质环境承载力低。

表5-11 经济区城市功能地质环境承载力评价结果等级划分及标准

承载力评价结果	CI值	备注
城市地质环境承载力高	CI<1.50	地质环境条件优良,适合城市建设、开发、人居等,可作为城市优先发展区域,也可作为城市公共设施、居住、相应配套用地多种开发类型
城市地质环境承载力中等	1.5≤CI<2.50	地质环境条件一般,城市建设、开发需辅以一部分预防措施,或对建成后城市人类生活存在潜在危险
城市地质环境承载力低	CI≥2.50	地质环境条件较差,不适合城市建设、开发或开发成本很高,在城市建设规划中应尽量避免将此类型区作为开发区

注:实际评价中城市功能地质环境承载力CI指数值根据综合指数计算结果分布确定。

三、工业功能地质环境承载力评价

工业活动决定着国民经济现代化的速度、规模和水平,在当代世界各国国民经济中起着主导作用,经济区发展中工业也是最为重要的一环。

借鉴建设部批准的《城市用地分类与规划建设用地标准》(GBJ137—90),工业用地又分为三类,一类工业为对居住和公共设施等环境基本无干扰和污染的工业用地,如电子业、缝纫工业、工艺品制造工业等;二类工业为对居住和公共设施等环境有干扰和污染的工业用地,如食品工业、医药制造工业、纺织工业等;三类工业为对居住和公共设施等环境有严重干扰和污染的工业用地,如采掘工业、冶金工业、大中型机械制造工业、化学工业、造纸工业、制革工业、建材工业等,珠江三角洲经济区各区域广泛分布着一类工业、二类工业和三类工业。珠江三角洲经济区工业发达、工业产品种类繁多,如深圳的电子产品、佛山的日用陶瓷、顺德的家用电器、中山的化工产品、东莞的智能玩具皆饮誉全国,经济区的工业主要以电子及通信设备制造业、电气机械及器材制造业、金属制品业、交通运输设备制造业、化学原料及化学制品制造业为主。珠江三角洲经济区的工业发展决定着经济区的社会发展速度。

珠江三角洲经济区的工业布局呈面状,已经不是简单地围绕城市周边,其发展规模也较一般地区大得多,开展珠江三角洲经济区工业功能的地质环境承载力评价工作能从地质环境角度为该区工业的总体布局、工业发展规划提供参考建议。与城市功能的地质环境承载力评价工作类似,工业功能的地质环境承载力评价也是利用地质环境承载力体系的评价结果作为要素,通过不同要素对工业功能的支撑、约束作用,从而达到确定工业地质环境承载力高低的目的。

经济区工业功能地质环境承载力评价各要素层状态及分级见表5-12。

表 5-12 经济区工业功能地质环境承载力评价要素分级表

承载力要素层	工业功能地质环境承载力		
	承载力高	承载力中等	承载力低
地质灾害易发性	低易发区	中等易发区	高易发区
特殊地质环境问题影响	不存在风暴潮、原生特殊水岩化学异常	—	存在一种或多种特殊地质环境问题影响
地下水防污性能	防污性能好	防污性能一般	防污性能差
地面建筑地质环境适宜性	适宜区	较适宜区	较不适宜区或不适宜区
地壳稳定性	稳定区或基本稳定区	次不稳定区	不稳定区
人类活动强度	弱	中	强

对地质灾害易发性、特殊地质环境问题影响、地下水防污性能、地面建筑地质环境适宜性、地壳稳定性、人类活动强度等要素进行叠加，形成工业功能地质环境承载力评价结果。工业功能地质环境承载力评价结果的分级标准见表 5-13。

表 5-13 经济区工业功能地质环境承载力评价结果等级划分及标准

承载力评价结果	GI 值	备注
工业地质环境承载力高	GI<1.50	地质环境条件适合工业开发，支撑性、约束性条件均满足工业活动，此类区域可作为工业优先发展区域，可开展各类型工业活动
工业地质环境承载力中等	1.50≤GI<2.50	地质环境条件适合污染较低、对厂房要求一般的工业活动，应尽量控制该区域的工业发展，以减少后续开发工作中可能出现的损失
工业地质环境承载力低	GI≥2.50	地质环境条件较不适合工业开发，此类区域尽量不布置工业开发

注：表中工业功能地质环境承载力 GI 指数值根据指数计算结果确定。

四、农业功能地质环境承载力评价

农业是以有生命的动植物为主要劳动对象，以土地为基本生产资料，依靠生物的生长发育来取得动植物产品的社会生产活动。从定义即可以看出土壤是农业承载力高低的基础，农业功能的地质环境承载力评价工作将以地质环境承载力体系中土壤环境质量评价和土壤肥力评价结果为基础，综合其余承载力体系中的要素，采用综合指数法的加权法获取农业地质环境承载评价的结果。

农业功能地质环境承载力评价方法与城市功能地质环境承载力评价方法类似，各要素层状态及分级见表 5-14。

利用综合指数法对各要素进行叠加，形成农业功能地质环境承载力评价结果。农业功能地质环境承载力评价结果的分级标准见表 5-15。

表 5-14 经济区农业功能地质环境承载力评价要素分级表

要素层	农业功能地质环境承载力		
	承载力高	承载力中等	承载力低
土壤肥力	综合丰富区	综合一般区	综合缺乏区
土壤环境质量	正常或轻微污染	中度污染	重度污染
地质灾害易发性	低易发区	中等易发区	高易发区
特殊地质环境问题影响	不存在风暴潮、原生特殊水岩化学异常	—	存在一种或多种特殊地质环境问题影响
地下水防污性能	防污性能好	防污性能一般	防污性能差
地形坡度	≤4°	>4°且≤20°	≥20°

表 5-15 经济区农业功能地质环境承载力评价结果等级划分及标准

区划等级	NI 值	备注
一类农业功能区	NI<1.50	可以开展包括粮食、经济作物种植等多类型农业生产活动,也可开展绿色食品的种植
二类农业功能区	1.50≤NI<2.50	可以开展包括粮食、经济作物种植为主的农业生产活动,不宜种植直接食用的蔬菜、水果等
三类农业功能区	NI≥2.5	不适宜开展农业生产种植活动,可作为工业开发区、林业种植、生态区等类型用地

注：表中指数值农业功能地质环境承载力 NI 根据指数计算结果确定。

五、生态功能地质环境承载力评价

城市功能地质环境承载力评价、工业功能地质环境承载力评价、农业功能地质环境承载力评价均形成了相应承载力高区、承载力中等区、承载力低区。而生态功能地质环境承载力评价不应以承载能力的高低作为评价结果,而应将城市、工业、农业相应承载力评价结果进行综合分析,归结出经济区生态建议区和生态保护区,为下一步经济区功能区划提供基础。

生态功能的地质环境承载力评价工作将城市、工业、农业功能承载力评价结果中承载力均为低的区域划为生态建议区。

在已完成的城市功能地质环境承载力分区图、工业功能地质环境承载力分区图、农业功能地质环境承载力分区图基础上,采用取最小值原则,对各区划单元中各地质环境区划信息进行叠加。

城市功能地质环境承载力评价结果承载力高区、承载力中等区、承载力低区,我们依次为 3 种区域赋值为 3、2、1；类似工业功能地质环境承载力评价结果中承载力高区、承载力中等区、承载力低区也依次赋值为 3、2、1；农业功能地质环境承载力评价结果中承载力高区、承载力中等区、承载力低区也依次赋值为 3、2、1。

单元信息叠加结果（G）满足如下公式：

$$Q_{生}=\{Q_{城},Q_{工},Q_{农}\}_{min}$$

式中,$Q_{生}$ 为单元区划信息叠加结果,$Q_{城}$ 为城市功能区划赋值,$Q_{工}$ 为工业功能区划赋值,$Q_{农}$

为农业功能区划赋值。其中：

$Q_生$="1"，即生态地质环境承载力评价结果为生态建议区；

$Q_生$≠"1"，即生态地质环境承载力评价结果为一般发展区。

依据珠江三角洲经济区土地利用现状，将现有的各类自然保护区、风景区等范围划定，因该类区特有的生态、景观和历史价值，在城市开发过程中应该采取保护措施，禁止在区域内进行人为开发活动，故将上述类型定为生态保护区。

将经济区的生态建议区、生态保护区、一般发展区进行叠加，同时优先圈定生态保护区范围，即形成经济区生态功能地质环境承载力评价分区图。

第三节 经济区功能区划

随着经济区的发展建设，地质环境受到的影响和压力与日俱增，甚至直接影响和制约着经济区的发展和改造。地质环境问题已受到越来越广泛的关注。从持续发展的角度考虑，功能区划应给予地质环境足够的重视，应对经济区的地质环境状况有较深入的了解，在考虑到地质环境条件及地质资源的特点和保护需要的基础上进行功能区划。

以往的地质工作为城市建设提供了大量的基础数据，但是随着城市发展步伐的加快和人口的剧增，许多城市特别是发达程度较高的几大经济区出现了越来越多的地质环境问题，传统的地质工作成果难以及时、有效地为城市发展提供相应的地质资料，特别是以往的地质成果在城市规划工作中难以得到有效、准确地利用。与此同时，现在的经济区发展又越来越需要地质环境方面的保障，特别是土地资源紧缺、水资源匮乏、水质污染等问题严重制约经济区的发展。这些都需要从地学的角度，合理优化、高效利用地质环境。为此，提出了地质环境功能区划的工作内容，这也是城市地质工作自身的需要。经济区功能区划作为解决经济区不同活动之间、不同自然资源利用之间、不同经济发展程度之间冲突的有效工具，是经济区规划前基础工作的核心内容。功能区划完成后将作为经济区发展布局、发展规划及其他专项规划（如生态保护规划、环境规划等）制定的重要依据，成为经济区规划的地学基础，也是规划的重要依据。

本研究中，地质环境功能区划是在地质环境承载力评价的基础上进行的，珠江三角洲经济区的地质环境客观属性条件在承载力体系评价结果中均已详细体现，且地质环境对不同类型功能区的承载能力也已在不同功能地质环境承载力评价分区图中有所体现。本研究中珠江三角洲的区划工作将直接以经济区发展布局和发展规划与不同功能地质环境承载力评价结果进行对照，分析发展布局或规划与地质环境的关系，研究地质环境的约束条件和支撑条件是否可以满足现有规划或未来发展，指出现状或规划中的功能布局与地质环境不协调的地方，同时充分尊重目前国家、国土资源部、广东省政府关于土地功能、土地规划、土地利用的现有政策，编制符合地质环境客观条件、有利于经济发展、保障人类生产生活安全的珠江三角洲经济区地质环境功能区划分区建议图。

第六章　南沙新区地质环境承载力评价与区划

依据研究课题的实际情况,选取广州市南沙新区作为承载力评价试点,开展试点区地质环境承载力评价与功能区划工作。

第一节　试点区概况

一、自然地理

广州市南沙新区 2005 年设立,该区处于珠江三角洲经济区的几何中心,位于珠江出海口虎门水道西岸,是西江、北江、东江三江汇集之处,东与东莞虎门隔海相望,西连中山市,以南沙为中心,周围 60km 半径内有 14 个大中城市。南沙地区是区域性水、陆交通枢纽,水上运输通过珠江水系和珠江口通往国内外各大港口,海上距香港 38 海里,距澳门 41 海里。航空方面,周围有广州、香港、澳门等国际机场。

广州市南沙区总面积 544.12km²,其中陆域面积 338km²。气候较为温和;阳光充足,雨量充沛,年平均气温 21.9℃,平均年降雨量 1647.5mm。

二、地质背景

南沙地区由冲积平原及少量丘陵台地海岛组成,冲积平原主要由三角洲冲积土形成,占陆地面积的大部分。丘陵台地主要分布在南沙街道,多为低丘,一些孤丘由白垩系红色砾岩组成。低洼区由第四纪河口相沉积物组成。

中生代燕山运动使南沙新区地台活化,发育断裂,形成不同展布方向的断裂。区内主要有沙湾断裂、洪奇断裂带、狮子洋断陷和万顷沙断陷。中生代燕山运动还产生大规模的岩浆活动。

南沙地区基底由古生界变质岩系构成,最老的下古生界震旦系变质砂岩板岩、片岩及硅质岩分布于南沙的塘坑至南沙林场苩鹅山一带;加里东期的混合花岗岩分布限于南沙深湾;大面积分布的基岩是燕山期的细粒、中粒、粗粒或斑状黑云母花岗岩,分布于南沙的黄山台一带以及黄阁的大山嵼等地。

第四纪以来,地壳经历继承性升降运动与相对稳定阶段,第四系晚更新统和全新统沉积发育。万顷沙上层沉积物以海相沉积为主,岩性多为粉砂质淤泥,局部地区为砂或浅风化黏土,含大量咸水种硅藻和少量孔虫,下层沉积物则以陆相沉积物为主。万顷沙五涌总厚度 25.4～45.8m。

三、主要地质环境问题

据相关调查资料显示,南沙新区内主要存在有地面(软基)沉降、滑坡、堤岸坍塌、基坑变形和水土流失5种地质环境问题。

1. 软土沉降

南沙新区在长期的河流冲积和海潮进退作用下,沉积了深厚的海陆交互相软土,且在软土层内夹有厚薄不一的薄层粉细砂层,具有一定的水平层理,由于河流及海潮的复杂交替作用,使淤泥与薄层砂交错沉积,交错成不规则的尖灭层或透镜体夹层。

该地区软土主要为淤泥、淤泥质土、淤泥混粉细砂等,一般分布在地表硬壳层之下,大部分地段软土为单层,局部为双层,其下卧层多为砂层,部分为黏性土。由于河道分布、地形影响及地质成生环境的不同,在层理、展布深度和成层厚度上均有明显的差别。软土土质也复杂多样。

根据工程勘察资料,淤泥软土在万顷沙的产出层位由上至下主要有:①填土、软土、下卧砂土、亚黏土、基岩风化层;②填土、软土、下卧砂土、亚黏土、软土、下卧砂土、亚黏土、基岩风化层。砂土层的组成结构及厚度对软土工程特征性能影响较大。

南沙新区软土具有以下工程特征:含水率高,天然孔隙比大,土体接近完全饱和,渗透性低,抗剪强度低,压缩性高,承载力低,触变性强,软土变形特性与荷载历史有密切关系,且应力应变表现为非线性。

2. 不稳定斜坡

南沙新区不稳定斜坡主要存在于残丘或低丘发育地区,例如南沙街道。每逢雨季,不同规模的滑坡便会不定时发生。据相关报道,南沙新区存在15处滑坡。

3. 砂土液化

砂土液化会导致一系列的震害,如大面积地面沉降、地基强度失效、建筑物开裂、桥梁破坏。砂土液化是多种因素共同影响的结果:震级大小、震中远近、地震作用时间等为其外在影响因素。内在影响因素则反映在砂土层:多形成于全新世且是饱水的,砂土为松散或稍密状态,砂土颗粒粒径为粉砂、细砂及粉土。

根据该区工程地质勘查资料,该区砂土多形成于全新世,地下水位仅1m左右,砂土层饱水状态,砂土密实程度较低,砂土颗粒较细,在强震作用下,该区必然产生砂土液化。

4. 活动断裂(构造稳定性问题)

区内主要有沙湾断裂、洪奇断裂带、狮子洋断陷和万顷沙断陷。震级小、频率高、密集成簇发生地震反映了该区的构造稳定性问题,区内的地震主要发生于活动断裂带的交会部分。

5. 风暴潮

风暴潮导致摧毁防波大堤、各种建筑、农田及农作物。台风带来的暴雨连锁诱发一系列次生地质灾害。广东每年热带风暴、台风发生频率一般4~5次,多达7~8次,给人民生命财产带来严重损失。南沙新区紧邻狮子洋,每年均会受到风暴潮侵袭。

海平面上升是全球气候变暖和人类不合理活动加剧的必然结果。由于相对海平面上升,至

2050 年,珠江三角洲地区目前 50 年一遇的风暴高潮位将可能缩短为 20 年一遇,目前百年一遇高潮位可能缩短为 50 年左右一遇。

第二节 试点区地质环境承载力体系

本研究选取广州市南沙新区作为试点区,进行地质环境承载力理论和评价方法的验证工作。据经济区地质环境承载力体系研究,依次对南沙新区的地壳稳定性、土壤肥力、土壤环境质量、地下水防污性能、地面建筑地质环境适宜性、地质灾害易发性、特殊地质环境问题进行评价,并依据评价结果形成一系列承载力体系阶段性成果图件。

一、南沙新区地壳稳定性评价结果

广州市南沙新区地震烈度分区均属于Ⅶ度,故南沙区地壳稳定性评价中将主要考虑活动断裂所产生的影响。南沙新区主要受五桂山北麓断裂、顺德断裂、新禺断裂、白坭-沙湾断裂、化黄阁断裂等构造的影响。其中白坭-沙湾断裂属活动断裂,该断裂的具体信息见表 6-1。

表 6-1 活动断裂或活动段地形变活动量统计表

断裂带名称	活动断裂或活动区段名称	活动量(mm)	活动时段(a)	年变速率(mm/a)	活动量允许误差倍数
白坭-沙湾	广州-番禺	68.0	1966—1973	9.7	19.4

按照《建筑抗震设计规范》(GB 50011—2010) 4.1.7 条的有关规定,当工程建设场地内存在发震断裂时,应对断裂的工程影响进行评价,在断层两侧避开一定距离,规范中明确了可忽略发震断裂错动对地面建筑的影响的 3 种情况:①抗震设防烈度小于Ⅷ度;②非全新世活动断裂;③抗震设防烈度为Ⅷ度和Ⅸ度时,前第四纪基岩隐伏断裂的土层覆盖厚度分别大于 60m 和 90m。由于白坭-沙湾断裂所在区域地震烈度为Ⅶ度,可忽略该断裂对地面建筑的影响。故广州市南沙新区所有区域均为构造基本稳定区(图 6-1)。

二、南沙新区土壤肥力评价结果

根据经济区地质环境承载力体系土壤肥力评价方法,依据土壤肥力评价分级表中的分级评价标准对土壤中植物营养和有益元素进行单要素评价,并采用单元信息叠加的方法对各单要素评价结果进行综合计算,利用 MapGIS 的空间分析功能编制了广州市南沙新区土壤综合肥力评价分区图,评价结果图件见图 6-2。

从图 6-2 中可看出广州市南沙新区土壤综合肥力以中等区为主,占南沙新区面积的 70%以上,南沙新区土壤肥力丰富区主要分布在新垦镇、团结围及南沙街道东侧沿江一带,面积约占南沙新区面积的 30%,南沙新区范围内没有土壤肥力综合缺乏区。

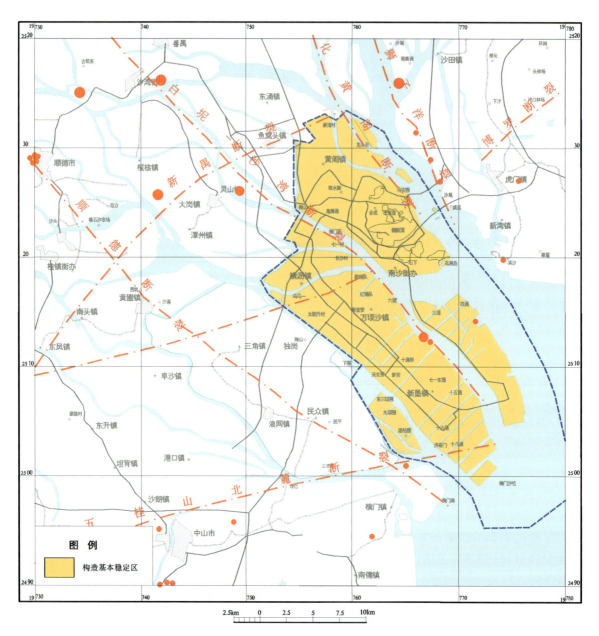

图 6-1 广州市南沙新区构造(地壳)稳定性评价分区图

三、南沙新区土壤环境质量评价结果

根据珠江三角洲经济区地质环境承载力评价土壤环境质量评价思路和方法,依据单元素土壤环境质量评价标准对土壤中的 Cd、Hg、As、Pb、Zn、Cu、Ni、Cr 八种污染元素进行单要素评价,形成相应的单要素结果图件。采用内梅罗污染指数法对各单要素评价结果进行综合计算,根据计算获取的内梅罗污染指数的分布对南沙新区土壤环境质量进行分区。整个土壤环境质量的评价过程均通过 MapGIS 的空间分析功能完成,最终直接形成广州市南沙新区土壤环境质量评价分区图,评价结果图件见图 6-3。

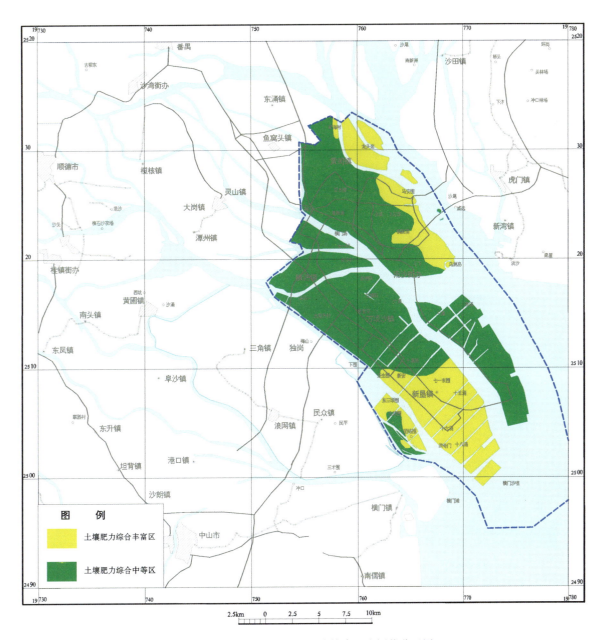

图 6-2　广州市南沙新区土壤综合肥力评价分区图

从图 6-3 可看出,南沙新区土壤环境质量整体较差,区内土壤均受到了不同程度的污染,其中南沙街办、黄阁镇等人类活动强度大的区域土壤受到较严重的污染,这些污染主要跟城市及其周边地区的人类活动有关。南沙新区内严重污染土壤占南沙新区总面积的 10% 左右,轻微污染的土壤面积占到全区面积的 90% 左右,南沙新区范围内无一级、二级土壤环境质量区。

四、南沙新区地下水防污性能评价结果

依据第四章中地下水防污性能评价的方法,根据相关资料形成南沙新区地下水防污性能的地形坡度、地下水位埋深、河网密度、隔水层岩性、含水层岩性等单要素分区文件,通过 DRASTIC 数学模型进行计算得到南沙新区地下水防污性能评价结果。整个评价过程可使用 MapGIS 空间分

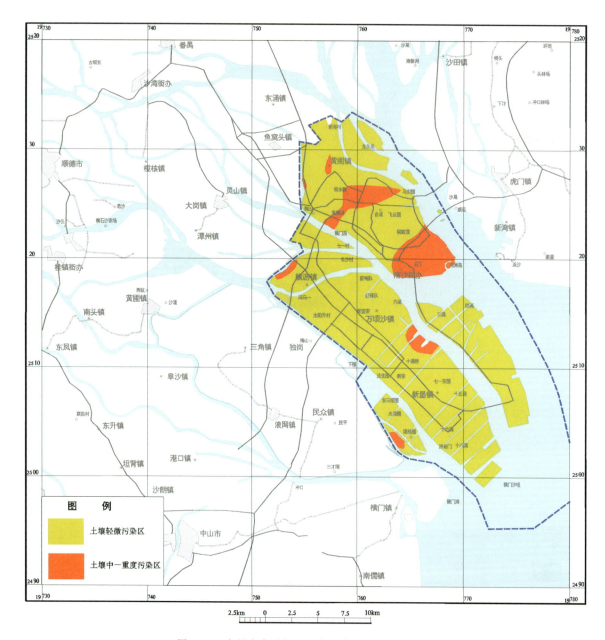

图 6-3　广州市南沙新区土壤环境质量评价分区图

析、属性库管理、图形处理来达到各要素分区结果的叠加计算,并依据地下水防污性能指数分级表6-2进行分级,最终得到南沙新区地下水防污性能综合分区图(图6-4)。

表 6-2　广州市南沙新区地下水防污性能指数分级表

防污性能分级标准	防污性能好	防污性能较好	防污性能较差	防污性能差
综合防污性能指数	≤4.0	(4.0,6.0]	(6.0,8.0]	>6.0

从图6-4可以看出,广州市南沙新区地下水防污性能整体较差,以地下水防污性能差区和较

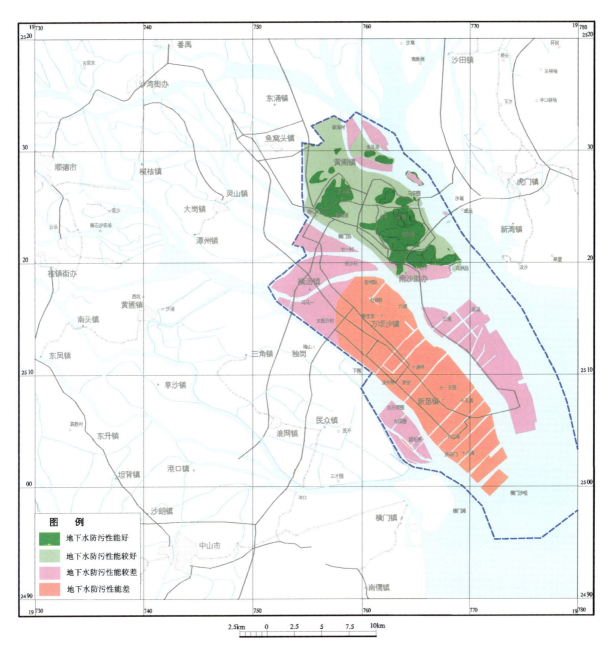

图 6-4 广州市南沙新区地下水防污性能综合评价图

差区为主,占到整个评价区面积的 70% 左右。根据本次防污性能评价结果,防污性能差的区面积约为 $120km^2$,占南沙陆地面积的 36%,该区类型区域主要集中于南沙新区万顷沙镇和新垦镇一带,该区地下水位埋藏浅,地面坡度平缓,含水介质多为细、中砂层,该区地下水易受到地表污染物的侵入。地下水防污性能较差的区面积约为 $107km^2$,占整个评价区面积的 33% 左右,该类型区域主要集中在龙穴岛、南沙街办南侧、横沥镇一带,该区地面坡度平缓,含水介质为细、中砂层,水位埋深较浅。地下水防污性能较好的区面积约为 $62km^2$,该类型地区占评价区面积的 20% 左右,该类型地区有一定的地面坡度,水位埋深一般大于 1m。地下水防污性能好的区面积仅为 $34km^2$,仅占评价区面积的 10% 左右,该类型地区主要为丘陵地区,分布在铜锣顶、飞云顶等地带,该区地面坡度较大,且含水层为基岩裂隙水。

五、南沙新区地面建筑地质环境适宜性评价结果

根据珠江三角洲经济区地质环境承载力体系中地面建筑地质环境适宜性评价的理论和方法，对广州市南沙新区地面建筑地质环境适宜性进行评价。根据基础资料，形成南沙新区地形坡度分区图、地貌分区图、地下水位埋深分区图、软土厚度分区图、基岩埋深分区图、砂土液化情况分区图等单要素图件。

根据珠江三角洲经济区地面建筑地质环境适宜性各评价的定权方法，综合专家意见，采用层次分析法按九标度构建权重分析矩阵，采用和积法计算指标权重，权重分析矩阵和权重结果见表6-3。

表6-3 南沙区地面建筑地质环境适宜性评价指标权重分析矩阵

评价指标	地形地貌	地形坡度	基岩埋深	软弱土厚度	砂土液化	水位埋深
地形地貌	1	1	4	2	2	7
地形坡度	1	1	4	2	2	7
基岩埋深	1/4	1/4	1	1/2	1/2	3
软弱土厚度	1/2	1/2	2	1	1	5
砂土液化	1/2	1/2	2	1	1	5
水位埋深	1/7	1/7	1/3	1/5	1/5	1
权重	0.29	0.29	0.08	0.15	0.15	0.03

利用综合指数法对各评价要素进行综合计算，最终得到南沙新区地面建筑地质环境适宜性评价结果。利用MapGIS软件的空间分析功能，依据各要素所赋权值及评分值进行叠加运算，最终得到南沙新区地面建筑地质环境适宜性评价分区图(图6-5)。

从图6-5中可以看出，南沙新区以地面建筑基本适宜区为主，其主要分布在万顷沙镇、新垦镇、横沥镇、龙穴岛一带，该区域基本为平原区，地面坡度平缓，软土厚度一般较大，该类型地区面积超过200km^2，超过试点评价区面积的60%。南沙新区地面建筑适宜区主要分布在南沙街办、黄阁镇一带非丘陵区，该类型地区面积约为60km^2，占试点评价区面积的19%左右。南沙新区地面建筑较不适宜区分布在丘陵区周边、砂土液化软土沉降严重区域，该类型地区面积约为38km^2，占试点区评价面积的12%左右。南沙新区地面建筑不适宜区主要分布在飞云顶、铜鼓顶、黄山鲁一带，该区地貌类型为丘陵区，地面坡度普遍大于12°，该类型地区面积约为22km^2，占试点评价区面积的7%左右。

六、南沙新区地质灾害易发性评价

根据珠江三角洲经济区地质环境承载力体系中地质灾害易发性评价的理论和方法，充分考虑南沙新区地质灾害发育情况及潜在危险，以现有资料为基础，对广州市南沙新区地质灾害易发性进

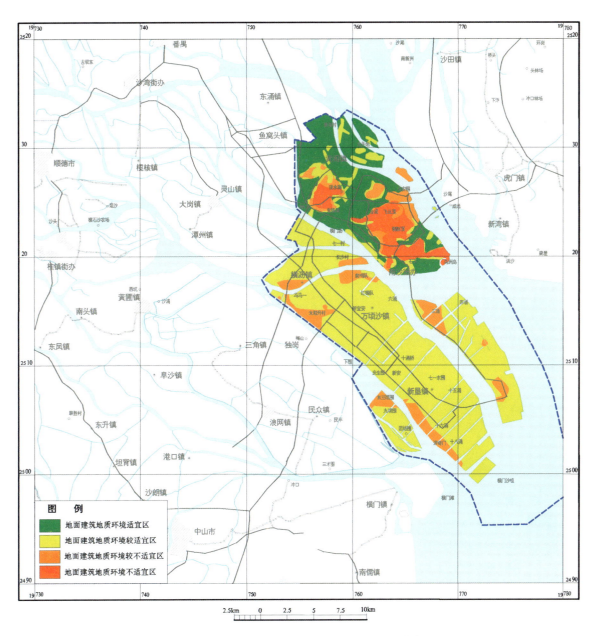

图 6-5　广州市南沙新区地面建筑地质环境适宜性综合评价图

行评价。由于南沙新区曾开展过专门的地质灾害易发性评价工作,故本次南沙新区地质灾害易发性评价直接采用以往的评价成果。并利用 MapGIS 软件进行数据输入和矢量化处理,最终得到南沙新区地质灾害易发性分区图(图 6-6)。

根据图 6-6 可知,南沙新区地质灾害易发程度分为高易发区、中等易发区和低易发区三级。其中以地质灾害高易发区面积最大,约 180km²,占全区总面积的一半以上;中易发区面积仅次于高易发区面积,面积 140km²,占全区总面积的 43% 左右;低易发区零星分布,仅 4km²。

七、南沙新区特殊地质环境问题影响评价

依据已有地质调查资料和查阅的相关文献可知,目前南沙新区尚未出现过特殊的原生地球化

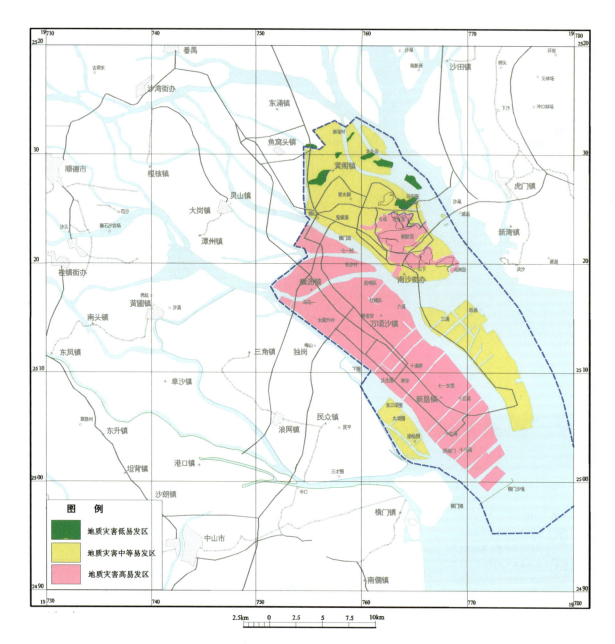

图 6-6 南沙新区综合地质灾害易发性分区图

学异常作用于人类致病、致畸现象,故南沙新区特殊地质环境问题仅需考虑风暴潮对南沙新区所造成的影响。

相关文献研究认为珠江三角洲经济区沿岸为风暴潮灾害严重岸段。南沙新区紧邻狮子洋,每年均会受到风暴潮侵袭,据 1954—2005 年的风暴潮增水统计资料可知,南沙新区沿岸最大增水幅度为 2.45m。根据前人风暴潮易损性评估相关结论,南沙新区由于社会经济易损指数、土地利用易损指数、生态环境易损指数和滨海构造物指数均处于高位,加之南沙新区本身为风暴灾害严重岸段,其抗灾能力指数偏低,整个广州市南沙新区风暴潮易损程度高(图 6-7)。

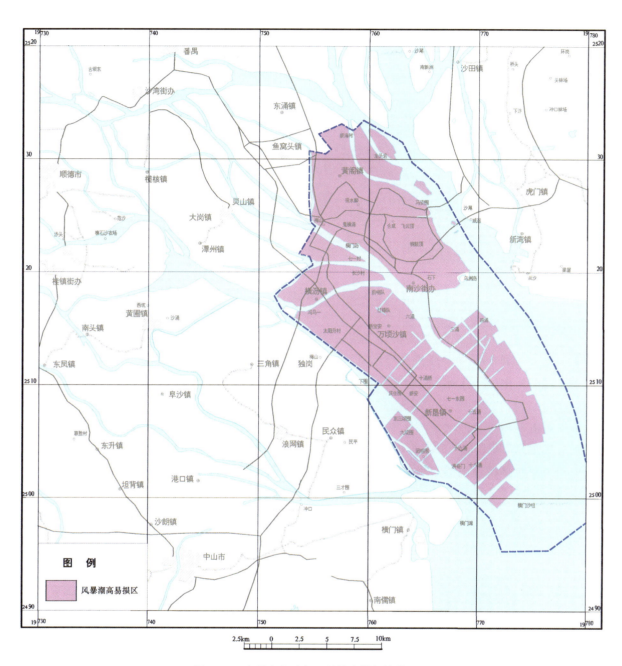

图 6-7 广州市南沙新区风暴潮易损性分区图

第三节 南沙新区不同功能地质环境承载力评价

根据珠江三角洲经济区不同功能地质环境承载力评价的思路和方法,开展南沙新区城市、工业、农业、生态功能地质环境承载力评价工作。在充分利用南沙新区地质环境承载力体系的地壳稳定性、土壤肥力、土壤环境承载力、地下水防污性能、地质灾害易发性等评价分区结果基础上,综合考虑经济区人类活动状况及承载力评价中未涉及到的因素,构建南沙新区不同功能地质环境承载力评价指标体系、数学模型(表 6-4)。

表 6-4 南沙新区城市功能地质环境承载力评价要素分级表

要素层		城市功能地质环境承载力评分		
		承载力高	承载力中等	承载力低
土壤环境质量	等级	一级、二级环境质量区	轻微污染	中—重度污染
	评分	1	3	5
地质灾害易发性	等级	低易发区	中等易发区	高易发区
	评分	1	3	5
特殊地质环境问题影响	等级	风暴潮低易损	风暴潮中等易损	风暴潮高易损
	评分	1	3	5
地下水防污性能	等级	防污性能好、较好	防污性能较差	防污性能差
	评分	1	3	5
地面建筑地质环境适宜性	等级	适宜区	较适宜区	较不适宜区、不适宜区
	评分	1	3	5
地壳稳定性	等级	稳定区或基本稳定区	次不稳定区	不稳定区
	评分	1	3	5

一、南沙新区的城市功能地质环境承载力评价

根据第五章城市功能的经济区地质环境承载力评价的思路和方法，结合南沙新区城市功能区划要素分级要求，利用南沙新区地质环境承载力体系的相关评价结论，同时综合考虑南沙新区已有道路规划、港口、区域性发展布局等多个因素，开展南沙新区城市功能的地质环境承载力评价工作。

本研究聘请了 3 位熟悉珠三角地质环境条件的专家进行打分，最终确定了各要素的权重（具体见表 6-5）。

表 6-5 南沙新区城市功能地质环境承载力评价要素权重表

区划要素	土壤环境质量	地质灾害易发性	风暴潮	地下水防污性能	地面建筑地质环境适宜性	地壳稳定性
权重	0.15	0.30	0.05	0.1	0.35	0.05

南沙新区城市功能地质环境承载力评价工作采用了综合指数数学模型对各要素进行综合计算，最终根据"南沙新区城市功能地质环境承载力等级划分及标准"将南沙新区划分为三级（指数分级标准及说明见表 6-6），分别是城市功能地质环境承载力高区、城市功能地质环境承载力中等区、城市功能地质环境承载力低区（分区结果见图 6-8）。

从图 6-8 可以看出，南沙新区地质环境条件整体较适合城市功能发展，但城市功能地质环境承载力高的区域面积仅为 41km²，约占评价区总面积的 10%，该类型地区主要分布在黄阁镇北侧、飞云顶北侧等小片区域，该地区地面建筑适宜性多为适宜，地质灾害易发性较低。南沙新区城市功能地质环境承载力中等区面积近 300km²，该类型地区在南沙新区广泛分布，该类地区多为地质灾害中等易发区或高易发区，进行城市建设工作需开展一定的工程措施以减少或降低地质灾害所造成的风险。南沙新区城市功能地质环境承载力低区域面积仅为 42km²，该类型地区主要分布在南沙新区飞云顶、铜鼓顶及前哨队一带，上述地区高地质灾害易发性，存在坡度较陡、软土厚、砂土易

液化等问题,不适宜进行地面建筑工作,在该类区进行城市建设工作所需成本很高,也易遭受地质灾害侵袭,城市建设或开发中应尽量避开该区域。

表6-6 南沙新区城市功能地质环境承载力等级划分及标准

承载力评价等级	CI 值	备注
城市功能地质环境承载力高	CI<2	地质环境条件优良,适合基础设施建设、人居等,可作为南沙新区城市建设优先发展区域
城市功能地质环境承载力中等	2≤CI<3.5	地质环境条件一般,城市建设、开发需辅以一部分预防地质环境问题的措施
城市功能地质环境承载力低	CI≥3.5	地质环境条件较差,不适合城市建设、开发或开发成本很高,在城市建设规划中应避免将此类区域作为新开发区

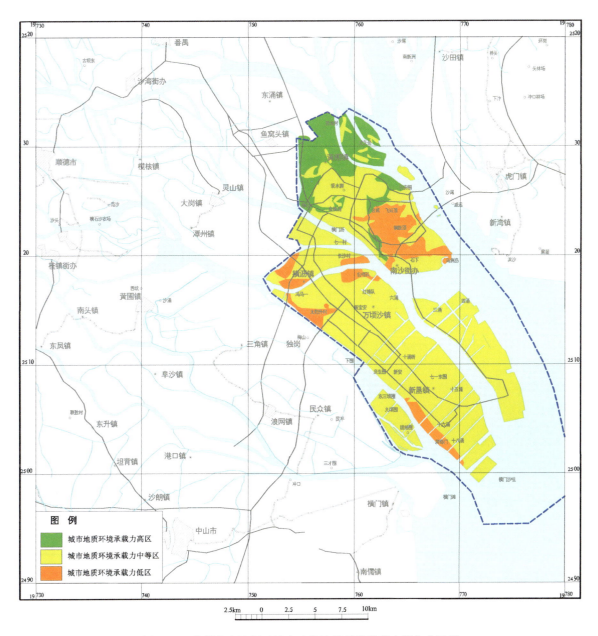

图6-8 广州市南沙新区城市功能地质环境承载力评价分区图

二、南沙新区的工业功能地质环境承载力评价

根据第五章经济区工业功能地质环境承载力评价的思路和方法,结合南沙新区工业功能地质环境承载力评价的分级标准(表6-7),利用南沙新区地质环境承载力体系的相关结论,同时综合考虑南沙新区已有的人类活动现状、工业发展布局、工业发展类型等多个因素,开展南沙新区工业功能地质环境承载力评价工作。

表6-7 南沙新区地质环境承载力评价要素分级评分表

要素层		工业功能地质环境承载力评价		
		承载力高	承载力中等	承载力低
地质灾害易发性	等级	低易发区	中等易发区	高易发区
	评分	1	3	5
特殊地质环境问题影响	等级	风暴潮低易损	风暴潮中等易损	风暴潮高易损
	评分	1	3	5
地下水防污性能	等级	防污性能好、较好	防污性能较差	防污性能差
	评分	1	3	5
地面建筑地质环境适宜性	等级	适宜区	较适宜区	较不适宜区、不适宜区
	评分	1	3	5
地壳稳定性	等级	稳定区或基本稳定区	次不稳定区	不稳定区
	评分	1	3	5
人类活动强度	等级	弱	中	强
	评分	1	3	5

南沙新区工业功能地质环境承载力评价工作需综合考量各要素层及人类活动对承载力高低的影响,与城市功能地质环境承载力评价定权方法一样,工业功能承载力各要素的权重也利用专家打分定权法确定,本研究聘请了3位熟悉珠三角地质环境条件的专家进行打分,最终确定了各要素的权重(表6-8)。

表6-8 南沙新区工业功能地质环境承载力评价要素权重表

区划要素	地质灾害易发性	风暴潮	地下水防污性能	地面建筑地质环境适宜性	地壳稳定性	人类活动强度
权重	0.20	0.05	0.30	0.15	0.1	0.10

根据"南沙新区工业功能地质环境承载力评价结果等级划分及标准"将南沙新区划分为三级(指数分级标准见表6-9),分别是工业功能地质环境承载力高区、承载力中等区、承载力低区(图6-9)。

表 6-9 南沙新区工业功能地质环境承载力评价结果等级划分及标准

区划等级	指数值	备注
工业开发推荐区	GI<2	地质环境条件适合工业开发，支持性、限制性、约束性条件均满足工业活动，此类区域为工作开发优先发展区域，可开展各类型工业活动
工业开发控制区	2≤GI<3.5	地质环境条件适合综合污染较低、对厂房要求低等工业活动，应尽量控制该区域的工业发展，以减少后续开发工作中可能出现的损失
避免工业开发区	GI≥3.5	地质环境条件较不适合工业开发，此类区域尽量不布置工业开发

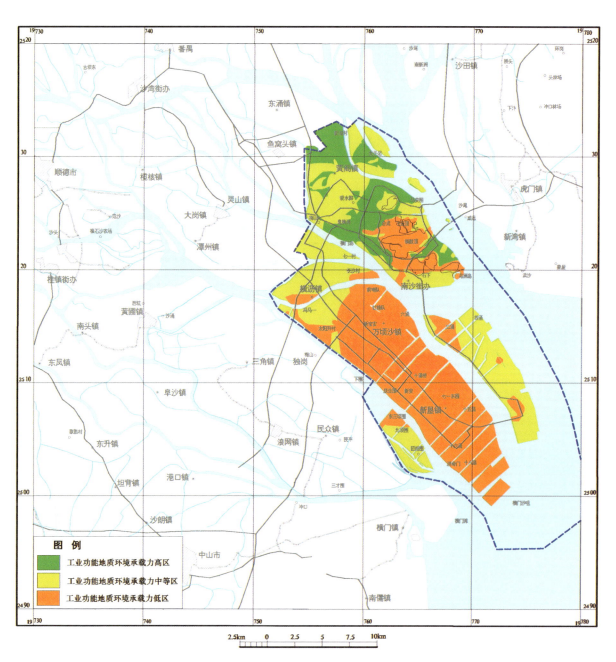

图 6-9 广州市南沙新区工业功能地质环境承载力评价分区图

从图6-9可以看出,南沙新区地质环境条件整体较不适合工业开发。其中工业功能地质环境承载力高的地区面积不到43km²,约占评价区总面积的11%,该类型地区主要分布在黄阁镇北侧、龙头岩周边、飞云顶北侧平原等小片区域,该地区地面建筑适宜性多为适宜,地质灾害易发性较低,防污性能相对较好。南沙新区工业承载力中等区面积近140km²,占评价区总面积的37%左右;该类型地区在南沙新区广泛分布,龙穴岛、横沥镇、黄阁镇西南侧均为该类型,该类地区多为地质灾害中等易发区或高易发区,进行工业工作需开展一定的工程措施以减少或降低地质灾害所造成的风险,同时在上述地区开展工业开发有可能对地质环境造成不可逆的破坏。南沙新区工业功能承载力低的地区面积达193km²,占评价区面积的52%左右;该类型地区主要分布在南沙新区飞云顶、铜鼓顶、万顷沙镇大部分区域等地段,上述地区高地质灾害易发性,地面建筑适宜性一般,地下水防污性能较差,在该类型地区进行工业建设地质灾害风险高,后续工业活动将对该区地质环境造成严重破坏,甚至影响到工业开发本身,因此此类地区尽量不进行工业开发工作。

三、南沙新区的农业功能地质环境承载力评价

南沙新区的农业功能地质环境承载力评价工作主要利用承载力评价体系的土壤环境质量评价和土壤肥力评价结果,兼顾其他地质环境承载力体系相关结果,同时考虑地表水体、农业布局等方面的影响。农业功能地质环境承载力评价与城市功能地质环境承载力评价方法基本一致,各要素状态及分级见表6-10。

表6-10 南沙新区农业功能地质环境承载力评价要素状态及分级表

要素层		工业功能地质环境承载力		
		承载力高	承载力中等	承载力低
地质灾害易发性	等级	低易发区	中等易发区	高易发区
	评分	1	3	5
地下水防污性能	等级	防污性能好、较好	防污性能较差	防污性能差
	评分	1	3	5
土壤肥力	等级	综合丰富区	综合一般区	综合缺乏区
	评分	1	3	5
土壤环境质量	等级	正常或轻微污染	中度污染	重度污染
	评分	1	3	5
地形坡度	等级	1	3	5
	评分	≤4°	>4°且≤20°	>20°

与城市功能、工业功能地质环境承载力评价定权方法一样,农业功能地质环境承载力评价各要素的权重也利用专家打分定权法确定,本研究聘请了3位熟悉珠三角地质环境条件的专家进行打分,最终确定了各要素的权重(表6-11)。

农业功能地质环境承载力评价工作采用了综合指数数学模型对各要素进行计算,最终根据"农业功能地质环境承载力评价结果等级划分及标准"将南沙新区划分为三级(指数分级标准见表 6-12),分别是农业地质环境承载力高区、承载力中等区、承载力低区(图 6-10)。

表 6-11 南沙新区农业功能地质环境区划各要素权重表

区划要素	地质灾害易发性	地下水防污性能	土壤肥力	土壤环境质量	地形坡度
权重	0.05	0.15	0.45	0.25	0.10

表 6-12 农业功能地质环境承载力评价结果等级划分及标准

承载力等级	NI 值	备注
农业功能地质环境承载力高	NI≤2.60	该区地质环境条件适宜开展包括粮食、蔬菜、经济作物种植等多类型农业生产活动,开展农业活动的地质风险小,土壤综合肥力满足农业生产,土壤环境质量状况较好
农业功能地质环境承载力中等	2.60＜NI≤3.20	该区地质环境条件可以开展包括粮食、经济作物种植为主的农业生产活动,不宜种植直接食用的蔬菜、水果等,土壤肥力满足农业生产,土壤环境质量一般
农业功能地质环境承载力低	NI＞3.20	不适宜开展农业生产种植活动,可作为工业开发区、林业种植区、生态区等类型用地

从图 6-10 中可以看出,南沙新区地质环境条件整体较适合农业开发。其中农业功能地质环境承载力高的区域面积超过 100km², 约占评价区总面积的 30%, 该类型地区主要分布在新垦镇、飞云顶东侧地带, 该地区土壤肥力为丰富或较丰富, 防污性能相对较好, 且土壤环境质量不会对农业生产产生不良影响。南沙新区农业功能地质环境承载力中等区面积超过 150km², 占评价区总面积的 45%左右; 该类型地区在南沙新区广泛分布, 龙穴岛、横沥镇、黄阁镇西南侧均为该类型, 该类地区多为土壤肥力为丰富或较丰富, 防污性能一般, 土壤环境质量存在轻微污染, 在该区开展农业工作需注意农药肥料对地下水的污染, 同时考虑土壤中重金属元素对农作物的影响。南沙新区农业功能地质环境承载力低的区域面积约为 70km², 占评价区面积的 20%左右; 该类型地区主要分布在南沙街办周边、万顷沙镇周边区域, 上述地区土壤环境质量已受污染, 地下水防污性能较差, 在该类型地区进行农业活动风险高, 后续农业活动也容易造成区域地下水的污染, 因此此类地区尽量不进行农业种植工作。

四、南沙新区的生态功能地质环境承载力评价

南沙新区的生态功能地质环境承载力评价工作是将城市、工业、农业功能地质环境承载力评价结果中的城市功能地质环境承载力低区、工业功能地质环境承载力低区、农业功能地质环境承载力低区的重叠区域确定为生态建议区,同时南沙新区现有的各类自然保护区、风景区、林业区也视为生态保护区,因为该类区特有的生态、景观和历史价值,在区域规划时应该采取保护措施,禁止在区

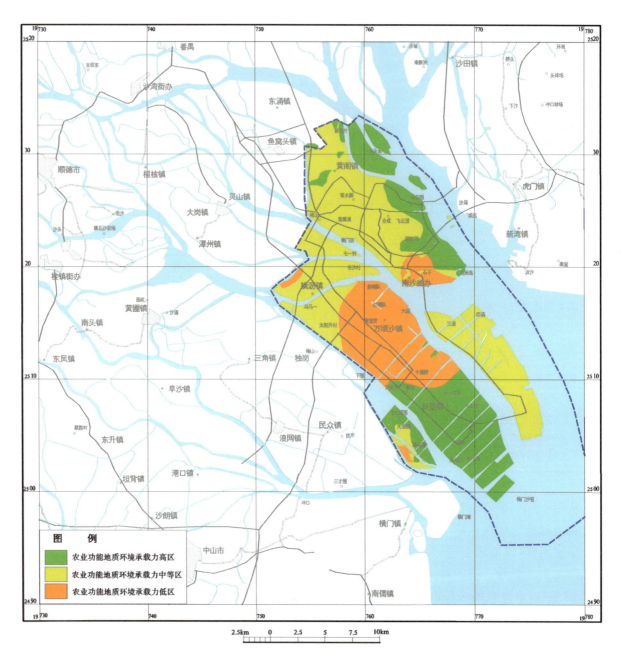

图 6-10 广州市南沙新区农业功能地质环境承载力评价分区图

域内进行人为开发活动。

依据第五章中城市功能地质环境承载力评价的方法和原则,在已完成的南沙新区城市功能地质环境承载力评价分区图,工业功能地质环境承载力评价分区图,农业功能地质环境承载力评价分区图,南沙新区绿地、公园、遗迹现状图的基础上,采用取最小值原则,对各区划单元中各地质环境区划信息进行叠加,最终形成广州市南沙新区生态功能地质环境承载力评价分区图(图6-11)。

广州市南沙新区生态建议区和生态保护区分布在铜鼓顶、飞云顶及前哨队一带,面积仅约 $20km^2$,仅占经济区面积的6%。该区开展工业、农业、城市建设等活动均存在较大风险、开发成本过高或极易导致区域地质环境恶化,因此不适宜开展城市建设、工业、农业开发工作,该区建议保留现有自然景观或地质景观,或进行适当的人为防灾措施,不建议进行后续的各类开发工作。

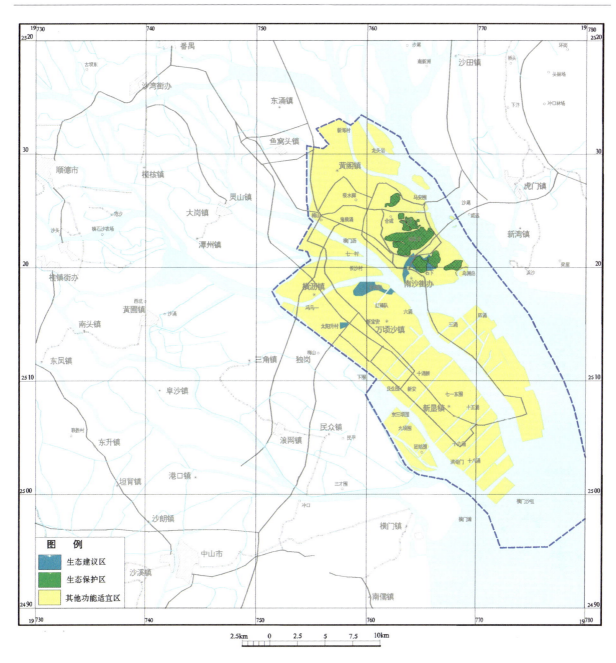

图 6-11　广州市南沙新区生态功能地质环境承载力评价分区图

第四节　南沙新区功能区划

　　前面我们完成了广州市南沙新区地质环境承载力体系构建、南沙新区城市功能、工业功能、农业功能、生态功能用地的地质环境承载力评价工作,并形成相应的成果图件,反映南沙新区地质环境客观属性对南沙新区建设开发的支持性、约束性。据此与广州市南沙新区土地利用现状和各类规划中的发展定位和空间结构进行对照,指出现状中的功能布局和发展规划中与地质环境不协调的地方,并提出相应建议,尽量使新区规划和发展既保障产业发展良好,又避免因地质环境问题导致巨大经济损失或社会影响。

广州市南沙新区是广州城市发展"南拓"战略的前沿阵地,是以龙穴岛深水港以及石化、钢铁、造船、物流等重大项目为依托的临港产业聚集区、生活配套服务基地,具有沙田水乡风情的省级中心镇。南沙新区空间结构总体包括"一个中心、三条廊道、五大组团"。"一个中心"指万顷沙镇中心区;"三条廊道"包括东部的蕉门水道水域生态廊道、中部的农田生态廊道、西部的洪奇沥水道水域生态廊道;"五大组团"包括南沙港区组团、开发区工业组团、钢铁工业组团、石化工业组团、万顷沙镇级工业组团。南沙新区产业规划以农业、工业、服务业为主:农业将体现结构优化、组织创新,工业实现对接大产业、布局园区化,服务业则为配套大项目、产业综合化。南沙新区总体规划思路分为四个区域,分别是商业及公共设施区域、内港城市区域、海岸门户区域及生态港区域(图6-12)。

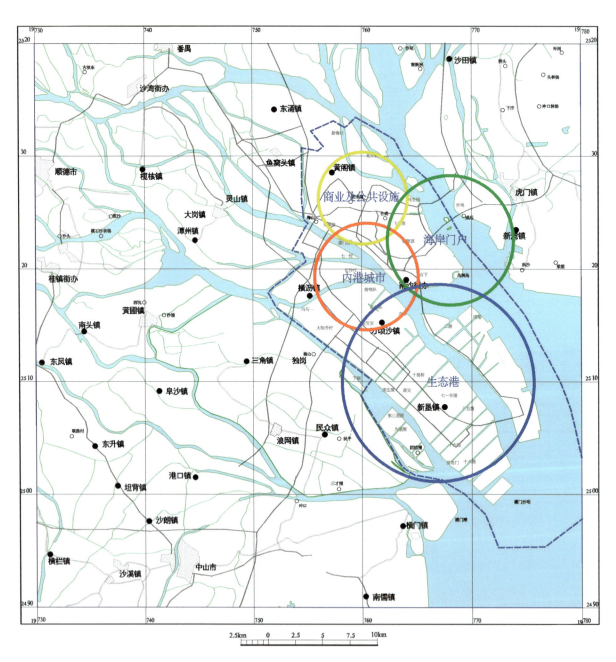

图6-12 广州市南沙新区发展规划空间形态图

从图6-12和图6-13可以看出广州市南沙新区总体规划的空间展布和发展方向,结合南沙新区黄阁分区、南沙岛分区、珠江分区、横沥分区、万顷沙分区、龙穴岛分区具体规划内容,可知南沙新区各分区发展规划目标和发展方向。黄阁分区目标为南沙临港工业基地的组成部分、南沙滨海新城的组成部分;南沙岛分区发展目标为以人居、产业园、公共设施和政府部门为主的南沙现代化海滨新城;珠江分区发展目标将以科研教育、高新科技、村镇建设、生态保护为主体;横沥分区的西部和南部将以工业园为主,其余区域将以居住和公共设施建设为主;万顷沙分区将以港区、钢铁工业、石化工业、镇级工业为发展重点,以水体和农业作为生态廊道;龙穴岛分区发展目标为综合运输的主枢纽港。

根据前面广州市南沙新区城市功能地质环境承载力评价分区图、工业功能地质环境承载力评价分区图、农业功能地质环境承载力评价分区图和生态功能地质环境承载力评价分区图,可知南沙新区各区域地质环境条件对不同功能经济区活动的承载能力。总体来看,南沙新区整体较不适合工业开发,大部分区域较为适合城市建设和农业生产。

图6-13　广州市南沙新区规划范围解析图

将南沙新区总体规划及各分区发展规划与不同功能地质环境承载力评价结果相对照,南沙新区各分区发展规划较为符合南沙新区地质环境条件的约束和限制,部分分区规划存在一些问题,本研究依据地质环境系统的特点提出相应功能布局建议。

(1)南沙新区黄阁分区的发展定位是南沙临港工业基地的组成部分,同时也是南沙滨海新城的组成部分,因此黄阁分区将以城市功能和工业功能为主。南沙新区工业功能地质环境承载力评价分区图和南沙新区城市功能地质环境承载力评价分区图可知,黄阁分区工业功能、城市功能地质环境承载力大部分区域为高,局部为中等,因此黄阁分区的发展规划与定位与南沙新区承载力评价结果相符,即与地质环境条件相适应。

(2)南沙新区南沙岛分区面积约为83.67km^2,是南沙地区的中心,是广州"多中心网络式布局"

的中心之一;是切实保障广州"南拓"、实现跨越式发展战略的南部综合服务基地;是适宜创业发展和生活居住的现代化海滨新城的典型示范区,也是粤港产业合作基地。根据定义,可知南沙岛分区将以城市功能为主体。根据南沙新区城市功能地质环境承载力评价结果,南沙岛分区飞云顶、铜鼓顶等部分区域地质灾害高易发性、地形坡度较陡、地面建筑适宜性差,城市功能地质环境承载力低,上述区域进行大规模城市建设难度较大,强行开发会导致成本过高、破坏原有生态环境且为后续发展埋下隐患。因此南沙岛分区规划中应注重原有生态,保留原有绿地、公园及地质遗迹,同时避免开发城市功能地质环境承载力低的区域。

(3)南沙新区珠江分区面积为 45.19 km^2,属新开发区,定位为集高科技工业、临港型工业、传统型工业、商业贸易与生活居住等多种功能为一体的综合片区。根据定位,可知珠江分区将以工业功能和城市功能为主体。根据南沙新区城市功能、工业功能地质环境承载力评价结果,珠江分区的红岭地区工业地质环境承载力低,该区域地下水防污性能较差,存在砂土液化或软土沉降问题,不适宜开展传统工业活动,建议该区以发展商业贸易与生活居住等城市功能为主体方向;珠江分区的龙穴岛分区的工业功能承载力和城市功能承载力均为中等,该区的地质环境条件对该区发展规划基本适宜,但开展相应的城市开发或工业开发均应先进行适量的工程治理措施。

(4)南沙新区横沥分区面积为 53.58 km^2,发展定位为创建亚洲生活港口城市,将作为南沙地区中远期都市中心,该区规划用地布局主要包括灵山岛一带的居住用地、蕉门水道西岸灵山及上横沥东部尖岛公共设施、上横沥西部以及下横沥南部的工业用地。根据南沙新区城市功能、工业功能地质环境承载力评价结果,灵山岛一带的城市功能承载力高—中等,该区规划为居住用地很合理,地质环境条件对人类居住生活较为适宜;横沥东部尖岛南侧局部区域城市功能承载力低,砂土液化严重、地质灾害高易发性,该区若作为公共设施用地,前期需开展大量的治理措施以减少后续对设施及人类生产生活的影响;上横沥西部及下横沥南部工业功能承载力低,地下水防污性能差、地质灾害高易发性且地面建筑适宜性差,该区发展工业难度较大且存在较高的污染当地生态环境的风险,建议该区严格控制工业发展,特别是传统工业及高污染工业的发展。

(5)南沙新区万顷沙分区面积为 126.38 km^2,发展定位是广州城市发展"南拓"战略的前沿阵地,是以龙穴岛深水港以及石化、钢铁、造船、物流等重大项目为依托的临港产业聚集区、生活配套服务基地,具有沙田水乡风情的省级中心镇。由万顷沙分区的发展定位可知,该区规划中的主体功能为工业,辅以部分生活配套和农业种植。根据南沙新区工业功能地质环境承载力、城市功能地质环境承载力、农业功能地质环境承载力评价结果,万顷沙分区万顷沙镇周边地区工业地质环境承载力低,该区软土厚度埋深较大,存在较大面积砂土液化区,地质灾害高易发性,且该区地下水防污性能较差,在该区发展工业特别是钢铁工业、石油化工工业等产业遭受地质灾害破坏的可能性较大,同时发展钢铁工业、石油化工工业等高污染产业会导致区域地下水环境的毁灭性破坏,影响该区域人类生存环境,进而影响到整个南沙新区经济发展和社会的稳定。因此万顷沙分区万顷沙镇周边地区建议以城市功能和农业功能为主,尽量避免工业特别是钢铁工业和石油工业的开发。万顷沙分区龙穴岛部分工业功能地质环境承载力为中等,该区可适当开展石化、钢铁、造船等工业活动,但该区的工业发展务必重视污染物的排放问题及后续地面沉降问题的预防和治理。

(6)龙穴岛分区位于南沙地区南端,面积为 53.6 km^2,其发展目标为高效现代的以干线港运输为主的专业化集装箱港区。该区的开发活动主要是利用深水岸线进行港区开发为主,同时辅以相应的物流园区、公建配套区、绿化景区及造船基地。根据南沙新区城市功能、工业功能地质环境承载力评价结果,该区的城市功能、工业功能地质环境承载力均为中等,地质环境条件与该区港口及配套开发较为适宜。但需指出的是,该区地下水防污性能差,需特别注意各项开发活动及生产活动所产生污染物的后续处理工作。

综合广州市南沙新区城市功能地质环境承载力评价分区图、工业功能地质环境承载力评价分区图、农业功能地质环境承载力评价分区图、广州市南沙新区规划范围解析图和南沙新区总体规划、各分区规划，以及分区规划中存在的问题，提出与南沙新区地质环境条件相适应、符合南沙新区总体规划和发展定位的基于南沙新区总体规划的南沙新区功能区划图（图6-14）以及南沙新区规划和功能建议分区对照表（表6-13）。

表6-13 南沙新区规划和功能建议分区对照表

规划分区	规划目标	功能建议区	说明
黄阁分区	临港工业基地滨海新城	HG1（工业功能建议区）	该区工业地质环境承载力以高和中等为主，地质灾害易发性中等、防污性能以好和中等为主，地面建筑适宜性为适宜，可开展以汽配产业等各类工业活动，与分区规划相符
		HG2（城市功能建议区）	该区城市地质环境承载力以高为主，较适宜开展城市建设，但该区地下水防污性能较差，开发和发展中需严格控制污染物的排放，与分区规划相符
南沙岛分区	现代化海滨新城	NS1（城市功能建议区）	该区城市功能地质环境承载力以中等为主，城市建设开发需辅以一定的灾害预防措施，该区地下水防污性能较好，可适当布置与城市相间的产业园，与分区规划相符
		NS2（生态功能保护区）	该区为原有生态绿地，需严格保护，与分区规划相符
		NS3（生态功能建议区）	该区城市功能、工业功能、农业功能承载力均为低，建议作为城市绿地，与分区规划不符
珠江分区	以工业为主的综合片区	ZJ1（城市功能建议区）	该区城市地质环境承载力中等，工业承载力低，该区地下水防污性能差，且软土、可液化砂土分布较广。城市建设和后续发展过程中，应控制污染物排放，与分区规划相符
		ZJ2（工业功能建议区）	该区工业地质环境承载力中等，可支持高科技工业、临港型工业、传统工业的开发与发展，但需辅以一定量的工程治理措施，与分区规划相符
		ZJ3（生态农业建议区）	该区城市、工业承载力低，不适宜开展工业和城市建设活动，宜作为生态绿地或农田；与分区规划不符
横沥分区	生活港口城市	HL1（城市功能建议区）	该区大部分地区城市功能承载力高—中等，适宜人类居住生活，可作为公共设施、人类居住用地；与分区规划相符
		HL2（工业功能建议区）	该区城市功能承载力低，工业承载力中等，不适宜开展城市建设活动，建议作为工业功能用地；与分区规划相符
万顷沙分区	临港产业聚集区	WQ1（城市功能建议区）	该区工业承载力低，农业承载力低，城市承载力中等，不适宜开展工业活动，建议作为城市功能用地；与分区规划不符
		WQ2（生态农业建议区）	该区农业承载力高，土壤肥力综合丰富，未发生土壤重金属污染，建议作为农业功能用地；与分区规划相符
		WQ3（工业功能建议区）	该区大部分区域工业承载力中等，可适当开展石化、钢铁、造船等工业活动，但需重视污染及后续地面沉降问题
龙穴岛分区	专业化集装箱港区	LX（港区）	该区城市功能、工业功能地质环境承载力均为中等，地质环境条件与该区港口及配套开发相适应

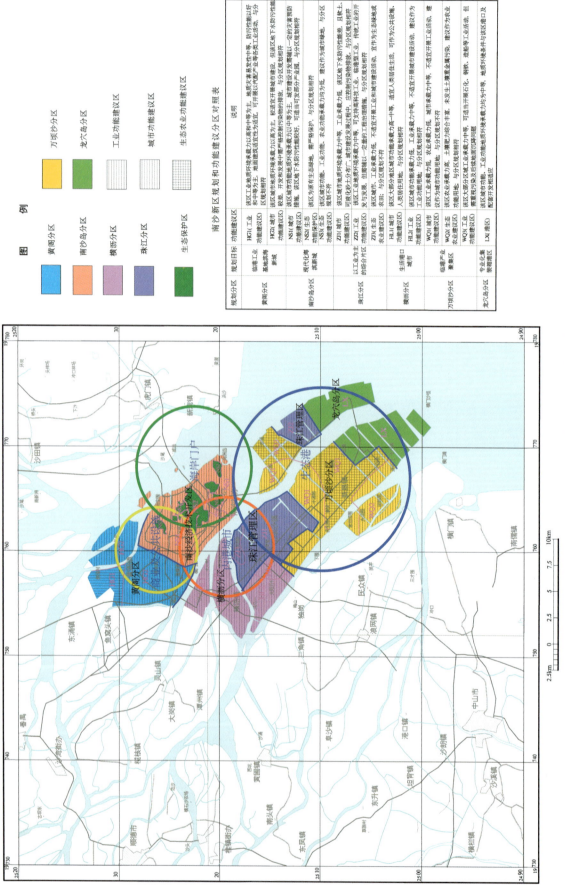

图 6-14 广州市南沙区发展规划与功能建议分区图

第七章 对策与建议

第一节 珠江三角洲环境问题的控制性要素

珠江三角洲经济区是中国重要的经济增长极,城市化进程日新月异。该区地处广东省中南部,濒临南海,海陆相互作用较强烈,新构造运动活跃,侵蚀和剥蚀作用明显,第四系广布,地貌类型多样,是地质环境的过渡带和敏感带。独具特色的区域地质环境必然产生相应的环境地质问题,近年来沿断裂带频频出现的地面沉降(塌陷)就是城市发展与地质环境紧密依存的最好例子。环境地质问题已深深地影响、困扰和制约着城市的健康发展和人民生命财产安全。

珠三角环境地质问题和对策研究前人已做过大量的工作,但结合新构造运动、海平面变化等控制城市群地质环境形成演化的内在因素的分析尚需加强。在人-地关系日益紧张的今天,从地质环境的内因出发,深刻地理解这些控制性地质环境因素的基础及动态演化,对于提高珠江三角洲经济区环境治理、国土规划、防灾减灾具有前瞻性和决定性意义。

一、地形地貌

珠江三角洲是广东经济发展的主体区,东、西、北三面均被山地和丘陵围绕,南面向海,构成一个马蹄形的港湾形势,总面积 11 281 km²。珠江三角洲本身的地貌特色是平原上有 160 多个岛丘突起,表现为丘陵、台地、残丘地貌类型,面积约占三角洲总面积的 1/5。

河网十分发育是珠江三角洲平原地貌的另一特征。西江、北江三角洲主要水道近 100 条,总长 1600 多千米;东江三角洲主要水道 5 条,总长 138 km。珠江三角洲的水动力条件是强径流、弱潮流,无论洪季或枯季,径流都很强大,珠江年输沙量约 8×10^{10} kg,河口地带堆积强烈,成陆迅速。

二、新构造运动

受南海扩张的影响,珠江三角洲发育北东向、北西向和东西向 3 组断裂,它们不仅控制三角洲的外部轮廓,同时也控制着河道延伸方向、古海岸线和第四系沉积物的展布。珠江三角洲受 3 组断裂的切割,形成多个垂向上具有不同运动方向或运动速率的断块(见图 3-23),新构造运动以断裂活动和断块差异升降运动为主要特征。

(一)断裂活动

根据历史地震、地质和地貌特征、大地水准测量、卫星影像、热泉、地球物理及钻孔资料分析,珠江三角洲地区发育的 3 组断裂在近代地质历史时期都有不同程度的活动。以西江断裂为例,地貌上控制了西江河谷的发育和三角洲的西界,第四系等厚线沿西江呈北西向长条带状延伸。断裂两盘显示出差异运动,导致北东盘阶地发育,南西盘阶地不发育。磨刀门水道断层泥最新年龄(2.34±0.15)×10^4a,鸡啼门水道的破碎带最新断代 2.5×10^4a,垂直错动达 6m。垂直形变速率自北向南增强,北段高要金利附近为 0.51mm/a,中段南海九江附近为 0.86mm/a,南段灯笼沙附近为 4.86mm/a。断层气(氡气)异常峰值超过异常下限值 2 倍左右。西江断裂为最活跃的弱活动断裂,共发生大于 4.75 级地震 5 次,最大震级 5.5 级。

现代调查成果表明,珠江三角洲存在切割晚更新世甚至全新世的断裂。在珠江三角洲五桂山南麓发现的两个断层剖面显示第四纪地层被切割,通过对三角洲第四系的分析和对比,确认五桂山南麓断裂在中、晚更新世时期是活动的,这是断裂第四纪活动的直接地质证据。综合以往研究并结合现代调查,北东向的广州-从化断裂,近东西向的三水-罗浮山断裂,北西向的西江断裂,白坭-沙湾断裂活动性较强,历史地震多发生在上述断裂周边及交会部位。另外,深圳断裂、新会-市桥断裂等近期小震活跃,也该引起足够重视。现将上述 3 组主要断裂的活动标志、活动特征列于表 7-1。

表 7-1 珠江三角洲主要活动断裂及特征一览表

断裂名称		地貌特征	最新活动时代和位移	历史地震	综合分析
北西向断裂	西江断裂	地貌上控制了西江河谷的发育和三角洲的西界,第四系等厚线沿西江呈北西向长条带状延伸,断裂两盘显示出差异运动,导致北东盘阶地发育,南西盘阶地不发育	磨刀门水道断层泥断代最新年龄(2.34±0.15)×10^4a,鸡啼门水道的一条破碎带最后一次活动(25ka)所导致的垂直错动达 6m。垂直形变速率自北向南增强,北段高要金利附近为 0.51mm/a,中段南海九江附近为 0.86mm/a,南段灯笼沙附近为 4.86mm/a。晚第四纪垂直位移速率为 0.44mm/a	共发生>4.75 级地震 5 次,最大震级 5.5 级。断层气(氡气)异常峰值超过异常下限值 2 倍左右	西江断裂为最活跃的弱活动断裂
	沙湾断裂	地貌上控制了三水盆地的东界和西江三角洲东侧的沉积发育,致使第四系等厚线沿断裂呈北北西向长条带状展布	牛头岛北部海域浅层人工地震测试剖面显示,该断裂可能切割至全新统的底面,沿断裂有喜马拉雅期基性岩侵溢体,表明在晚更新世至全新世初有过活动。灵山大岗后山,未被压碎的方解石脉测年结果为(7.13±0.49)×10^4a 和 5.66×10^4a,碎裂的方解石脉为 5.40×10^4a(陈国能等,1995);郭钦华等(2008)在大岗镇人民公园中采集的构造岩热释光测年数据为 22.45×10^4a 和 19.48×10^4a。乌岗碎裂岩年龄(484 000±33 000)×10^4a(广东省地质调查院),为中更新世。这些数据都表明该断裂在晚更新世中期曾有过多次明显的活动。垂直形变速率自北向南增强,北段南海松岗附近为 1.64mm/a,中段番禺灵山附近为 1.91mm/a,南段万顷沙附近为 2.65mm/a。晚第四纪垂直位移速率为 0.39mm/a	共发生>4.75 级地震 2 次,最大震级 5 级,近期小震活跃	沙湾断裂为弱活动断裂
	狮子洋断裂	根据断裂展布的地貌形态,升降幅度的累积变化和^{14}C测年资料,可将其分为北、中、南 3 段	北段断层物质 TL 年龄有:文冲船厂(34.9±2.7)×10^4a 和(18.86±1.12)×10^4a;石化厂(18.2±0.9)×10^4a 和(13.2±0.8)×10^4a;石化医院(17.45±1.45)×10^4a。中段威远码头断层物质热释光测年为(13.86±1.12)×10^4a,以及断层泥中石英碎屑在电镜扫描下显微刻蚀形貌分析结果,认为该断裂在中更新世晚期和晚更新世曾发生过强烈活动。珠江水利委员会在小铲岛西北侧浅层人工地震探查发现该断层已切割至全新统顶部淤泥层底界,断裂在全新世中晚期仍有活动		狮子洋断裂北段为早第四纪活动断裂,断裂南段在晚第四纪仍有活动

续表 7-1

断裂名称		地貌特征	最新活动时代和位移	历史地震	综合分析
北东向断裂	广从断裂	地貌上控制红层盆地边界,地貌反差大,见多处温泉出露,从北往南增多	其断层物质的裂变径迹、热释光年龄可分为早更新世(2.24~2.58Ma)和中更新世(0.13~0.58Ma)两期,地质连井剖面显示晚更新世后期(距今18 000~11 000a)仍有活动,切截了上更新统,全新世以来保持微弱的正断层活动。据1992—1997年的跨断层短水准测量数据估算,断裂两侧的平均形变速率为0.18mm/a。晚第四纪垂直位移速率为0.47mm/a;断层气(氡气)异常峰值南部、中部接近异常下限值2倍左右,北部达到2~6倍	最大震级5级,近期小震活跃	广从断裂为弱活动断裂,向北有增强的趋势
	深圳断裂	地貌反差大,控制丘陵-山地与谷地、港湾	曾发生5级地震1次,近期小震较活跃,2010年5月发生3级地震。断层气(氡气)异常峰值局部地段接近异常下限值3倍左右		深圳断裂为弱活动断裂
东西向断裂	广州-罗浮山断裂		断层热释光年龄主要有(2.44±0.15)Ma、(2.63±0.18)Ma和(0.78±0.05)Ma,反映断裂在早、中更新世的活动。1992—1997年的跨断层短水准测量显示断层两盘相对升降的平均速率为0.19mm/a。晚第四纪垂直位移速率为0.19~0.21mm/a。断层气(氡气)异常峰值广州段接近异常下限值2倍左右,广州段(汞)含量接近异常下限值5倍左右,反映切割深度较深	历史资料表明瘦狗岭断裂附近有过3~4级地震记录,该断裂的西段在与广州-从化断裂的交会处于1982—1983年间曾发生过ML1.5~2.7级地震6次,表明一定活动性	广州-罗浮山断裂为弱活动断裂

(二)断块差异升降运动

珠江三角洲受3组断裂的切割,形成多个垂向上具有不同运动方向或运动速率的断块。关于珠江三角洲断块的划分,张虎男(1990)、黄玉昆(1992)、陈伟光(2002)、姚衍桃(2008)等做过大量工作,综合区内主要断裂、第四系厚度、地貌特征、地震活动及地壳垂直形变把珠江三角洲划分为7个断块(5个断陷和2个断隆):西北江断陷、万顷沙断陷、东江断陷、新会断陷、灯笼沙断陷、番禺断隆和五桂山断隆(图3-23)。断块活动特征如下:

(1)早全新世(10~4ka)断块运动以抬升为主,最大速率约1.8mm/a;晚全新世以沉降为主,最大速率3~4mm/a。

(2)7个断块区的活动可大致分为较强、中等和较弱3档。其中断块活动较强的斗门断块和广州-番禺断块,早全新世平均抬升速率分别为1.03mm/a和0.85mm/a,远超过其他各区的数倍至10倍;晚全新世平均沉降速率分别是-1.65mm/a和1.33mm/a,亦明显大于其他各区。震中分布显示,4.5级以上的破坏性历史地震大多位于两个断块区周边的断裂位置。如1905年发生的5级地震位于斗门断块所处的西江断裂与澳门-三灶岛断裂交会部位,近年有报道的破坏性的史前地震也发生在三灶岛。1915年发生的4.5级地震与1372年4.5级地震则发生在广州-番禺断块周边的广从断裂与三水-罗浮山断裂交会部位。

断块活动较弱的是顺德断块和新会断块,分别是0.64mm/a,0.29mm/a和0.56mm/a,0.4mm/a。其余断块区均属中等,平均速率为上升小于1mm/a,下降大于1mm/a。

(3)上述估算表明,珠江三角洲内晚更新世晚期以来的沉降量南部地区大于北部地区,可能反映了三角洲所在的地块存在自北向南掀斜的趋势。现代地壳垂直形变观测资料显示的珠海斗门一带存在一个北北西-南南东走向的年变速为-7mm/a的沉降中心,这个现象可能就是它的一种反映。

(4)断块差异升降导致西江断裂上盘下降,整体向东西掀斜,产生2个沉陷区和地质构造活跃区。东部受挤压,且沉积速率加快。

三、海平面变化

全球海平面上升主因是全球变暖,这是各国科学家通过长期研究得出的结果。珠江三角洲濒临南海,研究其全新世以来的海平面升降,预测其发展趋势,对未来的城乡规划、经济开发有着重要的意义。珠江口相对海平面上升除受全球气候变暖影响外,还受地壳运动、河口沉积物压缩、近期断裂活动、地震以及水文地理等因素的影响。关于珠江三角洲海平面升降问题,前人做过大量卓有成效的工作。以往研究证明,距今7500~6000a以来,珠江三角洲地区海平面在波动中总体趋于上升。广东国家海洋局2007年发布的一项观测报告表明,近30年来广东海海平面总体上升为5~6cm,平均上升速率为2.5mm/a。对1990—2030年海平面上升的预测,主要有4种不同的结果:9.24cm、25~30mm/a、30~40mm/a、22~33mm/a,珠江三角洲海平面近数年已由mm/a级加速为cm/a级的趋势。虽然对海平面今后上升的速度和幅度有不同的看法,但对上升趋势的认识却是基本一致的。

四、第四系沉积物

珠江三角洲的形成演化具有独特的特征。从时间上讲,现有研究认为三角洲最老的沉积年龄$(4~6)\times 10^4$a,属晚更新世。第四系沉积厚度大多为25~40m,最厚达63.6m,可分为下部、中部、上部厚度不等3部分。下部,晚更新世三角洲沉积前古河流沉积相砂砾层、砂质黏土层,含枝叶腐木等,厚度一般为3~5m,最厚26.28m,^{14}C年代为20 480~37 000a,见于中山东风、新会双水、三水西南、博罗园洲、东莞石排、高要广利,珠海九洲港等地;中部,早—中全新世陆相过渡到三角洲浅海相沉积,底部为中细砂、粉砂含少量贝壳,厚0.5~3m,其上为灰黑色淤泥,含牡砺及其他海生动物化石,厚15~20m,最厚40.28m,^{14}C年代为2500~7500a,见于斗门灯笼沙、中山小榄、园洲上南、顺德金桔咀及滨海地区;上部,晚全新世泛滥平原相和三角洲沉积相砂质黏土、粉砂、细砂,含贝壳及植物枝叶,还有石器、陶片、淡水马来鳄等,厚度一般为3~5m,^{14}C年代为1520~2700a,见于东莞沙田,新会荷塘、顺德勒流、中山小榄等地。

空间上,沉积相平面展布界线决定于古海岸线,并受控于断层。珠江三角洲为晚更新世以来形成较新的三角洲,曾发生两次海侵。陆相位于古海岸线以北,即沿黄埔—广州文化局—河南七星岗—佛山—澜石一线以北分布,该线与广从断裂基本一致;海相层沿广州黄埔经济开发区—市桥—大良—江门—新会一线以南至滨海地区分布,该线恰好与市桥-新会断裂相吻合;海陆过渡相则夹于上述两线与两断裂之间。与之对应,珠江三角洲软土分布自北而南可分为3个区:①广从断裂以北的河流冲积平原松软土区;②广从和新会断裂之间的河流冲积平原松软土与滨海海积软土过渡区;③新会断裂之南的滨海海积软土区为最不利的工程地质分区。其天然含水量高达66.7%~80.6%,液限指数$IL=1.44~2.49$,压缩系数$a_{1-2}=0.11~0.186 cm^2/kg$,多呈流塑状、触变性。本区分布有高压缩性、低承载力、大面积、厚度大的淤泥软土层的工程地质性质较差,极易发生地面沉降。

五、人类工程活动

岩溶塌陷、崩塌、滑坡的发生、分布与人类工程经济活动密切相关。就本区来看,凡经济发展较快、人类活动剧烈的覆盖型可溶岩分布地段和软土分布区,其发生地面塌陷灾害多,损失严重。

人工加载沉陷，人工振动导致砂土液化，输水管路渗漏或场地排水不畅造成地表水下渗或化学污水下渗、地铁等地下隧道盾构掘进引起掌子面的不稳定而导致地面塌陷。道路工程、建设场地、矿山工程等人类工程活动往往形成陡立边坡，坡脚由于开挖而失去平衡，从而导致崩塌、滑坡。采挖海砂河沙一方面改变水流海流环境，破坏了原有自然的冲淤平衡，引发洪水等自然灾害，另一方面造成水下岸坡失稳，容易引起水下滑坡。

水源地、矿坑、隧道、人防等地下工程，过量抽取地下水或疏干排水、突水（突泥）作用，使地下水位快速降低，其上方的地表岩、土体平衡失调，在有地下空洞存在时，便产生塌陷。在广花盆地1983 年已建成机井 123 眼，总开采量达每天 6 万多立方米，岩溶地下水就成为广州市和周围许多单位的供水水源地，大多井位位于江村、肖岗、新华三个主要集中开采地段，引起塌陷 89 处。在深圳市龙岗区，因过量抽取地下水引发的地面塌陷有 4 处。

六、控制性因素的内在统一性

珠江三角洲现代地质环境是在原有区域地质的基础上形成和发展起来的，新构造运动和海平面升降共同主宰了三角洲地质环境最新演化的历史和未来演化的方向。岸线、河流、山川地貌变迁，晚第四纪沉积的形成和演化是在上述因素共同作用下形成和发展的，由此形成的环境地质问题的内因也是上述地质环境的结果。

珠江三角洲地区地质环境脆弱，人类工程-经济活动强烈，引发的环境地质问题种类繁多，且破坏性强、危害大。按其危害严重性和社会影响性，对可持续城市化进程具有广泛影响的主要环境地质问题包括突发性和缓变性两个大类 7 个方面（图 7-1）。

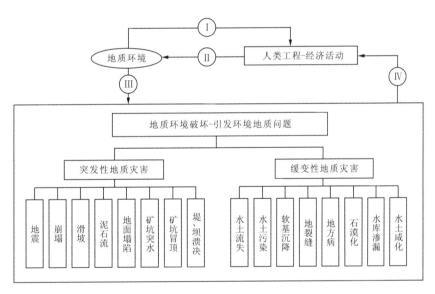

图 7-1 人类活动与地质环境的相互作用

按照前边珠三角重大环境地质问题论述，缓变性地质灾害主要包括：水资源短缺与地下水污染、土壤污染、软土区地面沉降与海岸带（海平面升降等）的一些问题。突变型地质灾害主要包括：灰岩分布区地面塌陷、断裂活动性与地震危险性、崩滑流地质灾害以及海平面升降引起的环境地质问题等（图 7-1）。

经济区内存在的重大环境地质问题，内因是由其特有的地质环境控制性因素决定，外因则是经

第二节 地质灾害防治

一、地质灾害的防治原则

珠江三角洲经济区地质灾害防治指导思想是以地球系统科学理论为指导,以科学发展观为统领,以民生和发展需求为导向,充分发挥地质环境工作对经济社会可持续发展的保障作用,全面服务于珠江三角洲地区经济社会可持续发展。根据指导思想制定"珠江三角洲经济区地质灾害防治"基本原则。

(1)各级政府对辖区内地质灾害防治负责,积极开展地质灾害防治工作,努力减轻和避免地质灾害可能给人民生命财产造成的损失,促进经济社会的全面、协调和可持续发展。

(2)地质灾害防治,必须坚持"以人为本"、预防为主(防重于治)、避让、监测与治理相结合的原则,要强化预防性管理措施。

(3)治理地质灾害实行全面规划,把握重点、兼顾一般,并根据当地经济条件分布实施、量力而行。

(4)地质灾害防治,必须采取专业队伍与地方政府、当地群众相结合,技术措施与行政措施并重的方法。

二、地质灾害防治措施

(一)突发性地质灾害的防治

1. 地震的预防措施

重大工程建筑设防烈度应在设计地震的基础上确定。

对于砂土液化和软土震陷灾害,当可液化砂土或易震陷软土厚度较小(不大于 3m)时,可将其全部清除,以去隐患。厚度较大(大于 5m)时,可采用加固地基(强夯、振动加密等)等方法;当不具备加固条件时,应采用桩基、深基础等防治措施。

2. 滑坡、崩塌的防治措施

防治滑坡的措施和方法,主要有以下 5 种。

1)监测预报

对滑坡、崩塌体的前、中、后部地面裂缝、垮塌、地下水异常情况及降雨的变化等做好监测记录,并分析判断地质灾害所处状态,及时做好灾害状态预报工作,在灾害发生前及时撤离危险区。

2)避开

对处于危险性大、中等危险的滑坡、崩塌体,可采取"避开"的措施,包括"避让"和"搬迁"。暂时未能治理和搬迁的,应在降大雨前临时躲开(避让撤离);对受威胁人数较少,经济条件具备的应采用永久撤离(即搬迁)的方法。

3）排水

水是促使滑坡及崩塌发生和发展的主要因素，因而应及早消除或减轻地表水和地下水对边坡的作用，可采用"截、排、护、填"等方法。

截：在滑坡、崩塌区后缘稳定地段开挖环形截水沟或盲沟，拦截滑坡范围外的地表水和地下水。

排：在滑坡、崩塌区内布置树枝状排水导流和修筑盲洞，并设置垂直和水平排水沟，排出滑坡范围内的地表水和地下水。

护：在滑坡、崩塌体上广种植被，在滑坡体上游及前缘抛石、铺石笼等，防止地表水对滑体侧面和前缘坡脚的冲刷。

填：用黏土填塞滑坡、崩塌体上裂缝，防止地表水渗入。

4）改变滑坡、崩塌体的力学条件

可通过减与压、挡、喷灌浆、锚固等方法。

减与压：对于滑坡上部 $\sin\alpha-\cos\alpha\cdot\tan\varphi$（$\alpha$ 为坡角，φ 为内摩擦角）为正值的主滑地段进行减垂或在前部 $\sin\alpha-\cos\alpha\cdot\tan\varphi$ 为负值的抗滑地段加填压脚，以达到滑体力学平衡。

挡：设置支挡结构（如石垛、挡墙、桩等），以支挡滑体及崩体，有效改善滑体、崩体的力学平衡和减少财产损失。

喷灌浆：在滑体上用喷灌浆法，可有效改善滑坡体土层的力学条件，提高其强度指标，增强滑坡体稳定性。

锚固：用锚固方法把滑体、崩体锚固在稳定地层上，以达到滑体、崩体的力学平衡，可有效控制滑坡、崩塌的规模。

5）禁止与限制

在滑坡或崩塌体上及前后缘、两侧严禁新建或扩建新的建筑物。对于由人类工程活动造成的滑坡崩塌，应停止工程活动或按相关规范、规程要求，进行严格规划，限制其工程活动的范围、规模及密度等。

3. 泥石流的防治措施

（1）在泥石流发生地上游应做好植树造林、种植草皮等水土保持措施，严禁在25°以上山坡上盲目开荒种植农作物，以巩固土壤不受冲刷和流失。并修筑截水沟等排水沟系，以疏干土壤或不使土壤长期受浸湿。

（2）于泥石流区修筑防护工程，如沟头防护、边坡防护，在易产生坍塌、滑坡的地段做一些支挡工程，以加固土层，杜绝流源。

（3）泥石流沟中修筑各种形式的拦渣坝，如石笼坝、隔栅坝，以拦截泥石流中的石块。或修筑各种低矮拦挡坝（又称谷坊坝），泥石流可以漫过坝顶。坝的作用是拦蓄泥沙石块等固体物质，减少泥石流的规模；固定泥石流沟床，防止沟床下切和谷坊坍塌；平缓纵坡，减小泥石流流速。

（4）下游设置停淤场，将泥石流中固体物质导入停淤场，以减轻泥石流的动力作用。在下游堆积区修筑排洪道、急流槽、导流堤等设施，以固定沟槽，约束水流，改善沟床平面等。

（5）在泥石流易发区，近山、环山脚地带应划出一定范围，设为不准建筑区。

4. 地面塌陷的防治措施

工程建设要进行详细的地基工程地质勘察，做出相应的处理办法。防治措施除采用"监测、避开"等措施外，还可根据具体情况选用以下方法。

（1）回填：对于面积较小地面塌陷可以回填入碎石、砂及黏土，然后将其压密夯实；或采用坚硬混凝土板跨越法。

（2）强夯：对于可能发生地面塌陷和地裂缝的地段，用强夯法将土体压密，可以降低土体孔隙比，提高其强度指标，增强土体的稳定。

（3）桩基础：当地下岩溶剧烈发育，应采用深基础（桩基）法将地基主要持力层置于坚硬厚度大的基岩上。

（4）限制地下水开采：测区的岩溶塌陷大部分由人为强烈抽（排）地下水导致水位大幅度下降、浅层覆盖土或溶洞土力学失去平衡引起，因此在建筑密集区须禁止抽（排）地下水，石灰石矿场严禁向深度发展，必要时应采取关闭手段。

（二）缓变性地质灾害的防治

1. 水土污染的防治措施

（1）对于水污染，应究其源，杜绝污染根源是防治最有效的措施。

工业废水、废气、废渣应严格执行国家颁发的"工业三废"排放标准和"放射防护规定"以及其他的规定。禁止工业废水（未经处理）、油污、油性混合物、废弃物排入河流水域。矿山开采、矿物废渣、放射性物质要有防护、防止扩散措施，以防雨水冲刷流入河道，或渗入地下水中。

城镇生活污水直接排入河道的，要有计划地逐步做到净化处理，以循环用水、节约用水，排放量也要加以控制。

农田要合理使用化肥，研究和推广低毒高效农药或杀虫剂，保护自然生态环境。应用生物天敌，以虫治虫，减少有毒杀虫剂，控制农药残留扩散。

（2）各级水行政主管部门协同环保部门监督各排污单位，采取有效措施，切实执行《中华人民共和国水污染防治法》和《广东省水污染物排放标准》（DB 4426—89）。对已有的未达标的排污企业，尤其是对排污大户，要有计划、分期、分批限期治理，采取行政和经济手段，保证在规定期限内，排放污水达到规定标准；新建项目要严格把关，实行"三同时"，防止新增大的污染。同时，要加快城市污水处理设施建设，加强排污管理，实施排污许可制度。

（3）沿海地区要防止地下水超采，防止海水入侵。

（4）对已受重金属污染的农田，可施用碱性物质，如石灰、碱性磷酸盐，提高土壤的pH值，降低重金属中有害物质的溶解度，使原偏酸的重金属的盐类成为难溶性物质，如硫化镉、硫化汞和易迁移的硫酸镉等，可达到生物的吸收和土壤中累积显著减少的目的。加深水耕土的淹水层，使土壤中的有害重金属的盐类（如硫酸镉），由于氧化还原电位的降低转为难溶化合物。

2. 软基沉降的防治措施

防治软基沉降灾害的方法颇多，对不同条件下软土的针对性较强。防治的原则是效果好、合理、经济。因此工程建设前必须进行地质勘察工作，以获取软土物理性质指标及分布特征，并对建筑物及地面的可能沉降量有所预见和进行计算，是防止软基沉降发生和发生软基沉降后选择何种治理措施的关键。

（1）清除或跨越软土：对于分布范围窄、厚度小的暗塘和古河道的软土，一般采用基础加深、换砂石垫法直接清除软土以消隐患，或基础跨梁等方法处理。

（2）加速软土沉降：①须填土的宜快速堆填，在建筑物施工前完成，使地基土得到充分预压；②采用堆载预压法或砂井、袋装砂井、塑料排水板与堆载预压相结合的方法可达到软土快速沉降目的。

（3）延长填土的预压时间，使大部分沉降在建筑前完成，减少建筑工程完成后的沉降量。

(4)选择轻质填料,减少载荷增量。

(5)增加软土力学强度控制沉降量:提高软土力学强度可用电动硅化、高压喷射注浆和深层搅拌等方法进行。

(6)控制建筑物沉降发生:①加强建筑物刚度,减弱建筑物变形破坏强度;②对荷载大、沉降限制严格的建筑物必须选取桩基础,使建筑物与底部坚硬地层刚性链接。

(7)建筑物沉降的治理:①当建筑物稳定、地面相对下沉的,对裸露基础部分应糊附耐腐蚀的水泥或衬铺瓷砖,防止地基遭侵蚀,切忌在差异空隙部位再大量填土,否则会加大地基沉降幅度;②建筑物发生沉降的,如属地基不均匀沉降,应在不加大地面沉降的前提下对软土进行(高压喷射注浆法等方法)地基加固和纠斜,如属建筑荷载不均匀导致的,在条件许可下应适当调整建筑物内的荷载水平分布。

(8)当建筑物已严重破坏,应进行拆除重建。

3. 水资源咸化的防治措施

(1)防止咸潮上溯:加强河道取水规划,必须保证下游河口地区有稳定的压咸水源;禁止河道采砂,保持自然河床坡度和河水自然流态。

(2)防止地下咸水入侵:沿海地区要限制地下水的开采深度和开采量;沿海岸线或地下咸水分布区外围设置大于或等于1km的地下水禁采区或保护带。

4. 海平面上升条件下的防御措施与对策

经济区地处沿海,多个核心城市分布于三角洲平原。由于地势低洼,预测海平面上升可能对本区环境造成低地淹没、风暴潮加剧、咸潮上溯、地下水位上升、江海堤围防御能力下降、湿地生态环境破坏、海岸侵蚀加快、城市排水困难、地基软化等一系列问题,其破坏损失程度也将是严重的。为了预防海平面上升给该区带来巨大的危害,针对海平面上升可能给本区造成的影响,建议及早做好如下的应对措施。

1)分析研究海平面上升的趋势

为了防御海平面上升的危害,必须首先掌握海平面上升趋势和动态,加强监测,及时研究海平面上升对各区域的影响,从而达到有目的、有步骤地预防海平面上升危害。

2)增强海平面上升影响的意识

今后沿海地区城市建设、工业基地布局、大型工程兴建、区域社会经济发展规划,必须考虑海平面上升这一影响因素;新建铁路、公路、海港、机场等,必须提高工程设计标准;根据相对海平面上升研究成果,建立近岸水下挡水坝、顺坝、潜坝等工程,固滩保堤,防止海潮冲蚀海岸。

3)建立相对海平面上升预报和预警系统

对温室气体排放、气候变化、海平面上升、地面沉降、地下水资源开发利用等进行全面监测,建立相对海平面上升预测预报模型和预警系统,并建立与相对海平面上升有关的资源、环境、经济和社会的影响和对策评价支持系统。

4)提高防潮和防汛工程设计标准

(1)提高堤围的防御能力。在珠江三角洲,为防御洪水在洪区和洪潮区兴建的堤围称为江堤,为防御台风暴潮在潮区兴建的堤围称为海堤。根据相对海平面上升研究结果,对于珠江流域,尤其是广州、深圳、珠海等重点城市的沿海防潮和防汛工程进行重新规划,提高规划和设计标准,加高、加固现有的防潮和防汛工程。珠江三角洲捍卫耕地万亩以上的堤围,约有3057.57km,捍卫耕地552.47万亩,保护人口668.16万人。这些万亩以上的堤围,其现状设计标准,有63%为抗御20年一遇洪水,22%按10年一遇,15%按50年或100年一遇。这些堤围即使不考虑海平面上升的影响,目前其防御标准也普遍偏低,其中尚未达到现状设计标准的还有1126.1km,占珠江三角洲未达标堤围长度(1260.55km)的89.3%。即使堤围达到现状设计标准后,还要按照海平面上升后最高洪潮水位的升幅进一步加高、加固。1995年广东省颁布了堤围的新设计标准,总体要求是将现有标准普遍提高一个等级,而且规定江堤的堤顶超高1~2m,海堤的安全超高0.5~1.0m。按新标准对珠江三角洲38条海堤进行了验算,结果表明,有24条海堤(占63%)若能按新标准达标,海平面上升30cm后亦无受灾之虞。

(2)提高最高潮位的设计标准。根据影响最大区的4个潮位监测站(黄埔、南沙、灯笼山、黄冲),现今实测风暴潮最高潮位已经超过设计最高潮位0.8~1.2m。若海平面上升30cm,这4个站的百年一遇风暴潮位将缩短为30年至40年一遇。因此,应考虑海平面的升幅提高最高潮位的设计标准。

(3)加大设计波高。海平面上升,波能增大导致风浪的波高增大。在现状条件下,沿海工程的设计波高已经偏低,例如深圳机场1991年以来曾两度海水漫堤。若海平面上升30cm,据赤湾、高栏岛、香港高岛站的计算,设计波高应加大24~27cm。

5)提高防洪排涝能力

对于珠江流域,尤其是广州、深圳、东莞、珠海等重点城市,要严格按照珠江流域规划中提出的防洪和排涝标准来设防,即防洪方面必须按百年一遇洪潮水位标准来设防。而在排涝方面,则采用两种标准,对于流域面积广、流经重要地区的排洪沟采用重现期为20年一遇或20年一遇以上的排涝标准。对于流域面积小、流经一般地区的排洪沟采用重现期为10年一遇排涝标准。

6)整理河流,增加泄洪能力,保护航道通畅

已列入规划兴建的珠江三角洲大型控制性水利工程有思贤滘、马口、南华、石龙四大水闸。除具有调水兼发电的功能外,还具有调控西江和北江的来水,确保泄洪安全,保证枯季水源,拒咸压咸,改善航运条件,保证东江干流沿江供水、消减洪峰,提高珠江三角洲地区的防洪防涝标准,改善通航条件等功能。而于河口地段则以"通"为原则,加强下游河口的规划整治,以提高河道的排洪能力。综合水利部门近年已对八大口门(虎门、蕉门、洪奇沥、横门、磨刀门、鸡啼门、崖门)制定了整治规划。当河口整治导线确立后,河口将向有一定扩宽率的河道形态定向延伸,通过固定深水河槽,可防止湾颈无限制缩窄延伸,维持浅海区及口门尾闾的稳定通畅。潮汐通道的涨落潮流将呈现流态均匀、流势集中、水流顺直畅通的新面貌,消除了自然发展所形成的水流分散、流态散乱、淤积严重的局面,有利于主槽稳定。八大口门整治后,通航条件将大大改善。

7)加强城市规划,消除内涝威胁

新规划的城镇或工矿企业或旧城区扩建,应避免在地势低洼处,尽量少填城区内的河、湖、洼地,以保证雨水的经济与调蓄;城区建筑物密度不宜过大;城市上游的大面积开发应减少水土流失,以免造成泥沙淤积并抬高河床,阻塞排水口。为达到防洪减灾目的:①应建立城市防洪综合体系及珠江流域防御洪涝灾害的综合体系,按照珠江水利委员会提出的"上蓄、中防、下泄"的方法,西江、北江、东江干流建立水利枢纽工程,三角洲城市加固堤防,下游则整治珠江八大出海口门;②增强防洪意识,严禁填占行洪江河水道;③完善城市规划科学,补充防御洪涝灾害的规划原则,在城市选址、旧城扩建、土地开发中均应重视防御洪涝灾害,重视绿化和保护城市水体、洼地,减轻都市化洪水效应;④借鉴国外沿海城市经验,采取防御洪涝灾害的对策。

8)设置排水泵站辅助排涝

目前城市排水口设计高程普遍偏低,应逐步加以改造。例如广州市排水口高程标准虽然从50年代的1.73m(珠基)提高到目前的2.75m,但是,近年高水位达2.44m,排水仍然困难。深圳市和

珠海市的排水口高程仅比平均海平面高出 1.20m 和 1.24m，每年有 12%（深圳）和 11%（珠海）的时间需用水泵排涝。

第三节　地质环境保护

"珠江三角洲经济区地质环境保障工程"根本目的是以地球系统科学理论为指导，充分发挥地质环境工作对经济社会可持续发展的保障作用，全面服务于珠江三角洲地区经济社会可持续发展。地质灾害防治是标，保护地质环境才是根本，因此必须对地质环境建立长久保护的思维意识才能达到地质环境保障工程的根本目的。本书主要从引起经济区环境地质问题发生的主要生态环境如水资源环境、工程建设环境、矿山环境开发和海岸带环境等提出地质环境保护的对策建议。

一、水环境保护

（一）依法保护饮用水源

建立有利于运用法律、行政、经济手段强化流域（区域）环境管理的流域协调机制，充分运用市场机制和经济手段有效配置水资源；逐步建立以流域为单元并与区域相结合的水环境管理体制；规范市、县、镇级重点饮用水源保护区。严禁在饮用水源保护区内进行各项开发活动和排污行为，对威胁饮用水源的重点污染源必须优先予以整治，甚至搬迁或关闭，确保饮用水源安全合格。

加强对东江、西江、北江、新丰江水库、枫树坝水库、白盆珠水库等重点饮用水源的重点保护，严格控制在饮用水源水库区进行旅游开发活动，并搬迁或限期治理影响水源的污染源。

（二）控制主要污染物排放总量

广东珠江流域内已实施污染物排放总量控制和排污许可证制度，因此各地、市应严格执行《关于深入贯彻〈广东省珠江三角洲水质保护条例〉的意见》《广东省西江流域水质保护规划》《广东省北江流域水质保护规划》和《广东省东江流域环境保护和经济发展规划纲要（1996—2010年）》等文件中规划要求的污染物总量控制指标。已超出总量控制指标的地区，必须制定污染物削减计划，限期削减；新建项目和技改项目的污染物排放量除了要达到国家和地方的排放标准外，所增加的污染物排放总量不得超过污染物总量控制指标，已超过的地区，必须在本企业和本地区内削减，实行"以新带老"，做到"增产不增污"，乃至"增产减污"。

（三）加强污染源整治

1. 工业污染防治

工业污染防治要依靠科技进步，与产业和产品结构调整相结合，认真贯彻实施国家的"清洁生产促进法"，积极推行清洁生产，有效利用水资源，实行污染物总量控制，提高工业污染治理水平。

（1）治理重点工业污染源。重点抓建材、化工、造纸、冶炼、制糖、食品发酵、电镀、纺织印染、制革等污染严重行业的治理，提高工业废水处理率和达标率，实现污染物排放的全面达标。此外各市、县政府要根据产业结构的优化、经济结构的调整、各年度环保工作的需要，提出各自的限期治理和关、停、并、转的项目。强化对污染源的监督管理，采取各种有效措施最大限度地杜绝偷排污染物行为,确保污染源持续稳定达标排放。

(2)大力发展和建设工业园区,对工业污染源实施集中管理,集中处理工业废水。加大珠江沿岸餐饮业的整治力度。

2. 生活污水处理

加快城市生活污水处理厂和配套的污水管网建设,推动县、镇生活污水处理工程的建设,是控制城市水污染,改善水环境质量的关键措施,也是《广东省珠江三角洲水质保护条例》《广东省东江水系水质保护条例》《广东省碧水工程计划》和《关于加强水污染防治工作的通知》的要求。

各地应根据水污染控制实际,逐步提升污水处理厂去除污染物能力,因地制宜采用实用、先进的处理工艺,在水体富营养化问题(磷、氮污染严重)突出地区,污水处理厂应采用除磷脱氮工艺。

3. 控制禽畜养殖业与农业面源污染

根据原国家环境保护总局《畜禽养殖污染防治管理办法》和广东省环境保护局《关于转发〈畜禽养殖污染防治管理办法〉的通知》(粤环[2001]132号)的要求,规范畜禽养殖业的环境管理,逐步削减畜禽养殖业污染负荷;大力发展生态农业,减少农药和化肥使用量,控制农业面源污染。

搬迁或关闭位于水源保护区、城市和城镇中居民区等人口集中地区的畜禽养殖场;应该严格限制珠江三角洲网河区的畜禽养殖规模,在珠江三角洲网河区应尽可能停止审批新建、扩建规模化畜禽养殖企业;引导畜禽养殖业向消纳土地相对充足的山区转移,走生态养殖道路,减少畜禽废水直接向环境水体排放。对已建成但未履行环评审批手续和环境保护设施验收手续的养殖场,必须限期补办环保手续,完善污染防治设施,落实畜禽废渣综合利用措施。新建畜禽养殖场必须严格执行环境影响评价制度,做到从环境保护规划、环境影响评价、排污申报、排污收费、排污许可证和污染限期治理等方面把珠江流域畜禽养殖污染防治管理工作纳入法制化、规范化、程序化轨道。

在农业及商品农业活动中,应大力发展生态农业,推广无公害农产品和有机食品,减少农药、化肥使用量,控制农业面源污染。

4. 垃圾处置

大力整治河流沿岸露天垃圾堆放场。在各级河流两岸集雨范围以内应严禁设置垃圾堆放场,已经设置的应限期关闭。建设无害化垃圾处理场,规范垃圾的资源回收和处理办法。

根据有关标准、规定填埋场的场址选择应符合下列要求。

(1)填埋场场址设置应符合当地城市建设总体规划要求,符合当地城市区域环境总体规划要求,符合当地城市环境卫生事业发展规划要求。

(2)填埋场对周围环境不应产生影响或对周围环境影响不超过国家相关现行标准的规定。

(3)填埋场应与当地的大气防护、水土资源保护、大自然保护及生态平衡要求相一致。

(4)填埋场应具备相应的库容,填埋场使用年限宜10年以上;特殊情况下,不应低于8年。

(5)选择场址应由建设、规划、环保、设计、国土管理、地质勘察等部门有关人员参加。

(6)填埋场选址应按下列顺序进行:① 场址初选,根据城市总体规划、区域地形、地质资料在图纸上确定3个以上候选场址。候选场址现场踏勘选址人员对候选场址进行实地考察,并通过对场地的地形、地貌、植被、水文、气象、交通运输和人口分布等对比分析确定预选场址。② 预选场址方案比较,选址人员对2个以上(含2个)的预选场址方案进行比较,并对预选场址进行地形测量、初步勘探和初步工艺方案设计,完成选址报告,并通过审查确定场址。

(7)填埋场防洪应符合表7-1的规定。

表 7-1 防洪要求

填埋场总容量（×10⁴m³）	防洪标准（重现期：年）	
	设计	校核
>500	50	100
200~500	20	50

注：降雨量取值为 7d 最大降雨量。

(8) 填埋场宜选在地下水贫乏地区。

(9) 填埋场不应设在如下地区：地下水集中供水水源的补给区，洪泛区，淤泥区；填埋区距居民区或人畜供水点 500m 以内的地区；填埋区直接与河流和湖泊相距 50m 以内地区；活动的坍塌地带、地下蕴矿区、灰岩坑及溶岩洞区；珍贵动植物保护区和国家自然保护区；公园，风景区，游览区，文物古迹区，考古学、历史学、生物学研究考察区；军事要地、基地，军工基地和国家保密地区。

（四）加强污染河段综合整治工程力度

1. 重点区域综合整治

完成急需治理的江河、湖泊、水库水环境的整治工程，推动影响重大的区域性水环境综合整治，逐步改善和提高水污染突出区域（河段、水系）的水环境质量。应重点整治污染严重的珠江广州河段、佛山水道、深圳河、歧江河、江门河、天沙河、龙岗河、坪山河、东莞运河、东埔河等。重点实施跨市水环境综合整治，如广州、佛山跨市水污染综合整治，石马河流域水污染综合整治等。通过整治，使部分污染严重河段水质有所改善，流经城市河段有机污染的恶化趋势有所缓解，发黑、发臭的水体明显减少。此外还应加强对水上流动污染源的管理，对流动源实施排污规范化整治。

2. 内河涌综合整治

加大对辖区内河涌的综合整治力度。如对存在直接污染的河涌实施截污工程；对于间接污染或未污染的河涌，采取清淤措施；规划和清理河涌两岸建筑物；明确河涌两岸的保护范围等。使辖区各河涌环境质量逐年改善，还洁净河涌于两岸人民。

（五）建立流域水质保护协调机构

经济区水系源远流长，穿越不同的多个省、市。尤其在网河区内，不少城镇平均距离不足 10km，甚至连成片，使不少水源地处于城市包围之中，常出现一座城市下游的排污河段却成为另一座城市上游水源地的现象，造成城市取水、污水排放口交错。因此，必须通过政府部门，协调不同地区、不同行业的利益关系，协商流域范围内水质保护相关重大事项，制定跨市（省）区水污染管理办法和城市水源保护区保护计划，协调好上游保护和下游利用之间的关系，推进水质保护相关规划计划实施，并制定有利于流域的环境保护和经济发展的各项政策，促进流域环境保护和经济的协调发展。

（六）加强生态环境建设与保护

生态环境建设与保护是实现社会经济可持续发展的重要措施。因此，应高度重视生态环境建设与保护工作，改善生态环境质量，正确处理资源开发与生态环境保护的关系。在进行资源开发活动中必须充分考虑生态环境承载能力,绝不能以牺牲生态环境为代价,换取眼前和局部的经济利益;要进一步加强对水、土地、森林、海洋、矿产、风景名胜等重要自然资源开发利用中的生态环境管理力度;对大面积土地开发、河口整治、滩涂围垦,交通运输、港口码头、海岸开发等生态环境影响较大的建设项目,必须进行生态环境影响论证并严格实行环境保护"三同时"制度,对生态环境造成破坏的必须落实生态补偿和生态恢复措施;进一步规划建设好流域水源涵养林及流域水土保持林,切实保护好流域的生态环境。

二、重大工程建设场地的生态地质环境保护

重大工程建设是引起地面塌陷、地面沉降、崩滑流等突发性地质灾害的主要人为因素,因此开发的同时注意保护生态环境尤为重要。在珠江三角洲经济区,"十二五""十三五"期间规划、续建、在建中的重大工程建设项目很多,主要分布在广州、深圳、惠州—珠海等沿海边岸的城市开发区和市中心区。工程项目涉及国民经济建设的方方面面,有城建、交通、水利、供水、化工、核电、钢铁、机械、科技、文教、环保等,有的工程在陆上,有的在水上,有的在地面,有的在地下,分布在不同的生态系统和不同的地质单元,对生态地质环境的影响主要取决于这些工程占用土地范围及其诱发地质问题和灾害的大小,摧毁和破坏生态种类和数量的多少,对山川、水土、大气的破坏和污染程度,以及工程自身采取的环保措施和执行力度等,与投资额的大小关系不大。限于本次调查的精度、一些重大工程环保资料的保密等,很难掌握和了解工程的具体布署、施工方法,以及工程施工和运营过程中所产生的生态环境问题。因此,无法有针对性地逐个提出其生态地质环境保护措施。幸好,这些重大工程的环境方案都已纳入社会经济发展总体规划中,都遵循可持续发展的战略思想,全面贯彻工程设计与环境保护同步规划、同步实施、同步发展方针,生态地质环境管理、保护措施比较得力。因此这里仅按工程的性质和类型,原则性地提一些生态地质环境保护措施建议。

(一)道路工程的生态地质环境保护

1. 可能遇到的主要生态地质环境问题

区内的重大道路工程,主要有广州、深圳的轨道(地铁、轻轨)客运网络工程,环珠三角高速公路工程,广州新国际机场工程,广(州)珠(海)铁路工程,广州至惠东高速公路工程,伶仃洋跨海工程,深港西部通道工程、深圳机场工程以及输水、输气、输油的管道工程等。它们是人类相互连接和物流的廊道,但是对生物来说,尤其是地面动物却是一道分离与阻隔的屏障,把自然生境分割得支离破碎,不利于生物多样性的保护。由于道路开通,扩大了人类活动范围,给生态地质环境的保护带来了巨大的威胁,常常是道路通达哪里,树木就砍到哪里,沙、土、石就采到哪里,出现路通山空,鸟兽绝迹;道路促进沿线城镇化使"三废"污染加重;沥青、水泥路面热容量小,道路沿线温度较高,形成热浪带,恶化小气候;掘山开垦、拥土填沟、弃土弃方、埋压植被,破坏山体、边坡稳定,易造成滑坡、坍塌、水土流失,改变地表水和地下水原始水文状态,溪泉涸断;施工期尘土飞扬、噪音扰人,是一场生态地质环境的劫难。

2. 生态地质环境保护措施

(1)道路是一种线性工程,沿线不可避免穿越各种生态系统、地貌、地质单元,为减少对地质环境的影响,对道路工程建设必须做到精心设计、有效管理,把对生态地质环境的影响降到最低。

(2)道路设计,不仅要求路基整体稳定性好、强度大、水稳性高,同时要线路短,占压的土地和植

被面积小。在穿越一些特殊的、敏感的生态地质目标时（如：湿地、天然森林、地质景观、水源地、大泉和热矿泉出露点）应以桥梁、隧道的形式通过，尽可能地保持原始自然状态和地质环境，给横越道路的野生动物留一定的通道和活动场所。

（3）采石取土过程中要防止造成水土流失及对周围环境产生影响，事后要恢复生态，弃土应与造地结合。

（4）路堑、路堤边坡和沿线要种树、植草，形成绿化带。

（5）通过软土地段的道路或大型管道，重点是防范路基沉陷，通过岩溶地段的要防范地面塌陷，开凿隧道时要防范洞口岩土坍塌，防范洞顶岩石崩落和崩塌，防止地下涌水等，防止隧道上部地面的植被因修建隧道疏干地下水使地下水位过度下降而干枯、死亡等引起的生态变化等。

（6）查明道旁可能对道路构成灾害的灾源区，如暴洪山区、泥石流源头区等，应将这些灾害源头区的生态地质环境保护纳入道路工程的生态地质环境保护中。根据线路的地质地貌条件，在可能发生地质灾害路段，按灾害的类型、规模，采取一些必要的生态、工程和行政等方面的防范措施。

（7）实行道路建设和运营全过程的环保管理，尤其要重视施工期的生态地质环境管理，重在措施的落实和环境效果。

（二）水利工程的生态地质环境保护

1. 可能发生的生态地质环境问题

本区重大的水利工程，目前主要有珠江八大口门整治、珠江口两岸综合整治工程、广州市供水工程（南部水源工程、东江取水工程、北江取水工程）、深圳市供水工程（东深引水工程、中部系统企石引水工程、西部系统企石引水工程）和一些港口码头工程。八大口门和边岸整治工程，以满足防洪纳潮需要为前提，以高超标准堤岸整治加固为基础，以水环境和边岸生态环境整治为重点，发展江海联运交通、开发滩涂资源等综合整治工程。供水（引水）工程，以建设、完善水源网络和城市供水系统，提高水质为主要目的。这些工程，虽然在很大程度上具有整治改善和保护环境的特点，使生态地质环境向良性发展。但是，工程在某种程度上仍对自然条件有所改变，亦必然会引发一些不良的生态环境效应，如加高水库、沿江（海）堤围、河上筑坝截水、河床和河口清淤、导流、引水、分洪、蓄水等工程都会引起江、河、湖、海底部和边岸冲淤，以及潮流、潮向、纳潮量、地下水水文状况的改变，下游水生生态、局部气候、水质也会因之而有变化。河道、口门整治、供水（引水）工程，以线性展布的居多，主要的生态地质环境问题：由于清淤排土、开山取石、拥土筑坝（堤）、劈山开道、挖坡开渠、凿洞引水、填沟渡水等造成土地埋压、植被破坏、山体边岸失稳，引起崩塌、滑坡、水土流失，或因工程防渗不良造成邻谷渗漏、沼泽化、地基软化等灾害。

2. 生态地质环境保护措施

（1）弄清工程内容（主工程、辅工程、公用工程、配套工程和作业场地），各项工程的组合、规模、作业方式及其相应的环境状况，可能产生的生态地质环境问题。

（2）供水（引水）工程，主要分布在基岩山区峡谷地带，生态地质环境保护目标主要是生态系统、自然保护区、稀有或重要的生态地质资源、山体山坡稳定，因此不得随意开山采石、乱砍树林，要尽可能减少土地的占压和植被的破坏，搞好事后的绿化恢复和保护工作。防范围工程造成的崩塌、滑坡、水土流失等不良地质现象的发生。过水渠道、隧洞、管道的开凿和铺设，除防范崩塌、滑坡、水土流失等外，还要及时作好永久性衬砌和防渗处理等。

（3）河流口门和河道整治工程，多分布于海、河边岸，地势低洼、地形平坦，软土广泛分布区和厚度大的地段。在开挖基坑、清淤、筑堤等时,要做好基坑边坡河堤、边岸的保护,要根据地质特征确定岸坡坡度,并做相应的铺盖和衬砌,防范坍塌、滑坡。堤闸、码头等地基,在软土地段宜采用桩基,以防不均匀沉陷。

(4)疏浚工程、导流设施,要根据海(或江河)的天然水文特征设计和修筑,要因势利导,不要强行改变自然。尽可能多地保留一些天然的沙滩、心滩、沼泽、湿地、红树林等特殊的生态地质环境资源。

(5)工程完成后,不得随意在河床内取沙、捞石,或向水域倾倒弃土、垃圾和排放未经处理达标的废水,或超量排放经处理达标的废水,以免引起水文情势的变化,污染水体、毒害水生生态。在边岸种草植树,营造绿化带。

(三)开发区生态地质环境保护

1. 可能引发的生态地质环境问题

广州新城中心建设工程、大亚湾开发区、南沙开发区、珠海临港重化工业区等工程是本区近年规划建设的重大工程,其特点是:场地占地面积大,呈不规则片状分布,建筑类型多样,建成后容纳人口多,产生的废物、废水、废气、废热也多。由于面积和工程规模逐渐扩大,最终与城市的生态环境特征大致相同,即同时具有自然地理和社会文化属性,是复杂的人工生态系统。这些工程的兴建,使大量土地减少,人口增多;高层建筑、密集工厂设施,使空气流动受阻;居民、工厂对能源资源的大量消耗,使大气中 CO_2、SO_2 浓度增大,热效应增强,气温增高;原来覆盖较完整的植被,因建筑物、道路的修建,变得支离破碎,起不到净化空气,调节气候的作用;"三废"使自身环境质量下降,污染不断地向周边扩展,"三废"需要周边地带给予消纳,周边地带的生态地质环境质量亦随同变坏。

2. 生态地质环境保护措施

由于这类工程具有城市建设的特点,因此生态地质环境保护应按城市的模式进行。

(1)执行相应的法律、法规,把建设区的生态地质环境管理纳入法制轨道,提高社会环境保护意识,促使公众积极参加生态地质环境保护活动,严格执行《中华人民共和国环境保护法》,保护生态地质环境。

(2)政府要增强对土地资源紧缺的认识,使有限的土地资源得到永续利用。严格依法行政,落实保护目标责任制,节约用地,提高建筑指数,使钢筋水泥和沥青占压覆盖的地面减至最小,减少非必要的地面硬化,多留一些空隙地供绿化使用。尽可能利用旧址建设,恢复一切人为和自然毁坏的土地,恢复土地生态系统和生产力。

(3)对工程建设区的生存与发展有重要意义的生态地质环境目标,如水源、湿地、红树林、沙滩、自然保护区、公园等应加强保护,要严防污染和生态破坏。

(4)适度控制人口,发展科技密集型产业,限制高能耗、水耗、污染严重的企业发展。

(5)建立绿化系统。绿化与建筑物用地比例应达到 2∶1。建立工厂区与生活区间的绿化隔离带。

(6)由于这类开发区多分布在滨海地带,台风活动频繁,强度大,要特别防止台风和暴潮对生态地质环境系统(土地、植被)的破坏和污染(咸化),提高防台风工程标准,提高各种结构物的抗风能力,营造防风林网,建立防波林带。

(7)"三废"严格实行达标、限量排放,绝不允许超过环境纳污容量。统一建立放射性废物库和放射性废物管理系统。

三、矿山开发生态环境保护

矿山开发也是引起地面塌陷、地面沉降、崩滑流等突发性地质灾害的主要人为因素,同时也是水土污染等缓变性地质灾害的主要诱导因素,因此开发的同时必须保护生态环境尤为重要。

矿山生态环境保护与治理是一项综合性的系统工程,要提高思想认识,处理好开发矿业与保护环境的关系,坚决贯彻社会经济发展与环境保护并重的原则,"谁开发谁保护、谁破坏谁治理",加强矿山"三废"治理,促进矿业开发与生态环境保护协调发展。

(一)矿山生态环境保护目标

1. "三废"排放治理

严格控制矿山的"三废"排放,杜绝矿山"三废"对生态环境的破坏和人民生活生产的影响,提高"三废"的再利用水平,矿山的"三废"排放指标必须达到国家标准,加强"三废"综合利用研究,提高废水的净化和重复利用率。

2. 矿山土地复垦和地质灾害防治

加强矿山生态环境恢复治理和土地绿化复垦,加强闭坑停采矿山土地复垦绿化的监督,进一步提高矿山生态环境治理率,矿山开采要按照《地质灾害防治管理办法》进行地质灾害危险性评估和矿山环境影响评价,禁止在地质灾害危险区开采矿产资源。

(二)矿山生态环境保护与对策

据《广东省矿产资源总体规划》,珠江三角洲地区是酸雨及二氧化硫控制区,矿山企业必须建立废气处理设施,废气排放量必须控制在国家标准之内,禁止新建露天砂、石、土采场,对已停采和闭坑的露天采场,按规定做好复垦、绿化和覆田工作,严禁引发水土流失等地质灾害,建立生态环境保护治理监督机构,对矿山生态环境问题进行预测和治理。主要对策有如下三种。

1. 建立和健全矿山生态环境保护的法规体系和管理体系

切实加强矿山生态环境保护的法制建设,依法加强管理,尽早出台符合地方特色的以矿山地质环境保护为基础的地方矿山环境保护条例,编制矿山生态环境保护专项规划,制定矿山生态环境保护责任制。

2. 建立禁采区制度和矿山环境恢复保障机制

为保护自然生态环境,避免因矿产开发造成环境污染和生态破坏,有必要建立和强化禁采区制度,划定禁采区范围;严格执行环境影响评价制度;新建矿产开发项目,在办理开采许可证的同时,必须编制和提交矿山地质环境影响评价报告,在矿产开发利用方案中,必须同时有水土保持方案、土地复垦方案、矿山地质环境治理保护方案。

3. 加强闭坑矿山生态环境治理

闭坑矿山及停采的砂、石、土采场,按照不同类型、不同地区分别对待,制定生态环境治理方案,按照"谁开发谁保护、谁破坏谁治理"的原则,建立多元化、多渠道投资机制,落实完成植被复垦和生态环境治理,建立闭坑矿山环境动态监测机构和信息网络,随时掌握因矿山开发引起的矿山地质灾害及环境污染情况。

(三) 矿山地质环境恶化的防治措施

根据上述对策,针对珠江三角洲经济区的矿产资源开采前期、开采过程、以及闭坑后期等过程中环境的特点,为防止引起矿山环境恶化提出以下防治措施。

1. 对沿珠江两岸的采砂、采石和采泥场的防治对策

(1)全面整治采泥(砂)场,对于无证的开采场一律关闭。

(2)划定珠江河道、一些岛屿及周边为禁止采砂、采石范围;有砂源补充的河道和海岸沙滩,要确立禁采时期以及控制采砂量。

(3)充分利用现有的采空的区域发展水产养殖事业,无法发展水产养殖业的一定要回填泥土进行复绿。

(4)加强工程护岸保护,不能只依靠建造一条从陆地伸出的块石碎石质丁坝来拦截泥砂或减轻侵蚀。在侵蚀严重的海岸带建造数条相隔一定间距的碎石质丁坝,以发挥更大的抗蚀促淤作用。还可以考虑在各条丁坝伸向海中的末端以外一定距离的浅海底建造一条平行于岸线、顶部位于海面以下的水下潜坝,以发挥更强的减弱波浪、促进坝后和岸前的淤积作用。如果侵蚀岸段附近有小河或冲沟,应根据水动力特征研究有无可能采取工程措施,因势利导地将河口或沟口段开挖、引导到侵蚀岸段,使陆上冲来的泥砂排放到那里,以发挥天然造地和抗蚀作用。

(5)加强生物护岸(河岸及海岸)方面措施:① 在岸上建立安全有效的防风林和护堤林带,在灾发高频区应营建多条;② 利用海生贝类护岸,如养长重蛎,其产量大,每个牡蛎群体能形成数层至数十层叠置的礁体,有似混凝土浇筑体,非常坚硬,具有极大抗蚀强度;③ 种植耐盐植物(如人工播种芦苇)促淤、防蚀,既能护岸,又能增加土壤有机质和改善土壤性状。

2. 矿区地面沉陷的防治对策

(1)对现已形成的严重沉陷区域,应尽早制定规划,合理布局选址开辟新城区和居民点,有计划地分期、分批重点安置,以避免突发事件发生,给人民生命财产和国民经济造成更大的损失。

(2)在沉降幅度较小,预测沉降量不会太大的区域,对建筑物和公共基础设施加固维修,以延长其使用年限,把损失降低到最小限度。而且对于目前尚未发生明显沉降的地区,兴建建筑物和其他公共设施时要加强地质勘查,采取有效防治措施以免未来发生大幅度沉降带来不必要的经济损失。

(3)在矿山较密集的开采区设水准监测网,严重塌陷区域加密监测控制点、随时掌握其沉降量的动态变化,发现沉降量骤然加大有发生灾害性的沉降塌陷时,及时警报,采取应急措施,疏散人口,组织搬迁,以免给人民的生命财产造成更大的损失。

(4)在新设采矿区,应避开城镇及其他重要建筑区域,而且要充分利用废矿、尾矿的回填,随采随填不留采空区,以杜绝未来沉降塌陷的隐患。最后的封坑还必须开展回填土、种植被等,以保护土地的充分合理利用。

3. 加强矿山地质灾害预警预报和防治系统

加强对采矿活动诱发的水土流失、地面沉降、塌陷、崩塌、滑坡、泥石流及水资源污染等矿山地质灾害的监测和预报,及时采取有效防治措施,消除矿山地质灾害隐患。

四、海岸带开发保护

海岸带的环境地质问题，大多由海岸带地质环境遭到破坏引起，预防海岸带环境地质问题，必须从保护海岸带地质环境出发。珠江三角洲海岸带自然资源丰富，主要有土地、渔业、港口航道、旅游资源等。要使海岸带资源在开发利用中获得良性循环，必须重视海岸带资源环境的保护，否则会造成不良的后果。

（一）全面规划，加强海涂土地资源保护

针对海涂资源开发利用中存在的问题，建议成立专门海岸管理部门，依法对海岸进行全面规划和管理，采取有效的措施对海岸带的土地资源实施保护。一切海岸带资源的开发利用活动都要经过多学科专家调查论证，为行政领导决策提供科学依据。禁止开发或损坏具有保护海岸稳定功能的崖壁、贝壳堤、沙堤、岸滩、红树林等。为防止海域和岛屿地质景观资源的破坏，全面禁止在小岛屿上的取石、采沙活动。

（二）严格执法，加强渔业资源保护

海岸带水域是许多水产物种产卵、幼体生长发育的场所，是水产资源繁殖保护的主要水域，作为孕育资源的场所，必须加强渔政管理严格执行水产资源保护条例，认真落实近海和海湾的禁渔期、禁渔区、自然繁殖保护区、捕捞量的统一管理；同时严格执行"三废"的排放标准，以保护水体适宜渔业资源的繁殖生长。规范水产养殖行为，确保水产养殖的可持续发展，同时研究高效、低污染的规模化养殖模式，推广无公害养殖，减少养殖对海水造成的污染。

（三）全面协调、建设和保护港口、航道资源

全面协调航运与工、农、渔业的矛盾，在沿海地区建设水利或围垦开发工程，一定要经过慎重论证评价，兴利除弊，决不盲目施工，阻碍航道或造成港口、航道淤积，顾此失彼。

为解决港口、码头不足，应加快港口的改造扩建和修建新港口。新港的选址和布局，须坚持"深水深用、浅水浅用"和综合规划的原则。

（四）推进生态旅游，保护海岸带旅游资源

建设生态旅游景区，加强生态旅游开发监管加强环境保护教育，提高游客的生态环境意识，实现生态旅游的快速健康发展。对已开发和尚待开发的旅游资源及其邻近区域，都必须做好保护工作，严禁开山采石和挖沙，破坏自然风景，切实保护好风景林和文物古迹；在旅游资源开发过程中，应保持天然景物的协调，人为工程不宜喧宾夺主。

（五）加快海岸带自然保护区建设

海岸带是人类活动最活跃的地区，规划建设各类自然保护区是保护海岸自然环境和海岸自然资源最根本、最有效的措施。目前工作区在海岸附近已建立的保护区主要有内伶仃-福田、惠东港口、大亚湾、上川岛、担杆岛自然保护区，这些自然保护区的基本情况见表7-2。因此，应该建设更多的自然保护区，将候鸟迁徙地、珍稀生物繁殖区、鱼类产卵场和幼鱼保护区、地质遗迹和重要历史遗迹、珊瑚礁和红树林、天然风景、海滨浴场、海洋娱乐场等划定为自然保护区。

表 7-2 海岸附近的自然保护区一览表

保护区名称	所在地	级别	建立时间	面积(hm^2)	主要保护对象
内伶仃-福田自然保护区	深圳	国家级	1988-05	846	猕猴及栖息环境、滩涂红树林及鸟类
港口自然保护区	惠东	国家级	1992-10	800	海龟及产卵繁殖地
大亚湾自然保护区	深圳	省级	1983-04	102 880	珍珠贝、鲍鱼贝、江瑶贝、经济鱼虾、藻类
上川岛自然保护区	台山	省级	1990-01	1300	猕猴及其栖息环境
担杆岛自然保护区	珠海	省级	1990-01	2270	猕猴及其栖息环境

五、地质环境保护的整体性和系统性

珠江三角洲经济区地质环境保护是一项系统性和整体性的工程,不但包括上文四个方面的地质环境,其他如旅游资源生态环境、土地开发生态环境等都需要考虑。所以,地质环境保护是以地球系统科学理论为指导,以民生和发展需求为导向,充分发挥地质环境工作对经济社会可持续发展的保障作用,全面服务于珠江三角洲地区经济社会可持续发展为依据,才能在保护地质环境的同时,又实现了经济可持续发展。

第八章 结论与展望

第一节 结 论

通过对珠江三角洲经济区地质环境背景、人类活动、环境地质问题三者关系进行系统分析和综合研究，深化了对经济区自然地理环境的特殊性、地质环境的脆弱性、人类活动的作用效应及环境地质问题分布发育规律的认识。分析研究结果表明，经济区环境地质问题的发生、发展除了与该区自然地理环境特殊、地质环境脆弱有关外，与该区剧烈的人类工程-经济活动密不可分。不利的地理环境条件和不良地质环境是孕育、产生环境地质问题的背景因素，剧烈的人类工程-经济活动则是环境地质问题诱发或加剧的主要外因。

（1）系统总结了经济区地质环境背景和控制性地质环境要素，修编了珠江三角洲经济区1:25万地质图、第四纪地质图、第四纪厚度等值线图、地质构造图、活动断裂与地震分布图、地貌类型图等一系列基础图件，为经济区地质环境问题成因分析和对策研究、地质环境承载力评价和功能区划奠定了基础。

（2）梳理了珠江三角洲经济区重大环境地质问题。珠江三角洲经济区脆弱的地质环境和剧烈的人类活动相互作用引发了一系列环境地质问题，主要分布在环珠江口城市群和海陆交互带。陆域梳理出六大问题，按照其影响程度及其重要性依次为水污染与水资源短缺、土壤污染、岩溶地面塌陷、软土地面沉降、活动断裂与地震、崩滑流地质灾害等；海陆交互带重大地质环境问题为海平面升降与海岸带侵蚀、河口港湾淤积、岸带生态功能退化等。

①地下水污染与水资源短缺严重。水资源短缺与地下水污染是珠江三角洲经济区目前最严重的环境地质问题之一，主要分布于经济、工业较发达，人口密集的平原区，集中体现在环珠江口城市群带，污染源以工业废水、生活污水为主，主要污染物为三氮、重金属、有机物。地下水污染引起的水资源短缺问题在广州、深圳、东莞等城市尤其突出。

②土壤污染突出。土壤污染主要分布于经济、工业较发达，人口密集的平原区，形成了由城市—郊区—农区，污染随离城市的距离加大而降低的模式，城市郊区污染较为严重，已导致农产品出现污染，严重危害人类健康。引起土壤污染的主要原因包括工业、生活污水的大量无序排放、农业污水灌溉等。土壤污染物以重金属、有机物为主。

③软土分布广，危害大。全区软土分布面积达 $7969km^2$，约占经济区总面积的1/5，软土地面沉降是软土区影响最大和危害最严重的环境地质问题。软土地面沉降较为集中地分布在软土层厚度大于 $20m$ 的区段内，代表性区域为广州市番禺区南部、中山市北东部及珠海市西南部，造成建筑物悬空吊脚或整体下沉、成片房屋被迫遗弃、路面波状起伏、桥路衔接部位差异沉降、堤围下沉、地下设施（供水、供电、供气、通讯电缆）破坏等现象略见不鲜，造成的损失极为严重，据评估，直接经济损失已达102.8亿元，间接经济损失超过486.1亿元。研究表明，本区的软基地面沉降主要有自然沉

降和工程沉降两种类型。前者为软土本身自重固结沉降引起,主要发生在现代沉积的软土区和新近围垦造陆区;后者主要由人类工程活动造成。工程场地疏干抽排地下水、打桩促使软土排水、在自重固结未完成的软土表面进行填土等工程活动,均人为地加速了软土的排水固结-压缩沉降进程,是导致填土建设区发生地面沉降的根本原因。在软土区进行工程建设前,必须对可能发生的沉降有所预见,必须留有足够的时间完成软土的自重固结或加荷载后的压缩沉降,可采取打砂桩强行导排促降措施。对地面稳定性要求高的工程,不宜刚完成填土就马上施工建设,否则,后患无穷。

④灰岩分布区地面塌陷频发,隐蔽性强,危害大。灰岩区地面塌陷是珠三角城市地质灾害的主要类型之一。区内已发生的地面塌陷主要分布于广州的广花盆地、深圳龙岗区、肇庆、惠州等隐伏灰岩溶洞发育区。因其具突发性和危险性的特点,已造成巨大的经济损失和相当数量的人员伤亡。近年发生的地面塌陷以人为因素引发的居多,城市地铁等地下工程建设全面展开,地下施工震动大、过量抽取地下水或矿山疏干排水作用、地下采空等导致地面塌陷频发。

⑤海平面升降频繁。近72年来珠三角海平面上升速率为1.8 ± 0.1mm/a。然而,自20世纪初以来,珠江三角洲海平面变化与全球一样也呈现持续增加,1993—2006年期间卫星数据表明珠江口绝对海平面上升速率为3.0 ± 0.5mm/a。据验潮站的资料,珠江三角洲海平面1975—2006年期间上升速率为$1.8\sim4.3$mm/a,平均为3.0mm/a;1993—2006年期间上升速率为$0.6\sim6.9$mm/a,平均为3.6mm/a。尽管各站位的变化速率存在较大的差别,其平均速率清晰地反映出珠江三角洲相对海平面也呈现加速上升的趋势。全球气候的变暖是珠江三角洲海平面的上升主要因素,同时还受到珠江入海径流量和ENSO的影响。此外,填海造地、围垦滩涂、大规模采沙等人类活动也对珠江三角洲地区的水位变化的有着较为复杂的影响。

⑥岸线变迁加剧,岸带造陆速率加快。珠江三角洲海岸的发育演变经历了缓慢淤积阶段和快速淤积阶段。造陆速率由秦汉—唐初期间的0.55km^2/a逐渐发展至唐初以来的$1.78\sim2.41$km^2/a。19世纪80年代初至20世纪80年代初,万顷沙、灯笼沙向海推进平均速率已分别达到63.3m/a与121.7m/a。1965—2003年珠江三角洲海岸总造陆面积达730.64km^2,造陆速率为19.23km^2/a。造陆的速度呈越来越快的发展趋势。

珠江三角洲海岸带超过500km。侵蚀段多为基岩岸段,长约100km。淤积岸段与侵蚀岸段之比约为5:1。珠江三角洲八大口门都是淤积海岸,向海淤进较快,淤进速率达$40\sim160$m/a,河口浅滩面积不断增长,由于人工围垦的加速,河口岸线全面向海推进。深圳市西部海岸自1962年来,海岸线普遍向外推移数百米至1000余米,海岸外移速度为$17\sim55$m/a。湾内淤积较严重,位于深圳湾和前海湾之间的蛇口、赤湾和妈湾等港湾海岸线有拉直的趋势,对妈湾、赤湾港口码头的建设存在风险。在侵淤平衡地区,人为改变了原有动力系统后,海岸侵蚀有加剧的趋势,造成了一些景观资源的破坏,如深圳市盐田区大鹏镇(乡)金沙湾度假区,原来以淤积为主,随着旅游建筑资源工程的开发,近年有侵蚀加重迹象。

(3)从地形地貌,断裂活动、断块差异升降运动等新构造运动,海平面变化,第四系松散沉积物,人类工程活动五个方面,分析了珠江三角洲地区地质环境问题的控制性因素,并对这些控制性因素的内在统一性进行了分析,提出了针对这些重大环境地质问题的对策和建议。

①珠江三角洲经济区自然地理环境特殊,地质环境脆弱性因素较突出。经济区地处广东省中南部,濒临南海,海陆相互作用较强烈,新构造运动活跃,侵蚀和剥蚀作用明显,第四系广布,地貌类型多样,是地质环境的过渡带和敏感带。地势低洼、洪涝灾害多、水动力作用强烈、咸潮入侵频繁、雨季集中、台风暴雨多、地下水位高、河水水质水量受上游制约等,是区内自然地理环境的特殊的主要表现;基地沉降、新构造运动和地震活跃、软土分布广泛、海平面上升威胁、海水入侵、风暴潮袭击频繁等,是区内地质环境脆弱性的主要内涵。

②人口密集,城市化、工业化迅猛发展,人类活动多样而剧烈。主要表现为丘陵山区滥砍滥伐、陡坡开荒、矿山开发,沿海地区填海造地、河道采砂等;城市人口密集,制造业迅猛发展、工业聚集,城市化进程快,"三废"排放,乡镇企业发展、交通能源等基础设施建设(高速公路、铁路、机场、港口、码头、地铁、城轨、隧道工程、输油输气管道、引水工程等),城市规模不断扩大、土地不合理开发利用等。

(4)建立适用于珠江三角洲经济区的地质环境承载力体系及体系研究内容的评价方法与数学模型,建立了珠江三角洲经济区农业功能地质环境承载力评价、工业功能地质环境承载力评价、城市功能地质环境承载力评价和生态功能地质环境承载力评价理论与方法。

(5)以广州市南沙新区作为地质环境承载力评价与功能区划研究试点区,按照农业功能、工业功能、城市功能、生态功能等不同的功能,开展南沙新区地质环境承载力评价试点工作,编制了不同功能地质环境承载力评价分区图。与南沙新区现有规划和发展布局对比,提出既符合城市发展规划又满足地质环境条件约束和支撑的南沙新区发展规划和产业布局空间分布建议,并编制成南沙新区发展规划和产业布局空间建议图。

第二节 展 望

通过本次调查工作,经济区地质环境背景和重大环境地质问题已初步查明。但目前的地质工作程度远远不能满足经济社会发展的需要,建议下一步在经济区开展地质工作必须与城镇化发展需求密切配合,开展1:5万环境地质调查和针对严重影响经济区社会经济可持续发展的主要环境地质问题进行专题研究等两方面工作显得最为迫切。

(1)建议提高1:5万环境地质调查工作程度。

(2)建议针对城市群带主要环境地质问题开展专题研究。

①水土污染机理及防治对策研究;

②软基沉降机理及防治对策研究;

③重点地区岩溶地面塌陷调查评价;

④主要不良工程地质问题调查评价;

⑤城市地下水后备(应急)水源地勘查评价;

⑥城市垃圾填埋场的选址与污染控制研究;

⑦珠江三角洲地区地下水污染调查评价。

(3)地质环境调查成果信息化程度低,需加强地质环境综合信息系建设,为政府决策管理、科学研究、社会公众提供信息服务。建议以本次建立的珠江三角洲经济区环境地质数据库为基础,建立面向社会公众的地质环境信息网络系统。

主要参考文献

柴世伟,温琰茂,韦献革,等.珠江三角洲主要城市郊区农业土壤的重金属含量特征[J].中山大学学报(自然科学版),2004,43(4):90-94.

陈国能,张珂,陈华富,等.珠江三角洲断裂构造最新活动性研究[J].华南地震,1995,15(3):16-21.

陈特固,时小军,余克服.近50年全球气候变暖对珠江口海平面变化趋势的影响[J].广东气象,2008,30(2):1-3.

陈挺光.深圳断裂带基本特征及其现今活动性[J].广东地质,1989,4(1):51-61.

陈伟光,魏柏林,赵红梅,等.珠江三角洲地区新构造运动[J].华南地震,2002,22(1):8-18.

邓起东,徐锡伟,张先康,等.城市活动断裂探测的方法和技术[J].地学前缘,2003,10(1):93-104.

邓起东,张培震,冉勇康,等.中国活动构造基本特征[J].中国科学(D辑),2002,32(12):1020-1030.

邓起东.城市活动断裂探测和地震危险性评价问题[J].地震地质,2002,24(4):601-605.

地质矿产部第二海洋地质调查大队.南海地质地球物理图集[M].广州:广东省地图出版社,1987.

丁国瑜,田勤俭,孔凡臣,等.活断层分段原则、方法与应用[M].北京:地震出版社,1993.

董好刚,黄长生,陈雯,等.珠江三角洲环境地质控制性因素及问题分析[J].中国地质,2012,39(2),539-549.

董好刚,黄长生,曾敏,等.西淋岗第四纪错断面特征及其成因[J].地震地质,2012,34(2):313-324.

方燎原.广州地铁岩溶地质条件[J].地球与环境,2005(4):89-91.

方燎原.广州地铁岩溶地质条件[J].地球与环境,2005(4):89-91.

冯小铭,郭坤一,王爱华,等.城市地质工作的初步探讨[J].地质通报,2003,22(8):571-579.

付潮罡.沙湾断裂带特征及其活动性研究[D].中山大学,2010.

广东省地方史志编纂委员会.防灾减灾年鉴[M].北京:气象出版社,1994-2003.

广东省地质调查院.1:25万广州市幅区域地质调查报告[R].广州:广东省地质调查院,2001.

广东省地质调查院.1:25万江门市幅区域地质调查报告[R].广州:广东省地质调查院,2003.

广东省地质局761队.1:20万广州、江门幅区域地质矿产调查报告[R].广州:广东省地质局,1962.

广东省地质科学研究所.1:5万广州市航空遥感地质调查[R].广州:广东省地质科学研究所,1986.

广东省地质科学研究所.1:5万广州市航空遥感基岩地质调查[R].广州:广东省地质科学研究所,1986.

主要参考文献

广东省地质矿产局.1∶5万广州地区综合区域地质矿产调查报告[R].广州:广东省地质矿产局,1989.

广东省地质矿产局.广东省区域地质志[M].北京:地质出版社,1988.

广东省地质矿产局705队.1∶5万中山、榄边幅区域地质调查报告[R].广州:广东省地质矿产局,1995.

广东省地质矿产局区测队.1∶50万广东省地质图及说明书[R].广州:广东省地质矿产局,1977.

广东省地质矿产局水文工程地质二大队.广花盆地环境水文地质工作报告[R].广州:广东省地质矿产局,1987:67-70.

广州市志编撰委员会.广州市志[M].广州:广东人民出版社,1995.

郭钦华,郭良田,陈庞龙.广州市城区地震地质灾害探讨[J].华南地震,2008,28(2):85-94.

韩喜彬,龙江平,李家彪,等.珠江三角洲脆弱性研究进展[J].热带地理,2010,30(1):1-7.

黄玉昆,陈家杰,夏法,等.珠海市区域稳定性的构造分析[J].中山大学学报论丛(自然科学),1992,27(1):17-24.

黄镇国,李平日,张仲英,等.珠江三角洲——形成、发育、演变[M].广州:科学普及出版社广州分社,1982.

黄镇国,余汉豪,邹春洋,等.广州市的经济发展与环境保护[J].云南地理环境研究,2005,17(1):13-18.

黄镇国,张伟强.珠江河口磨刀门的整治与地貌演变[J].地理与地理信息科学,2005,21(6):61-65.

雷金山,阳军生,肖武权,等.广州岩溶塌陷形成条件及主要影响因素[J].地质与勘探,2009,45(4):488-492.

李平日,方国祥,黄国庆.海平面上升对珠江三角洲经济建设的可能影响及对策[J].地理学报,1993,48(6):527-534.

李平日,黄镇国,张仲英,等.珠江三角洲的第四纪地层[J].地理科学,1984,4(2):133-142.

梁向阳,梁家海,萧金文.珠江三角洲海岸变迁及对城市可持续发展的影响[J].资源调查与环境,2005,26(4):283-291.

林碧华,马晓轩.广州市区地基工程地质分类及其对高层建筑的适宜性[J].地质灾害与环境保护,1996,7(1):77-82.

刘江龙,刘会平,吴湘滨.广州市地面塌陷的形成原因与时空分布[J].灾害学,2007,22(4):62-65.

刘江龙,刘会平,吴湘滨.广州市地面塌陷的形成原因与时空分布[J].灾害学,2007,22(4):62-65.

刘尚仁,彭华.西江的河流阶地与洪冲积阶地[J].热带地理,2003,23(4):314-318.

刘尚仁.广东的红层岩溶及其机制[J].中国岩溶,1994,13(4):395-403.

骆荣,郑小战,张凡,等.广花盆地西北部赤坭镇岩溶发育规律[J].热带地理,2011,31(6):565-569.

南颐,周国强.广东省岩石地层[M].武汉:中国地质大学出版社,2008.

秦乃岗,刘特培.珠江三角洲地震活动的若干特点[J].华南地震,2003,23(4):44-53.

时小军,陈特固,余克服.近40年来珠江口的海平面变化[J].海洋地质与第四纪地质,2008,28(1):127-134.

史栾生,陈敬德.广花盆地地面塌陷成因与防治[J].中国岩溶,1996,15(3):278-281.

舒良树.华南构造演化的基本特征[J].地质通报,2012,31(7):1034-1053.

宋方敏,汪一鹏,李传友,等.珠江三角洲五桂山南麓断裂第四纪活动新知[J].地震地质,2001,23(4):581-587.

孙金龙,徐辉龙,李亚敏.南海东北部新构造运动及其动力学机制[J].海洋地质与第四纪地质,2009,29(3):61-68.

王萍,郭良田,董好刚,等.珠江三角洲广从断裂东侧"西淋岗断层"成因论证[J].岩石学报,2011,27(10):3129-3140.

王业新,李子权,彭承光,等.珠海市鸡啼门大桥桥址区断层的勘查研究[J].华南地震,1992,12(2):54-59.

闻学泽.时间相依的活动断裂分段地震危险性评估及其问题[J].科学通报,1998,43(14):1457-1466.

吴业彪,孙崇赤,葛加,等.西江断裂鹤山-江门段的构造活动性[J].华南地震,1999,19(3):60-65.

夏法,黄玉昆.珠江三角洲地质环境与灾害性地质问题[J].中山大学学报论丛,1992(1):139-146.

谢守红.珠江三角洲资源、环境与可持续发展对策[J].国土与自然资源研究,2003(4):41-43.

徐先兵,张岳桥,贾东,等.华南早中生代大地构造过程[J].中国地质,2009,36(3):573-593.

许振成.珠江口海域环境极其综合治理问题辨析[J].热带海洋学报,2003,22(6):88-93.

曾昭璇,刘南威,胡男,等.珠江口海平面上升趋势与地壳运动[J].热带地理,1992,12(2):99-107.

张坷,陈国能,庄文明,等.珠江三角洲北部晚第四纪构造运动的新证据[J].华南地震,2009,29(增刊):22-26.

张英,孙继朝,黄冠星,等.珠江三角洲地区地下水环境背景值初步研究[J].中国地质,2011,38(1):190-196.

张志强,詹美珍,詹文欢,等.珠江三角洲区域地壳稳定性评价[J].热带地理,2012,32(4):364-369.

张祖麟,陈宗团,徐立,等.珠江口外伶仃洋的现代沉积速率及重金属污染[J].海洋通报,1998,17(3):53-57.

郑小战,黄健民,李德洲.广花盆地南部金沙洲岩溶演变及环境特征[J].水文地质工程地质,2004,41(1):138-143.

支兵发.影响珠江三角洲可持续城市化发展的若干环境地质问题[J].地质通报,2005,24(6):576-581.

支兵发.珠江三角洲经济区海岸变迁的生态地质环境效应[J].资源环境与工程,2008,22(2):200-204.

中国地质科学院南海海洋研究所.华南沿海第四纪地质[M].北京:科学出版社,1978.

中国科学院地学部.东南沿海经济快速发展地区环境污染及其治理对策[J].地球科学进展,2003,18(4):493-496.

钟建强.珠江三角洲的活动断裂与区域稳定性分析.热带海洋[J].1991,10(4):29-35.

周爱国,蔡鹤生.地质环境质量评价的理论与应用[M].武汉:中国地质大学出版社,1998.